Gottfried Hofbauer

Vulkane
in Deutschland

Blick über den nordwestlichen Hegau

Gottfried Hofbauer

Vulkane in Deutschland

WBG
Wissen *verbindet*

Die Deutsche Nationalbibliothek verzeichnet diese Publikation in der Deutschen Nationalbibliografie; detaillierte bibliografische Daten sind im Internet über http://dnb.d-nb.de abrufbar.

Die Herausgabe des Werkes wurde durch die Vereinsmitglieder der WBG ermöglicht.
Redaktion: Christiane Martin, Köln
Layout, Satz und Prepress: schreiberVIS, Bickenbach
Einbandabbildung: Hohentwiel, Hegau, Deutschland
© picture alliance / Westend61
Einbandgestaltung: Peter Lohse, Heppenheim
Gedruckt auf säurefreiem und alterungsbeständigem Papier
Printed in Germany

Besuchen Sie uns im Internet:
www.wbg-wissenverbindet.de

ISBN 978-3-534-26824-5

Elektronisch sind folgende Ausgaben erhältlich:
eBook (PDF): 978-3-534-74159-5
eBook (epub): 978-3-534-74160-1

Inhalt

Teil I
Vulkanismus in Deutschland ... 9

1. Aktive Erde ... 10
Alle 2500 Jahre ein Vulkanausbruch? ... 12
Große Ausbrüche – und wo ist der Vulkan? ... 13
Ruheloser Planet ... 13
Die globale Perspektive ... 14
Vulkanismus inmitten einer Lithosphärenplatte ... 15
Der junge europäische Vulkangürtel ... 16
Krustenspannungen vor den Alpen ... 20

2. Die fortwährende Entgasung der Erde ... 22
Kohlendioxidaustritte in aktiven Vulkangebieten ... 23
Kohlendioxidaustritte in Deutschland ... 24
Kohlendioxidaufstieg in nicht mehr aktiven Vulkangebieten ... 24
Kohlendioxid, Wasser und Mineralwasser ... 25
Gefahr durch Kohlendioxid? ... 26

3. Vulkane und ihre Produkte ... 27
Pyroklastische Gesteine ... 27
Festgesteine aus erstarrter Lava ... 31

4. Schlackenkegel, Maare und Tuffringe ... 40
Kleine Vulkane ... 40
Schlackenkegel ... 41
Maare ... 45
Maare in der Landschaft ... 59
Tuffringe und Tuffkegel ... 76
Schlackenkegel mit initialen Maaren bzw. Tuffringen ... 79

5. Große Bimssteineruptionen in der Osteifel ... 84
Plinianische Eruptionen ... 84
Vorhersagbarkeit von Eruptionen ... 100

6. Lavadome ... 101
Dom oder Kryptodom? ... 104
Natürlicher Verfall am Beispiel der Steinwand (Rhön) ... 109

7. Lavaströme und Säulenklüftung ... 111
Viele, aber meist nur kurze Lavaströme ... 111
Säulenstruktur ... 114

Teil II
Vulkangebiete ... 119

8. Die deutschen Vulkanlandschaften ... 120

9. Tertiäres Hocheifel-Vulkanfeld ... 121

10. Quartäres Westeifel-Vulkanfeld ... 124
Ulmener Maar ... 126
Dauner Maare ... 128
Mosenberg-Gruppe mit Meerfelder Maar ... 129
Meerfelder Maar ... 130
Pulvermaar ... 131
Papenkaule und Sarresdorfer Lavastrom ... 132
Rockeskyller-Kopf-Gruppe ... 132
Vulkane um Steffeln ... 135
Eichholz-Maar ... 136
Wartgesberg-Gruppe ... 136

11. Quartäres Osteifel-Vulkanfeld ... 138
Bimsvulkane und Lavadome ... 138
Seltene Maare ... 138
Initiale Maare und Tuffringe unter Schlackenkegeln ... 138

12. Tertiäres Siebengebirgs-Vulkanfeld ... 142
Tuffe und Intrusiva ... 144
Gibt es eine große Siebengebirgs-Caldera? ... 144
Basaltische Laven ... 145

13. Tertiäres Westerwald-Vulkanfeld ... 148
Das Maar am Stöffel bei Enspel ... 148
Weitere Punkte ... 151

14. Tertiäres Vogelsberg-Vulkanfeld ... 152
Die Gesteine ... 155
Aufschlüsse ... 156
Maintrapp ... 157

15. Tertiärer Vulkanismus der Hessischen Senke ... 158
Vulkanismus in feuchter Soft-rock-Umgebung ... 158
Felsberg, Maden und Scharfeneck ... 160
Posteruptive Freistellung ... 161

16. Tertiärer Rhön-Vulkanismus ... 168
Wasserkuppenrhön ... 170
Weitere Zeugnisse ... 174

17. Heldburger Gangschar (Tertiär) ... 176

18. Vulkanismus im Umfeld des Eger-Rifts ... 179
Egergraben Südwest: Tertiäres Kemnather Vulkanfeld und Reichsforst-Vulkanfeld ... 179
Egergraben Südwest: Aktiver Egerbecken-Westrand-Vulkanismus ... 184
Tertiäres Lausitz-Vulkanfeld ... 188
Vulkanische Zeugnisse im Erzgebirge ... 193

19. Tertiäres Uracher Vulkanfeld ... 197

20. Tertiäres Hegau-Vulkanfeld ... 202

21. Tertiärer Kaiserstuhl-Vulkan ... 205
Limberg-Komplex ... 207

22. Früher Vulkanismus am Nördlichen Oberrheingraben ... 209
Vulkangruppe Nierstein-Astheim ... 209
Messel und andere Vulkane ... 209
Katzenbuckel ... 210

Sachregister ... 212

Ortsverzeichnis ... 213

Vulkane in Deutschland – Koordinaten ... 216

Zitierte Literatur ... 221

Weinfelder Maar (Westeifel)

Teil I Vulkanismus in Deutschland

1. Aktive Erde
2. Die fortwährende Entgasung der Erde
3. Vulkane und ihre Produkte
4. Schlackenkegel, Maare und Tuffringe
5. Große Bimssteineruptionen in der Osteifel
6. Lavadome
7. Lavaströme und Säulenklüftung

Foto: schreibervis.de

1 Aktive Erde

Das Thema „Vulkane in Deutschland" mag vielleicht etwas weit hergeholt erscheinen. Niemand kann sich erinnern, dass hier schon mal ein Vulkan ausgebrochen wäre, und genauso wenig fühlen wir uns von dieser Form der Naturgewalt auch nur annähernd bedroht. Doch die Zeugnisse der Natur reichen weit hinter den Erfahrungsschatz unserer Lebenszeit wie auch unserer gegenwärtigen Kultur zurück. Die Geologie hat

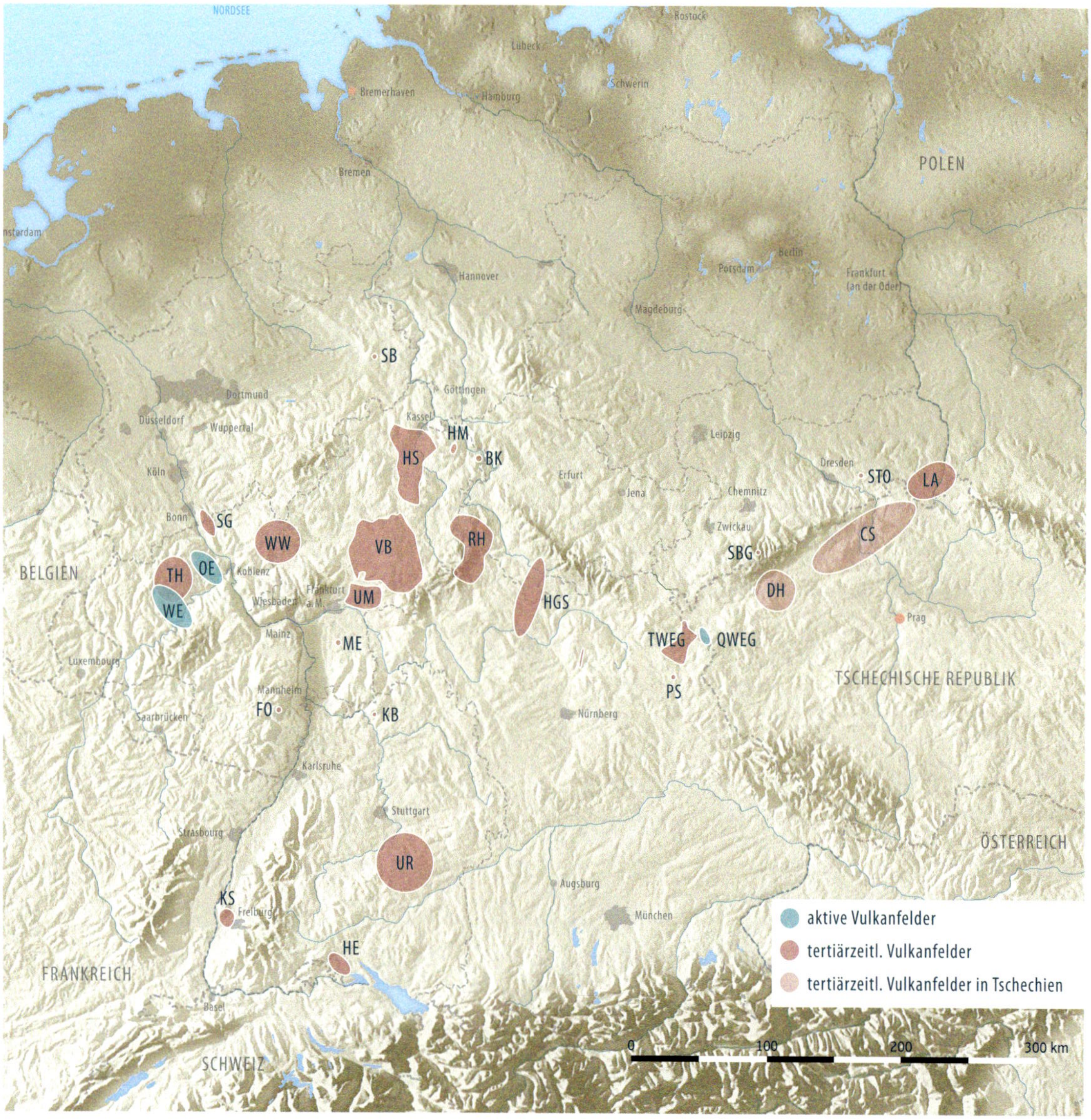

▶ 1 Vulkanfelder in Deutschland.

Aktive Vulkanfelder:
Westeifel **WE**
Osteifel **OE**
quartärer westlicher Egergraben **QWEG.**
Tertiärzeitliche Vulkanfelder:
Tertiäre Hocheifel **TH**
Siebengebirge **SG**
Westerwald **WW**
Vogelsberg **VB**
Hessische Senke **HS**
Rhön **RH**
Heldburger Gangschar **HGS**
tertiärer westlicher Egergraben **TWEG**
Lausitz **LA**
Erzgebirge um Scheibenberg **SBG**
Urach **UR**
Hegau **HE**
Kaiserstuhl **KS**.
Im tschechischen Teil des Egergrabens gelegene tertiärzeitliche Vulkanfelder:
České Středohoří (Böhmisches Mittelgebirge) **CS**
Doupovské hory (Duppauer Gebirge) **DH**.

Weitere Vorkommen: Blaue Kuppe **BK**, Forst **FO**, Hoher Meißner **HM**, Katzenbuckel **KB**, Messel **ME**, Parkstein **PS**, Sandebeck **SB**, Stolpen **STO**, Untermain-Trapp **UM**.

es vermocht, viele dieser Zeugnisse zu entschlüsseln und dabei auch in Deutschland mehr als nur schwache Spuren vulkanischer Tätigkeit entdecken können: Tatsächlich wird das Erscheinungsbild vieler unserer Landschaften von ehemaligen Vulkanen geprägt.

Erst in letzter Zeit hat der **Tourismus** die einheimischen Vulkane entdeckt. Landschaften und Regionen lassen sich durch die gefühlte Anbindung an unvermittelt ausbrechende Naturgewalten sehr wirksam bewerben. Die gestiegene Aufmerksamkeit ist zumindest zu einem Teil aber auch das Resultat der Forschungsgeschichte der letzten Jahrzehnte, die die Sicht auf die in Deutschland erhaltenen vulkanischen Zeugnisse grundlegend verändert hat.

In den Medien werden Vulkanologen mitunter als eine besondere Wissenschaftler-Spezies geschildert, deren Alltag darin besteht, über die ganze Erde von Ausbruch zu Ausbruch zu reisen, um letztlich erst in der Nähe heißer, möglichst spektakulär zerspratzender Lava auf Betriebstemperatur zu kommen. Das mag viel-

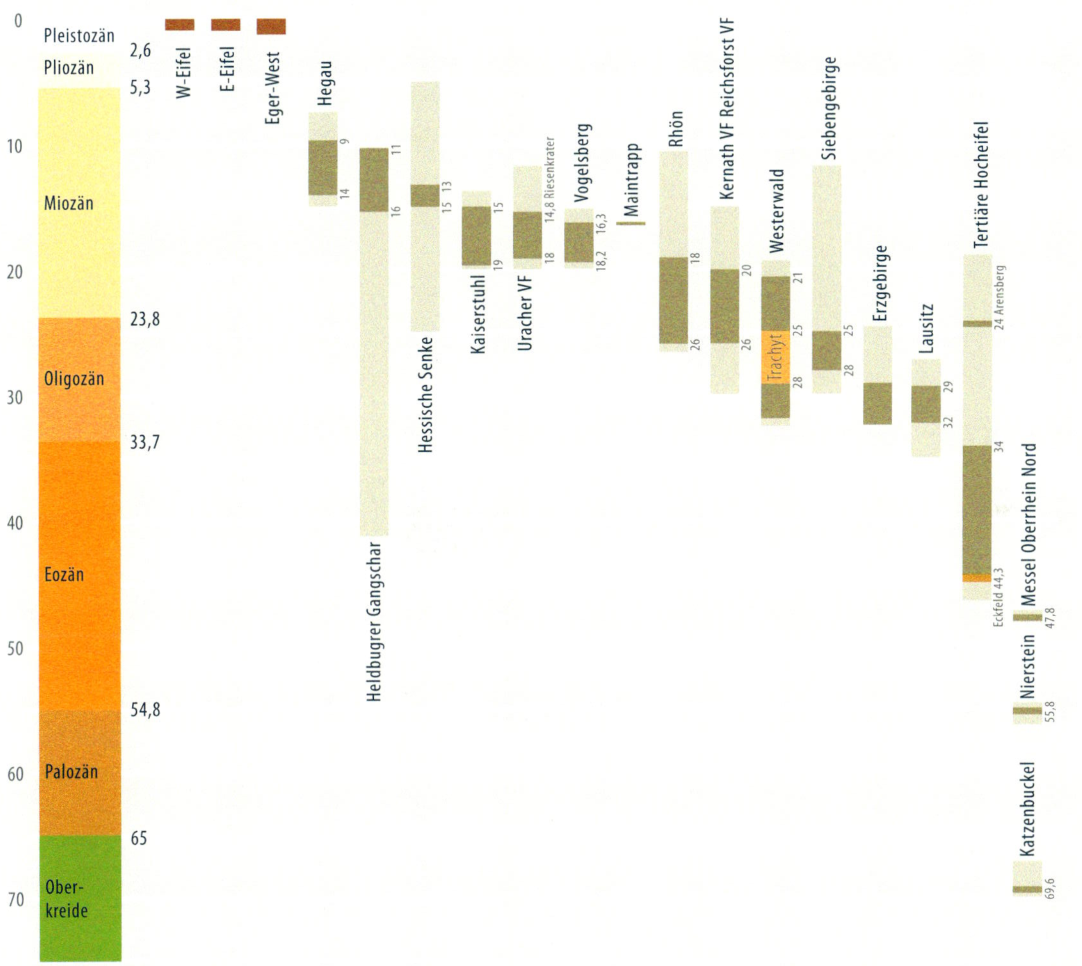

▲ 2 Vulkane in Deutschland – Zeittafel. Die von zahlreichen Autoren veröffentlichten radiometrischen Daten sind nicht als exakte Zeitangaben zu verstehen, sondern als Näherung. Auf ein konkretes Gestein bezogen, sind die Schwankungen je nach Labor bzw. Autor mitunter größer als die jeweiligen methodenspezifischen Fehlergrenzen einer einzelnen Datierung. Obwohl die Präzision in den letzten Jahrzehnten zugenommen hat, sind die zeitlichen Ober- und Untergrenzen vieler Vulkangebiete noch nicht endgültig festgeschrieben. Auch ist immer nur ein Teil der Gesteine eines Vulkangebiets datiert.

leicht für einen kleinen Teil zutreffen – die Mehrheit der Vulkanologen arbeitet hingegen in der traditionellen Aufgabenstellung der Geologie und Erdgeschichtsforschung. Dabei geht es vor allem auch darum, Aufbau, Wirkungsweise und Eruptionsgeschichte ehemaliger Vulkane zu rekonstruieren. Denn auch erloschene Vulkane funktionierten im Wesentlichen nicht anders als gegenwärtige, und so können sie uns vieles über die Entstehung vulkanischer Erscheinungen erzählen. So gesehen ist es nicht verwunderlich, dass bedeutende Beiträge zur modernen Vulkanologie auch aus dem Vulkanland Deutschland kommen.

Eine der neuen Perspektiven ist, dass die vulkanische Aktivität in einigen Gebieten Deutschlands gar nicht als erloschen angesehen werden kann. Um das zu verstehen, müssen wir zwei verschiedene Bedeutungen des Attributs **„aktiv"** in Betracht ziehen: „im Grunde aktiv" muss nicht „aktuell aktiv" heißen. Ob ein Vulkangebiet aktiv ist, hängt nicht davon ab, ob wir in der Gegenwart einen Ausbruch erlebt haben, sondern davon, ob es Gründe dafür gibt, dass es einen Ausbruch geben kann. So gesehen stellt sich heraus, dass in der Eifel oder am Westrand des Egergrabens nur die Pausen zwischen den einzelnen Eruptionen so lang sind, dass wir uns an den letzten Ausbruch nicht mehr erinnern können. Es ist nicht unsere Wahrnehmungsdimension, sondern die zeitliche Reichweite der magmatischen Prozesse, die als naturgegebenes Kriterium bestimmt, ob ein Vulkangebiet als aktiv gelten kann.

Alle 2500 Jahre ein Vulkanausbruch?

Allein in der Westeifel sind in weniger als 1 Million Jahren mindestens 275 Eruptionen erfolgt (Seib et al. 2013). In einer groben statistischen Mittelung ergäbe das alle 2500 Jahre einen Ausbruch. Nachdem der jüngste Ausbruch nach dem aktuellen Stand der Datierungen

▲ 3 Der Vesuv – über die Bucht von Neapel vom Capo Miseno gesehen. Etwa von diesem Standpunkt aus hat Plinius der Jüngere den Ausbruch des Vesuvs 79 n. Chr. und die später nach ihm als „plinianisch" benannte, weit aufsteigende Eruptionssäule beobachtet. Kegel wie der Vesuv haben das Bild vom Aussehen eines Vulkans weithin geprägt. Doch nicht jeder Vulkan ist ein Berg.

◀ 4 Der Laacher-See-Vulkan mit seinem Wall, der durch einige schon vor dem Ausbruch vorhandene Schlackenkegel zusätzlich akzentuiert wird – Blick vom Gänsehalsturm nach Ost-Nord-Ost. Vom Laacher See selbst ist nur ein kleiner, randlicher Abschnitt zu sehen. Über die Brücke führt die von Koblenz kommende A 61 in Richtung Köln.

mit der Eruption des **Ulmener Maars** vor etwa 11 000 Jahren erfolgte, würde ein erneuter Ausbruch schon lange überfällig sein.

Doch so regelmäßig scheint der Vulkanismus in der Eifel und offenbar auch in vielen anderen Vulkangebieten nicht zu funktionieren. Die Eruptionsgeschichte zeigt lange Pausen, zwischen denen es kürzere aktive Episoden mit gehäuften Ausbrüchen gab. So gesehen ist es verständlich, dass kein Geologe die vulkanische Aktivität in der Eifel als erloschen ansehen kann – es ist nur nicht möglich, eine einigermaßen präzise Vorstellung vom Zeitpunkt des nächsten Ausbruchs zu bekommen.

Große Ausbrüche – und wo ist der Vulkan?

Ein weitverbreiteter Irrtum besteht in der Annahme, dass „große" Vulkanausbrüche auch ein entsprechend imposantes Vulkangebäude voraussetzen – oder ein solches hinterlassen müssen. Der Ausbruch des Vesuvs 79 n. Chr. gehört zu den klassischen Ausbrüchen der Vulkanologie, wie kein anderer ist er Teil unserer Kultur- und Naturgeschichte geworden. Es wird in Europa nur wenige Menschen geben, die noch niemals vom Untergang Pompejis gehört haben. Und kaum jemand wird in diesem Zusammenhang nicht auch das Bild des Vesuvs vor sich haben: ein gewaltiger Kegel mit einem tiefen, von steilen Wänden begrenzten Krater.

Der Ausbruch des **Laacher-See-Vulkans (LSV)** vor knapp 13 000 Jahren hat nach Ansicht der meisten Geologen mehr magmatisches Material hervorgebracht als seinerzeit der Vesuv. Es war der größte Ausbruch in der jüngeren Geschichte Mitteleuropas – aber wir entdecken dort nicht die Spur eines Vulkankegels. Stattdessen treffen wir auf einen in einer lieblichen Landschaft liegenden See und klösterliche Stille. Aber auch wenn der LSV-Ausbruch kein beeindruckendes Vulkangebäude hinterlassen hat, sind die dabei ausgeworfenen Produkte in der Umgebung noch so vollständig erhalten, dass es an der historischen Realität dieses Ereignisses keine Zweifel geben kann. Auch wenn uns kein Plinius einen Bericht vom Verlauf des Ausbruchs überliefert hat, sind wir in der Lage, ihn bis in viele Details zu rekonstruieren.

Aus dem heute von einem See eingenommenen Krater oder auch aus einem neuen Schlot in der Umgebung könnte in Zukunft wieder eine Eruption wie jene vor 13 000 Jahren ausgehen. Mendig, Kruft oder Andernach wären dann vielleicht ein neues Pompeji.

Ruheloser Planet

Vulkane sind natürlich ein besonders markanter Ausdruck der geologischen Aktivität einer Region, doch nicht ihr einziger. Das Innere der Erde ist ständig in Bewegung. Das heiße Gestein im Erdmantel kriecht plastisch mit Geschwindigkeiten von mehreren cm/Jahr, während die darüberliegende, kühle Kruste aufgebaute Spannungen nur durch Verstellungen und Verwerfun-

Die Schlackenkegel der Monte Silvestri (Ätna, Südhang)

Foto: antonio2114 – Fotolia.com

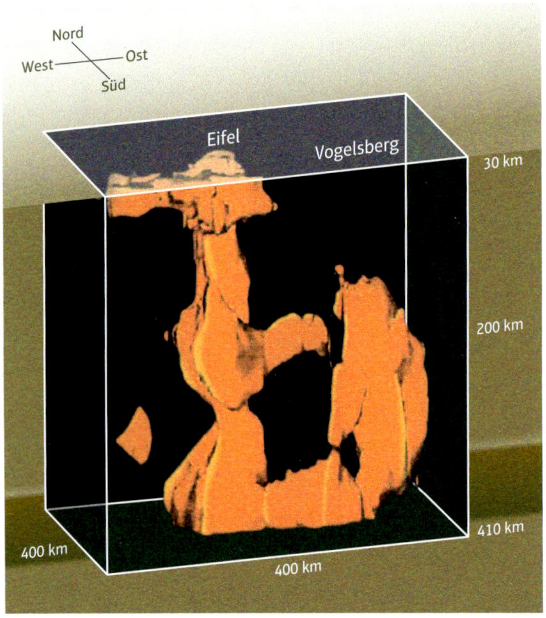

▸ 8 Dreidimensionale Modellierung der Temperaturunterschiede im Erdmantel unter Eifel und Vogelsberg. Während unter der Eifel leicht erhöhte Manteltemperaturen festgestellt werden können, zeichnet sich eine solche Anomalie unter dem lange erloschenen Vogelsberg erst in größerer Tiefe ab. Nach Ritter et al. (2001), Ritter (2002)

Egergraben finden sie sich im Bereich einer tektonisch aktiven Zone am Westrand des Egerbeckens, in dessen Umgebung schon im Oligozän zahlreiche Vulkane entstanden waren. Die aktiven Vulkangebiete der Ost- und Westeifel überschneiden sich ihrerseits randlich mit den zeitlich weit gestreuten Vulkanen des tertiärzeitlichen **Hocheifel-Vulkanfelds**. Der Vulkanismus der EVP kann somit als eine räumlich einheitliche, aber auch zeitlich deutlich von der vorangehenden erdgeschichtlichen Entwicklung abgrenzbare Erscheinung verstanden werden.

Krustenspannungen vor den Alpen

Die Vulkanregion der EVP deckt sich mit einem Bereich, der aufgrund seiner strukturellen Eigenschaften ebenfalls unter einen zusammenfassenden Begriff gebracht wurde: Das **Europäische känozoische Riftsystem** (***European Cenozoic Rift System***, **ECRIS**; Prodehl et al. 1995, Wilson & Downes 2006, Ziegler & Dèzes 2007 u. a.) ist durch die erdneuzeitliche Entstehung von großen Grabenbrüchen definiert. Egergraben und der Oberrheingraben mit seinen Fortsetzungen in der Hessischen Senke sowie die tektonisch aktive Niederrheinische Bucht sind die dominierenden Strukturen in Deutschland. Nach Südwesten hin kommen in Frankreich Bresse- und Limagnegraben sowie weitere, kleinere Strukturen dazu.

Die großen Grabenstrukturen wurden traditionell vor allem vertikalen Prozessen zugeschrieben. „Hebung, Spaltung, Vulkanismus" – diese Folge galt als ein Konzept, das vor der Zeit der Plattentektonik eine Verbindung zwischen Grabenbildung und den dort auffälligen vulkanischen Erscheinungen sah (Cloos 1939). Später, aus der Sicht der Plattentektonik, wurden die Gräben als **„Rifts"** bezeichnet, womit nicht nur eine Anbindung an die englischsprachige Terminologie, sondern auch eine veränderte Sichtweise einherging: Rifts waren nicht einfach nur Grabenbrüche, sondern Zonen, an denen tektonische Platten auseinanderreißen und am Ende sogar neue Ozeane entstehen konnten. Als Modellbeispiel eines derartigen Rifts wird häufig das Ostafrikanische Grabensystem zitiert. Diese Bruchlinie wird von zahlreichen, sehr produktiven Vulkanen begleitet. Im Norden trifft das Grabensystem auf das Rift des Roten Meeres, in dem bereits ozeanische Kruste zu finden ist.

In der Frühzeit der Plattentektonik herrschte die Meinung vor, wesentliche tektonische Prozesse wären ausschließlich auf die Plattenränder konzentriert. Erst mit der Zeit wurde deutlich, dass die Platten auch fern von den Rändern unter beträchtlichen Spannungen stehen können. In der Folge begann man zu unterscheiden, ob solche Riftstrukturen tatsächlich durch von unten aufsteigende heiße Mantelmaterie verursacht wurden oder ob nicht umgekehrt seitlich anliegende Spannungen zur Ausdünnung der Lithosphäre führten. Im zweiten Fall wäre der Aufstieg des Mantels und damit auch die vulkanische Aktivität nicht der primäre, ursächliche Effekt, sondern die Folge. Die erste Art von Rifts wurde als **aktiv**, die zweite als **passiv** bezeichnet.

Die in der Tertiärzeit vor den Alpen aktivierten Grabenbrüche wurden nun von vielen Geologen als solche passiven Riftstrukturen verstanden. Der Vulkanismus in der Umgebung dieser durch Krustenausdünnung gekennzeichneten Bereiche konnte somit prinzipiell mit Aufschmelzungen innerhalb des infolge der Krustendehnungen sekundär aufgestiegenen, heißen Erdmantels erklärt werden. So gesehen wäre der Intraplattenvulkanismus der EVP also eine Folge der Zerrung und Ausdünnung der Lithosphäre vor der Front der Alpen.

Die Anbindung des Vulkanismus an die Grabenstrukturen ist allerdings nur zum Teil räumlich eng. Einige tektonisch besonders aktive Bereiche, wie etwa die Niederrheinische Bucht unterhalb Kölns, sind völlig frei von vulkanischen Aktivitäten. Die aktiven Eifel-Vulkanfelder liegen hingegen weit von den Grabensystemen entfernt und markieren Zonen starker, aktiver Hebung.

Ist es nicht doch möglich, dass hier der Aufstieg heißen Mantels der Ausdünnung der Lithosphäre vorangeht?

Aufsteigendes heißes Mantelgestein wird zumeist als ein **pilzförmiger Auftriebsbereich** modelliert. Unter der Front (Kopf, *head*) dieses Bereichs folgt nach den aktuellen Modellvorstellungen eine Art Stiel oder Schlauch (Schweif, *tail*). Weil diese Formen gleichsam durch den umgebenden, relativ kühleren Mantel nach oben durchstoßen, wurde der Begriff **Manteldiapir** gewählt (englisch auch *Mantle Plume*, was im Deutschen weniger prägnant Mantelwolke oder -fahne bedeuten würde). Mit den modernen Techniken der Seismographie lassen sich solche heißen Bereiche im Mantel anhand der dort verlangsamten Laufzeiten entdecken. Unter den großen Hot Spots wie Island und Hawaii konnten solche heißen Aufstiegszonen tatsächlich auch nachgewiesen werden. Auch unter einigen Regionen der EVP wurden Hinweise auf solche heißen Manteldiapire gefunden – allerdings im Durchmesser viel kleiner als die bekannten großen Hot Spots, sodass manche hier gar von *Baby Plumes* (Heuer et al. 2011) oder „**heißen Fingern**" sprechen (Wilson & Patterson 2001).

Im Gegensatz zur Eifel ist es im ebenfalls vulkanisch aktiven westlichen Egergraben bisher nicht gelungen, einen solchen „Baby Plume" nachzuweisen. In den älteren, tertiärzeitlichen Vulkanfeldern ist der seismische Nachweis solcher ehemaliger kleiner Manteldiapire schon wegen der fortgeschrittenen Abkühlung kaum mehr möglich. Allein für den Vogelsberg wurden solche Hinweise gefunden (Wilson & Downes 2006).

Es bleibt festzustellen, dass das Verständnis von der Dynamik des Erdmantels und den Ursachen des Intraplattenvulkanismus offenbar noch nicht ausreicht, um in diesen Fragen gegenwärtig zu einem Konsens zu kommen. In mancher Hinsicht scheint es so, dass Vertreter des „Passiven-Rift-Konzepts", also einer durch seitliche Spannungen angestoßenen Bildung vulkanischer Schmelzen, und die Vertreter des „Manteldiapir"- oder zumindest „Baby-Plume-Konzepts" kein Konzept finden, das beide Aspekte als gemeinsamen Ausdruck der thermischen Organisation des Erdmantels zu integrieren vermag.

In mehreren Fällen – Vogelsberg, Westlicher Egergraben – gibt es Hinweise, dass die aus früheren geotektonischen Prozessen ererbte Struktur der Kruste eine wesentliche Rolle für den Aufstieg der Schmelzen bildet. Ehemalige Plattengrenzen aus der Zeit der bereits im Unterkarbon abgeschlossenen variskischen Krustendeformationen könnten als vorgegebene strukturelle Wege funktionieren. Auch könnte der Erdmantel die Folgen der Alpenbildung noch nicht völlig „verdaut" haben: Abtauchende kühle Lithosphärenplatten müssen in der Umgebung zum Ausgleich den Aufstieg heißen Mantelmaterials hervorrufen (Wilson & Downes 2006).

Mit der zunehmenden zeitlichen Präzisierung der Eruptionsgeschichte ist ein weiterer Aspekt relevant geworden: Die jüngeren quartärzeitlichen Aktivitätsphasen scheinen mit dem eiszeitlichen Klimagang zu korrelieren (Nowell et al. 2006). Ausbrüche häufen sich offenbar gegen Ende der Kaltzeiten. Dies sind die Phasen, in denen Kruste und Mantel durch das Abschmelzen mächtiger Eismassen in relativ kurzer Zeit starken Spannungsänderungen ausgesetzt sind. Solche Korrelationen sind aus Island bekannt, wo die Vulkane allerdings direkt unter dem Eispanzer lagen. Da die EVP aber, zumindest in ihrem deutschen Abschnitt, durchweg im eisfreien Bereich lag, erscheint ein solcher Zusammenhang auf den ersten Blick nicht einfach mit Veränderungen der Auflast erklärbar zu sein. Allerdings könnten ausgleichende Bewegungen auch den Erdmantel außerhalb der vom Eis bedeckten Regionen erfassen. Die sich zukünftig weiter verbessernde Datenlage wird zeigen, ob sich diese Hypothese erhärten lässt.

Unsere Frage nach den Ursachen der jungen Vulkane in Deutschland kann nach dem Stand der Dinge nicht mit einer einfachen Antwort geklärt werden. Es muss uns genügen, die nahen Ursachen der vulkanischen Erscheinungen zu verstehen: die Entstehung von Schmelzen im Erdmantel, die eventuelle Veränderung ihrer Komposition bei Zwischenaufenthalten in Magmenkammern im Bereich der Kruste, die Bedeutung der Magmenkomposition und auch der oberflächennahen geologischen Bedingungen für den Verlauf der Eruption.

2 Die fortwährende Entgasung der Erde

▲9 Aus dem aktiven Krater des Stromboli (Liparische Inseln, Italien) steigen zwei unterschiedliche Wolken auf. Das größere Volumen nimmt die helle Wolke ein: Dabei handelt es sich vor allem um Wasserdampf, dazu auch Kohlendioxid und stark untergeordnet auch um Anteile anderer Gase. Diese Form der Entgasung ist an aktiven Vulkanen weitgehend kontinuierlich. Am rechten Rand ist eine kleine, dunkle Wolke zu erkennen: Diese stammt von einer schwachen Eruption. Die dunkle Färbung wird durch den hohen Anteil an Asche verursacht. In der Dunkelheit würde man auch einige rot glühende Bomben oder Lavafetzen fliegen sehen. Schwächere Entgasung findet auch an der Flanke des Kegels statt: Helle Geländebereiche markieren Zonen, in denen die heißen Gase das vulkanoklastische Gestein zersetzt haben. In den gelben Bereichen ist Schwefel auskristallisiert (Aufnahme 1999).

Kohlenstoffdioxid (CO_2), oder verkürzt gesprochen, Kohlendioxid, hat gegenwärtig keinen guten Ruf, weil es als Treibhausgas möglicherweise zur aktuellen Klimaerwärmung beiträgt oder diese gar verursacht. Eine Einschränkung auf diese Perspektive wird aber der Bedeutung des Kohlendioxids im Stoffkreislauf der Erde nicht gerecht. **Kohlendioxid** ist wesentlich für Pflanzen und jene Bakterien, die mithilfe von Sonnenenergie und Wasser daraus Zucker gewinnen. Durch diese Photosynthese wird die für die Nahrungskette grundlegende organische Substanz erzeugt, die die Existenzgrundlage für Pflanzenfresser und letztlich auch für die sich von Pflanzenfressern ernährenden Fleischfresser bildet. So gelangt Kohlenstoff auch in unseren Körper, wo er mit der Atmung wieder zu Kohlendioxid „verbrannt“ wird und mit unserer Atemluft erneut in die Atmosphäre gelangt.

Es sind vor allem die Vulkane, die das Kohlendioxid ursprünglich in die Atmosphäre gebracht haben und es noch immer aus der Tiefe des Erdmantels an die Oberfläche bringen. Die gegenwärtige vulkanische Aktivität der Erde macht etwa 1 % des aktuellen, durch Verbrennung fossiler Energieträger vom Menschen produzierten Kohlendioxids aus. So betrachtet, erscheint dieser Anteil bescheiden. Doch ohne den anthropogen verursachten CO_2-Ausstoß würden 100 Jahre genügen, um den gleichen Effekt zu erzielen, und die Erdgeschichte reicht lange genug zurück, sodass gewaltige Mengen dieses Gases an die Erdoberfläche gelangen konnten.

In der Atmosphäre findet man dennoch nur einen sehr kleinen Teil des in der Erdgeschichte freigesetzten Kohlendioxids, höhere Anteile sind in die Ozeane und über die **Photosynthese** in die Biomasse gewandert, und noch wesentlich mehr ist in Sedimenten begraben oder in den Carbonatgesteinen der Erdkruste gespeichert.

Kohlendioxidaustritte in aktiven Vulkangebieten

CO_2 ist nicht die einzige Komponente, doch nach dem Wasser bildet es in der Regel den zweithöchsten Anteil der Gase, die beim Aufstieg von Magmen freigesetzt werden. **Schwefelwasserstoff** und **Schwefeldioxid**, deren Anwesenheit aktiven Vulkanen die charakteristische Duftnote verleiht, erreichen normalerweise bei Weitem nicht diesen Anteil, auch wenn sie mit der Nase deutlicher wahrzunehmen sind als das geruch- wie farblose Kohlendioxid. Am Ende stammen aber alle Komponenten der Atmosphäre, wie vermutlich auch der überwiegende Anteil des auf der Erdoberfläche befindlichen Wassers, aus der Entgasung des Erdmantels. Vulkane sind die Systeme, an denen die Entgasung der Erde besonders direkt wie effizient verläuft.

Tab. 1 Zusammensetzung vulkanischer Gase (Daten nach Textor et al. 2004, ergänzt und modifiziert(*) nach Fischer 2008, dort allerdings nur Vulkane an Subduktionszonen).

	H_2O	CO_2	SO_2	H_2S	HCl	N_2*	H_2*	HF	HBr
% vol	50 – 90	1 – 40	1 – 25	1 – 10	1 – 10	– 3,6	– 1,18	$< 10^{-3}$	$< 10^{-3}$

Gase können sich in Flüssigkeiten und so auch in Magma lösen. Die Lösung von Gasen wird durch physikalische Bedingungen wie Druck und Temperatur modifiziert. Eine Sekt- oder Sprudelflasche liefert hier eine anschauliche Analogie: Die Druckentlastung durch Öffnen der Flasche führt dazu, dass zuvor gelöstes und daher nicht als Gasbläschen erkennbares Kohlendioxid in die Gasphase übergeht und nun Bläschen bildet, die – wenn sie sehr heftig aufsteigen – auch gleich noch eine spektakuläre Eruption verursachen können.

Der Vergleich mit der Sprudelflasche übergeht allerdings einen Unterschied: Bei vulkanischen Erupti-

▲ 10 Die „Bublak" genannte Quelle ist der stärkste bekannte CO_2-Austritt im Egerbecken (Tschechische Republik, Geopark Bayern-Böhmen). Im Gegensatz zu heißen Fumarolen sind kühle Mofetten kein hinreichendes Zeugnis für eine in der Tiefe sitzende aktive Magmenkammer (Aufnahme 2015).

▲ 11 Trockengefallene, kalte CO_2-Austrittsstellen im Naturschutzgebiet Soos (Tschechische Republik, Geopark Bayern-Böhmen). Die lineare Anordnung zeigt, dass der Aufstieg hier über eine entsprechend orientierte Kluft im Untergrund erfolgt (Aufnahme 2015).

▲ 12 Der „Brubbel" in Wallenborn (Westeifel-Vulkanfeld) ist ein Kohlendioxid-Geysir. Im Gegensatz zu einem richtigen Geysir wird der Auftrieb hier nicht durch natürliches Aufkochen des Wassers, sondern durch phasenweise heftige CO_2-Entgasung verursacht (Aufnahme 2010).

onen ist in der Regel weniger die Blasenbildung des Kohlendioxids, sondern mehr die des Wassers von Bedeutung. Die Löslichkeit ist nämlich für jedes Gas hinsichtlich der Druck- und Temperaturbedingungen spezifisch. Während Wasser – als Gas – sich erst nahe der Oberfläche in nennenswertem Maß aus der Schmelze absondert, wird Kohlendioxid schon in größeren Tiefen freigesetzt. Es gibt Hinweise, dass auch tief in der Kruste sitzende Magmen CO_2 entgasen, und möglicherweise funktioniert das, hinreichende Konzentrationen vorausgesetzt, auch schon im oberen Erdmantel. Der Aufstieg von Kohlendioxid ist damit nicht notwendig an einen auch an der Oberfläche aktiven Vulkanismus gebunden.

Kohlendioxidaustritte in Deutschland

Auch wenn in den älteren, tertiärzeitlichen Vulkanregionen nach wie vor erhöhte CO_2-Gehalte festgestellt werden können, ist die Entgasung in den jungen, noch aktiven Regionen bedeutend intensiver. So sind **Westeifel, Osteifel** und das **Egerbecken** mit seiner nach Deutschland reichenden Fortsetzung durch starke CO_2-Austritte charakterisiert. Im Wehrer Kessel (Osteifel) wird das natürliche CO_2 sogar als Rohstoff gewonnen und zum Weitervertrieb abgefüllt. An vielen Quellen kommen sprudelnde, CO_2-reiche Wässer an die Oberfläche, und die Entgasung ist stellenweise so intensiv, dass das Wasser kräftig braust. Bei heftigem Gasfluss können Bodenschichten zerrüttet und schließlich völlig entfernt werden, sodass auch offene, große Austrittsbereiche zu finden sind – das Mofettenfeld von Soos oder die „Bublak" genannte Quelle im Westlichen Egergraben sind hierfür eindrucksvolle Beispiele.

Eine andere, noch spektakulärere Erscheinungsform sind **Kaltwassergeysire**. Der „Brubbel" in Wallenborn (Westeifel) wurde zu einem Geysir, weil sich nach der Fassung der Quelle in einer Bohrung das Aufstiegsverhalten des Kohlendioxids veränderte und periodischen Charakter annahm. Eine solche Periodizität ist möglich, wenn der hydrostatische Druck in einem Rohr oder einer ähnlichen natürlichen Form den Aufstieg des Gases so lange unterdrückt, bis in der Tiefe Übersättigung und damit Blasenbildung eintritt. Die davon angestoßenen Turbulenzen haben einen selbstverstärkenden Charakter – die Sprudelflasche wird geöffnet, Gas und Wasser schießen nach oben. Ein ähnlicher, sogar noch höher aufsteigender Geysir wurde in den letzten Jahren bei Andernach (Osteifel) erschlossen – er erfreut sich wie der „Brubbel" hohen touristischen Zuspruchs.

Kohlendioxidaufstieg in nicht mehr aktiven Vulkangebieten

Die Kohlendioxidentgasung ist nicht nur auf die jungen, aktiven Vulkangebiete begrenzt. Erhöhte Kohlendioxidgehalte lassen sich in Deutschland nicht nur im Bereich der tertiärzeitlichen Vulkanfelder nachweisen, sondern stellenweise auch abseits von Vulkanregionen über tiefreichenden Verwerfungen der Kruste. In den älteren Vulkangebieten ist die zeitliche Beziehung zur einst aktiven Vulkantätigkeit bereits so lange unterbrochen, dass das Vorkommen von Schmelzphasen in der Tiefe, sei es in der unteren Kruste oder dem oberen Mantel, nur wenig wahrscheinlich ist.

Wenn das CO_2 nicht aus noch existierenden Magmenreservoiren stammt, dann wäre ein stark verzögerter Aufstieg eine denkbare Erklärung für den anhaltenden Gasfluss. Der Weg, den Gase aus tiefsitzenden Magmenreservoiren nach oben zurückzulegen haben, kann 30 bis 40 km betragen. In der Tiefe können Aufstiegswege – im Wesentlichen Klüfte – weitgehend geschlossen sein, sodass die Diffusion von Gasen erhebliche Zeit beanspruchen kann. An wenig durchlässigen Gesteinsformationen kann der Aufstieg möglicherweise auch längerfristig völlig blockiert werden, sodass sich CO_2 zu größeren, lagerstättenartigen Vorkommen sammeln kann. Solche Stauhorizonte sind in weiten Teilen des Untergrunds in Südthüringen und dem nordöstlichen Hessen durch Salzformationen aus dem Zechstein gegeben. Die Plastizität des Salzes sorgt für den Verschluss jeglicher offener Aufstiegswege. In dieser Region sind solche Kohlendioxidlagerstätten tatsächlich auch nachgewiesen: Wird ein solches in der Tiefe konzentriertes Vorkommen angebohrt, kann es zu einem explosiven Austritt des Gases kommen – was auch schon mehrfach geschehen ist.

Kohlendioxid, Wasser und Mineralwasser

Ein beträchtlicher Anteil des in der Tiefe ausgegasten Kohlendioxids kommt nicht trocken, sondern in Wasser gelöst an die Oberfläche. Wasser kann CO_2 in zwei unterschiedlichen Formen aufnehmen. Zum einen kann das Gas einfach **physikalisch gelöst** werden, ohne dass dabei chemische Reaktionen ablaufen. Die Lösungskapazität des Wassers steigt mit dem hydrostatischen Druck, aber mit abnehmender Temperatur. Diese Form der Löslichkeit wird verringert, wenn Druckentlastung und/oder Temperaturerhöhung eintritt: Dies ist im Wesentlichen das, was – wie oben erwähnt – beim Öffnen der Sprudelflasche passieren kann.

Kohlendioxid kann sich aber auch **chemisch in Wasser lösen**. Dabei entsteht Kohlensäure:

(1) $\mathbf{CO_2 + H_2O} \leftrightarrow H_2CO_3$ (Kohlensäure)

Diese Form der chemischen Lösung erfasst allerdings nur einen sehr kleinen Teil des im Wasser befindlichen Kohlendioxids. Der überaus größte Anteil (> 99 %) löst sich nur physikalisch. Deshalb liegt der Schwerpunkt der Gleichung (1) in der Natur auf der fett gedruckten linken Seite.

Der kleine Anteil an Kohlensäure hingegen existiert fast nur als theoretischer Zustand, denn in wässriger Lösung zerfällt diese Säure umgehend in Hydrogencarbonat und ein Wasserstoffproton (2, Mitte). Der weitere Zerfall in Carbonat und zwei Protonen ist hingegen wieder von geringerer Bedeutung (2, rechter Teil).

(2) $H_2CO_3 \leftrightarrow \mathbf{HCO_3^- + H^+} \leftrightarrow CO_3^{2-} + 2\,H^+$

Der winzige Anteil wirklich chemisch gelösten Kohlendioxids zerfällt also gleich in „gelöste" Kohlensäure (2, Mitte). Das ist auch der Grund dafür, dass die Inhaltsangaben auf Mineralwasserflaschen zumeist den Gehalt an Hydrogencarbonat $\mathbf{HCO_3^-}$ anführen. Seltener findet man hingegen Hinweise auf den Anteil des physikalisch gelösten Kohlendioxids.

Diese zwei Stufen der Löslichkeit des Kohlendioxids gilt es zu bedenken, wenn wir die Bedeutung des Wassers für dessen Transport verstehen wollen. Der größte Teil des Kohlendioxids wird demnach nur physikalisch gelöst zur Oberfläche wandern. Aufnahme und Abgabe des Kohlendioxids können dabei sehr schnell erfolgen. Während die Aufnahme bei hohen Drücken in der Tiefe unserer direkten Beobachtung entzogen ist, sehen wir die Wirkung der schnellen Entgasung an sprudelndem Wasser, natürlichen Quellen, entkorkten und dadurch dekomprimierten Flaschen CO_2-haltiger Getränke oder auch an spektakulären Kaltwassergeysiren.

Die chemische Lösung des Kohlendioxids ist ebenfalls unserer direkten Beobachtung entzogen. Trotz des geringen Anteils ist dieser Vorgang aber geologisch von großer Bedeutung. Das bei der Aufspaltung der Kohlensäure neben dem Hydrogencarbonat freiwerdende Wasserstoffproton H^+ kann nämlich die meisten Minerale der Erdkruste angreifen, indem es andere positive Ionen wie K^+ (Kalium), Na^+ (Natrium) oder Ca^{2+} (Calcium) aus dem Kristallgitter herauslöst. Durch die Anreicherung dieser und auch anderer als Mineralstoffe wichtiger Elemente wird das Wasser zum Mineralwasser.

Aus diesen Überlegungen folgt, dass Wässer in vulkanischen Regionen aufgrund der dort verstärkten Kohlendioxidgehalte tendenziell mehr Minerale aus ihrer Gesteinsumgebung lösen können als Wässer in einem nicht vulkanischen Umfeld. Das ist tatsächlich der Grund dafür, warum Vulkanregionen so reich mit natürlichen Mineralwässern ausgestattet sind.

Gefahr durch Kohlendioxid?

Im November 2010 ging eine Meldung durch die Presse, dass in Wallenborn ein Handwerker in die Klinik gebracht wurde, nachdem er im Badezimmer eines Hauses über Übelkeit und Atembeschwerden klagte. Das Gebäude liegt nur etwa 100 m von dem oben erwähnten „Brubbel" entfernt. Tatsächlich war CO_2 durch das Abfluss-System ins Haus gekommen, sodass im Bad schließlich eine **CO_2-Konzentration von 4 %**, also etwa das 100-Fache der CO_2-Konzentration der Atmosphäre, festgestellt wurde.

Tatsächlich ist Kohlendioxid nicht ungefährlich, führt es doch bei Konzentrationen ab 4 % zur Ohnmacht und bei noch höheren Werten schließlich zum Ersticken. Da Kohlendioxid weder zu sehen noch zu riechen ist, ist es im Alltag nicht ohne Weiteres wahrzunehmen. Da es schwerer als Luft ist, kann sich das Gas in Tieflagen sammeln und bei fehlender Zirkulation kritische Konzentration erreichen. In Italien wurden früher Hunde in die treffenderweise „Grotto del Cane" genannte Höhle geführt. Angesichts des bodennah hohen CO_2-Anteils kollabierten die Hunde vorhersehbar – was zu beweisen war. Kohlendioxid entsteht aber auch bei Gärprozessen, sodass Weinkeller möglicherweise gefährlichere Orte als vulkanische Entgasungsgebiete darstellen. Als tierfreundliche Methode wurde hier traditionell Kerzenlicht eingesetzt. Diese Methode ist allerdings nur bedingt zuverlässig, da Kerzen noch bei CO_2-Konzentrationen brennen können, bei denen das Lebenslicht des Menschen schon in ernster Gefahr ist.

Die größte bisher bekannte **Kohlendioxidkatastrophe** geschah im Jahr 1986 in Kamerun, wo sich am Boden des Niob-Kratersees über längere Zeit eine größere Menge CO_2 angesammelt hatte, um dann in einem einzigen Umwälzungsakt nach oben zu steigen und sich den Tälern folgend seitlich auszubreiten. Diese Gefahr versucht man seitdem zu umgehen, indem man dort technisch für eine kontinuierliche Gas-Drainage aus den Tiefen des Sees gesorgt hat.

Die bekannten CO_2-Austritte im Laacher See werden hingegen als unkritisch angesehen. In dem flachen Becken steigt das CO_2 direkt an die Oberfläche des Sees. Die Entgasung am Laacher See ist im Vergleich zu anderen Bereichen der Eifel weder bemerkenswert intensiv, noch von der Temperatur her auffällig. Es handelt sich um die auch als **Mofetten** bezeichneten kalten Gasaustritte. Im Untergrund aktive Magmenkammern würden sich durch heiße Gase erkennen lassen, wobei dann auch die Anteile anderer Gase – unter anderem auch auffällig riechende Schwefelverbindungen – zunehmen würden. Der enge und tiefe Kratersee des Pulvermaars würde eher einer Umgebung wie der in Kamerun entsprechen, aber hier sind keine nennenswerten Kohlendioxidaustritte bekannt.

Der Aufstieg von Gasen aus dem Erdinneren vollzieht sich im Bereich der spröden Erdkruste vor allem entlang von tektonischen Trennflächen – also von Klüften und Verwerfungen. Diese oftmals lineare Anordnung ist häufig noch an der Oberfläche zu erkennen. So sind auch die Gasaustritte in dem Mofetten-Feld von Soos (Westlicher Egergraben, Tschechien) oft in Reihen angeordnet. Aufsehen erregt hat der Geologe Ulrich Schreiber (Universität Duisburg-Essen) mit der Beobachtung, dass Bauten der Roten Waldameise bevorzugt auf solchen Gasaustrittsspalten angelegt wurden. Die Gründe dafür sind allerdings nicht klar, denn Überdosen dieses Gases sind auch für Ameisen toxisch. Inwieweit sich die Ameisen etwa als biologisches Frühwarnsystem für Erdbeben und Vulkanausbrüche nutzen lassen, ist Gegenstand laufender Forschungsprojekte.

3 Vulkane und ihre Produkte

Aus den Magmen, die zur Entstehung von Vulkanen führen, können grundsätzlich zwei unterschiedliche Klassen von Gesteinen entstehen. Während ruhig ausfließende – oder auch in das Nebengestein eindringende – Lava **vulkanische Festgesteine** schafft, führt die mehr oder weniger explosive vulkanische Tätigkeit zur **Fragmentierung** der Schmelze. Die dadurch geschaffenen Partikel und die daraus aufgebauten Gesteine werden unter dem Begriff **Pyroklastika** zusammengefasst. Sinngemäß bedeutet dieser Begriff: „durch das Feuer (griech. *pyr*) zerbrochen".

Für beide Klassen von Gesteinen gibt es weitere Unterteilungen, die hier so weit aufgeführt werden, wie sie zur Beschreibung und für das Verständnis der Vulkane unentbehrlich sind.

Pyroklastische Gesteine

Bei den meisten vulkanischen Eruptionen kommt es zur Fragmentierung der aufsteigenden Schmelze. Normalerweise wird der oberflächennahe Auftrieb wie die Fragmentierung durch die Entgasung des Magmas verursacht: Die Herauslösung der Gasphase (vor allem Wasser und Kohlendioxid) führt zur Expansion, in deren Folge das Magma schließlich zerrissen wird. Dieser Ablauf kann als Fragmentierung durch Entgasung bezeichnet werden. Weitere Bezeichnungen sind **magmatische Fragmentierung** oder auch **strombolianische Tätigkeit**. Diese Form der Fragmentierung führt normalerweise zum Aufbau von Schlackenkegeln.

Eine andere Form der Fragmentierung ist möglich, wenn die aufsteigende Schmelze mit Wasser in Kontakt kommt. Die Explosionen, die dabei ausgelöst werden, können wesentlich heftiger sein als jene, die durch die magmatische Entgasung entstehen. Die dafür gebräuchliche Bezeichnung **phreatomagmatisch** bringt diese Interaktion von Wasser und Schmelze zum Ausdruck (griech. *phrear* für Brunnen).

Klassifikation nach Korngröße

Beide Fragmentierungsarten erzeugen Partikel unterschiedlicher Größe, Gestalt und auch Porosität. Die wichtigste Klassifikation pyroklastischer Gesteine unterscheidet diese Partikel nur nach der Größe: **Aschen, Lapilli** und **Bomben**. Allerdings besteht ein feinsinniger Unterschied zwischen Bomben und **Blöcken** – während Erstere schmelzflüssig ausgeworfen werden und ihre Gestalt auch im Flug geformt werden kann, wurden Blöcke schon als Festgesteine aus dem Krater geschleudert. Das geht natürlich nur, wenn diese Objekte schon vorher fest waren, also gar nicht unmittelbar aus der gerade eruptierenden Schmelze stammen: In der Regel handelt es sich dabei um ältere vulkanische oder nicht vulkanische Nebengesteine.

Je nach Korngrößenspektrum können die Pyroklastika dann als **Tuffbrekzie, Aschentuff** usw. beschrieben werden. Ein häufig gebrauchter Begriff, der alle unverfestigten pyroklastischen Korngrößen zusammenfasst, ist **Tephra**.

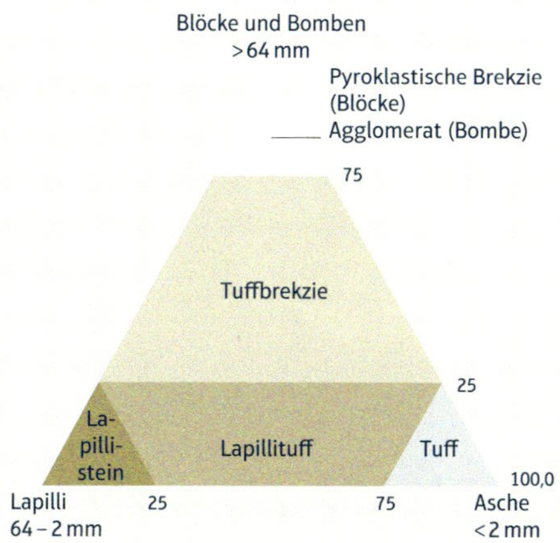

◄ 13 Klassifikation pyroklastischer Gesteine nach Korngröße.

Klassifikation nach Kornsubstanz

Etwas schwieriger zu verstehen und auch in der Anwendung schon fortgeschrittenere Sachkenntnis erfordernd ist die Unterscheidung nach der Kornsubstanz. Vor allem feinkörnige Pyroklastika – also im Wesentlichen Aschen – können unterschiedliche Beschaffenheit haben. In vielen Schmelzen haben sich schon während des Aufstiegs oder bei einem längeren Aufenthalt in einer

Die Bezeichnung „Schlacke" ist im Prinzip unabhängig von der Korngröße, in der Regel handelt es sich aber um Objekte von Handteller- bis Pizzagröße, die stets blasig sind. Nehmen Schlacken rundliche oder spindelartige Formen an, gibt es keine klar definierte Abgrenzung zu **Bomben**, vor allem wenn Letztere ebenfalls blasig sind. Die Abgrenzung zu **Bimsen** ist dadurch möglich, dass diese noch höhere Blasenanteile haben

▲◀ 19 Die innere Struktur einer Bombe zeigt einen dichten Kern und nach außen hin zunehmende Porosiät, wie sie durch Entgasung und Ausweitung während des Auswurfs entstehen kann (Längsdurchmesser ca. 80 cm; Puy de la Vache, Auvergne, Frankreich).

◀ 20 Bombe im Rothenberg-Vulkan (Osteifel). Hier handelt es sich vermutlich um ein mehrphasig entstandenes Objekt, da Kern und Rinde deutlich zu unterscheiden sind (Aufnahme 1994 – der Aufschluss ist inzwischen abgebaut).

▼ 21 Bombe aus der Wartgesberg-Schlackenkegel-Gruppe (Westeifel), nun am südlichen Ortsrand von Strohn ausgestellt. Mehrphasige Bombe, die wahrscheinlich nie den Krater verlassen hat und immer wieder in die Lava zurückgefallen ist. Mit diesen Einschränkungen handelt es sich um die „größte Bombe der Eifel" (Aufnahme 1998).

3 Vulkane und ihre Produkte

Aus den Magmen, die zur Entstehung von Vulkanen führen, können grundsätzlich zwei unterschiedliche Klassen von Gesteinen entstehen. Während ruhig ausfließende – oder auch in das Nebengestein eindringende – Lava **vulkanische Festgesteine** schafft, führt die mehr oder weniger explosive vulkanische Tätigkeit zur **Fragmentierung** der Schmelze. Die dadurch geschaffenen Partikel und die daraus aufgebauten Gesteine werden unter dem Begriff **Pyroklastika** zusammengefasst. Sinngemäß bedeutet dieser Begriff: „durch das Feuer (griech. *pyr*) zerbrochen".

Für beide Klassen von Gesteinen gibt es weitere Unterteilungen, die hier so weit aufgeführt werden, wie sie zur Beschreibung und für das Verständnis der Vulkane unentbehrlich sind.

Pyroklastische Gesteine

Bei den meisten vulkanischen Eruptionen kommt es zur Fragmentierung der aufsteigenden Schmelze. Normalerweise wird der oberflächennahe Auftrieb wie die Fragmentierung durch die Entgasung des Magmas verursacht: Die Herauslösung der Gasphase (vor allem Wasser und Kohlendioxid) führt zur Expansion, in deren Folge das Magma schließlich zerrissen wird. Dieser Ablauf kann als Fragmentierung durch Entgasung bezeichnet werden. Weitere Bezeichnungen sind **magmatische Fragmentierung** oder auch **strombolianische Tätigkeit**. Diese Form der Fragmentierung führt normalerweise zum Aufbau von Schlackenkegeln.

Eine andere Form der Fragmentierung ist möglich, wenn die aufsteigende Schmelze mit Wasser in Kontakt kommt. Die Explosionen, die dabei ausgelöst werden, können wesentlich heftiger sein als jene, die durch die magmatische Entgasung entstehen. Die dafür gebräuchliche Bezeichnung **phreatomagmatisch** bringt diese Interaktion von Wasser und Schmelze zum Ausdruck (griech. *phrear* für Brunnen).

Klassifikation nach Korngröße

Beide Fragmentierungsarten erzeugen Partikel unterschiedlicher Größe, Gestalt und auch Porosität. Die wichtigste Klassifikation pyroklastischer Gesteine unterscheidet diese Partikel nur nach der Größe: **Aschen, Lapilli** und **Bomben**. Allerdings besteht ein feinsinniger Unterschied zwischen Bomben und **Blöcken** – während Erstere schmelzflüssig ausgeworfen werden und ihre Gestalt auch im Flug geformt werden kann, wurden Blöcke schon als Festgesteine aus dem Krater geschleudert. Das geht natürlich nur, wenn diese Objekte schon vorher fest waren, also gar nicht unmittelbar aus der gerade eruptierenden Schmelze stammen: In der Regel handelt es sich dabei um ältere vulkanische oder nicht vulkanische Nebengesteine.

Je nach Korngrößenspektrum können die Pyroklastika dann als **Tuffbrekzie, Aschentuff** usw. beschrieben werden. Ein häufig gebrauchter Begriff, der alle unverfestigten pyroklastischen Korngrößen zusammenfasst, ist **Tephra**.

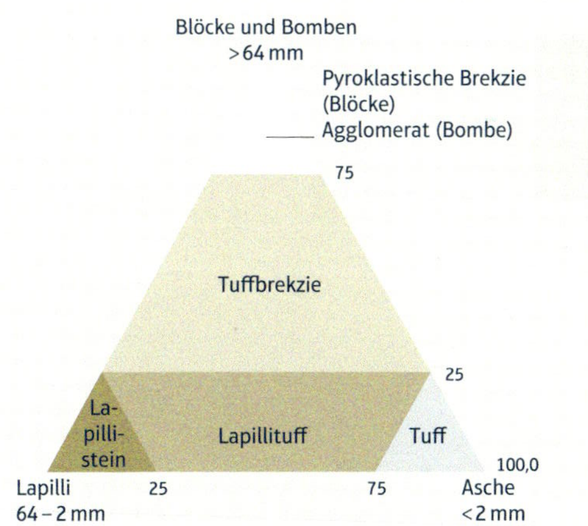

◂ 13 Klassifikation pyroklastischer Gesteine nach Korngröße.

Klassifikation nach Kornsubstanz

Etwas schwieriger zu verstehen und auch in der Anwendung schon fortgeschrittenere Sachkenntnis erfordernd ist die Unterscheidung nach der Kornsubstanz. Vor allem feinkörnige Pyroklastika – also im Wesentlichen Aschen – können unterschiedliche Beschaffenheit haben. In vielen Schmelzen haben sich schon während des Aufstiegs oder bei einem längeren Aufenthalt in einer

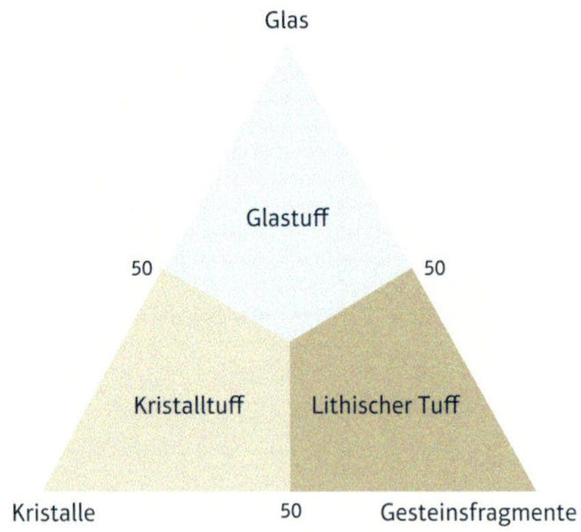

▲ 14 Eine weitere Klassifikation orientiert sich an der mineralogischen Substanz der Partikel. Diese können bereits vor der Fragmentierung kristallisiert sein oder auch aus Gesteinen der Schlotumgebung stammen.

Magmenkammer **Kristalle** gebildet. Bei einer Eruption können diese Kristalle erhebliche Anteile der Tephra einnehmen – auch wenn es nur selten vorkommt, dass Kristalle dominierend sind.

Die Bezeichnung **Glastuff** trifft in der Regel auf die meisten Teile der eruptierten Partikel zu. Wenn die Schmelze fragmentiert wird, bevor sich Kristalle gebildet haben, werden in der Folge auch keine mehr wachsen können. Insbesondere bei der phreatomagmatischen Fragmentierung werden die Partikel beim Kontakt mit Wasserdampf schlagartig abgeschreckt. „Glas" bedeutet in der Mineralogie: Gestein oder Mineral nicht kristalliner, molekular ungeordneter Struktur.

Lithische Tuffe sind nicht nur in der Aschenfraktion, sondern oft auch in Lapilligröße zu finden. Die Komponenten hierfür stammen in der Regel bevorzugt aus dem Nebengestein. Die hohe Explosivität phreatomagmatischer Eruption kommt in einem entsprechend hohen Anteil lithischer Tuffe zum Ausdruck.

Weitere Bezeichnungen

Schlacken sind sehr blasige Pyroklastika. Auf ihrem Weg bis zum Aufschlag können sie unterschiedliche, aerodynamisch geprägte Formen erhalten haben (**Wurfschlacken**), oder sie sind sogar noch beim Auftreffen fließfähig, sodass sie weiter verlaufen. Oft erhalten sie dann eine fladenförmige Gestalt (die mitunter tatsächlich Kuhfladen ähnelt). In dichter Folge können solche Schlacken zu sehr fest verbundenen **Schweißschlackenabfolgen** (**Agglutinaten**) werden. Wurfschlackenabfolgen finden wir hingegen mehr zu lockeren **Agglomeraten** angehäuft.

▶ 15 Gut sortierter Lapillituff am Eppelsberg (Osteifel). Eine derart gute Sortierung setzt in der Regel eine starke Fragmentierung im Schlot sowie Abregnen aus einer Eruptionswolke voraus (Aufnahme 1996).

◀16 Bomben-Tuff am Dachsbusch-Schlackenkegel (Osteifel; Aufnahme 2010).

◀17 Dominieren blasige Partikel in der Dimension großer Lapilli oder kleiner Bomben, die beim Auswurf vielleicht sogar noch eine aerodynamische Form erhalten haben, kann auch die Bezeichnung **Schlacken** verwendet werden. Die allein an Korngrößen orientierte Terminologie kreuzt sich hier mit einer anderen Nomenklatur, die Form und Gefüge der Partikel in den Vordergrund stellt. Aus Wurfschlacken aufgebautes Agglomerat am Mosenberg-Vulkan (Westeifel; Aufnahme 2015).

◀18 Lithische Tuffe sind in der Regel die Folge hoher Nebengesteinsanteile, die den eigentlichen magmatischen Komponenten zugemischt sind. Diese Erscheinung ist häufig mit hochexplosiver phreatomagmatischer Fragmentierung verbunden und daher im Wall von Maarkratern zu finden (Meerfelder Maar, Westeifel; Aufnahme 2006).

Die Bezeichnung „Schlacke" ist im Prinzip unabhängig von der Korngröße, in der Regel handelt es sich aber um Objekte von Handteller- bis Pizzagröße, die stets blasig sind. Nehmen Schlacken rundliche oder spindelartige Formen an, gibt es keine klar definierte Abgrenzung zu **Bomben**, vor allem wenn Letztere ebenfalls blasig sind. Die Abgrenzung zu **Bimsen** ist dadurch möglich, dass diese noch höhere Blasenanteile haben

▲◀ 19 Die innere Struktur einer Bombe zeigt einen dichten Kern und nach außen hin zunehmende Porosiät, wie sie durch Entgasung und Ausweitung während des Auswurfs entstehen kann (Längsdurchmesser ca. 80 cm; Puy de la Vache, Auvergne, Frankreich).

◀ 20 Bombe im Rothenberg-Vulkan (Osteifel). Hier handelt es sich vermutlich um ein mehrphasig entstandenes Objekt, da Kern und Rinde deutlich zu unterscheiden sind (Aufnahme 1994 – der Aufschluss ist inzwischen abgebaut).

▼ 21 Bombe aus der Wartgesberg-Schlackenkegel-Gruppe (Westeifel), nun am südlichen Ortsrand von Strohn ausgestellt. Mehrphasige Bombe, die wahrscheinlich nie den Krater verlassen hat und immer wieder in die Lava zurückgefallen ist. Mit diesen Einschränkungen handelt es sich um die „größte Bombe der Eifel" (Aufnahme 1998).

◂ 22 Schlackenabfolge in der Wartgesberg-Schlackenkegel-Gruppe (Westeifel). Die Lapillifraktion kann auch als Wurfschlacke bezeichnet werden. Darüber eine Lavalage, die vermutlich nicht ausgeflossen ist, sondern als Schmelzfetzen ausgeworfen wurde und nach dem Auftreffen sogar noch etwas weiter verlaufen ist. Darüber folgen erneut Lapilli (Aufnahme 1992).

und daher im Prinzip schwimmfähig sind. Sie entstehen in der Regel in zähflüssigen, gasreichen Magmen, die beim Zerreißen nicht dünnflüssige Schmelzfetzen, sondern bereits zähplastische Lapilli und Bomben hervorbringen. Der Aschenanteil von Bimssteineruptionen besteht fast ausschließlich aus den gekrümmten Bruchstücken von Blasen-Zwischenwänden.

Festgesteine aus erstarrter Lava

Massive Vulkangesteine entstehen überwiegend aus unfragmentiertem Magma, wobei es durchaus möglich ist, dass volumenreiche Lavaströme auch aus fragmentierter Schmelze entstehen können. Voraussetzung wäre in einem solchen Fall eine so große Fördermenge von Schlacken, dass sie einer raschen Abkühlung

▸ 23 Das Q(arz)-A(Alkalifeldspat)-P(Plagioklas-Feldspat)-F(Feldspatvertreter/Foide)-Diagramm ist ein häufig verwendetes Schema zur Klassifikation von Vulkangesteinen. Die Vorgehensweise ist wie folgt: Anhand eines Dünnschliffs oder eines Anschnitts werden die Flächenanteile der relevanten Minerale und damit das zutreffende Feld im Diagramm bestimmt.

Nicht alle Segmente des Diagramms sind in der Welt der Vulkane verwirklicht. Gelb markiert sind die Gesteinsarten, die aufgrund ihrer Zähflüssigkeit in der Lage sein können, Lavadome zu bilden. Die untere Hälfte des Diagramms repräsentiert dünnflüssigere, SiO_2-ärmere Gesteine, die keinesfalls freien Quarz, stattdessen aber Feldspatvertreter führen. Diese Gesteine bilden mit Ausnahme des Phonoliths und seiner Verwandten kaum Dome.

Der grau markierte Bereich entspricht Basalten im engeren Sinn. Fällt der Anteil dunkler Minerale unter 40 % (M < 40 Gew. %), dann wird das Gestein als Andesit klassifiziert.

Der blau markierte Bereich umfasst die Gesteine, die wie Basalt aussehen können und nicht selten auch so genannt werden: feinkörnig und von dunkler Farbe. Nach le Maitre (2002), grafisch verändert.

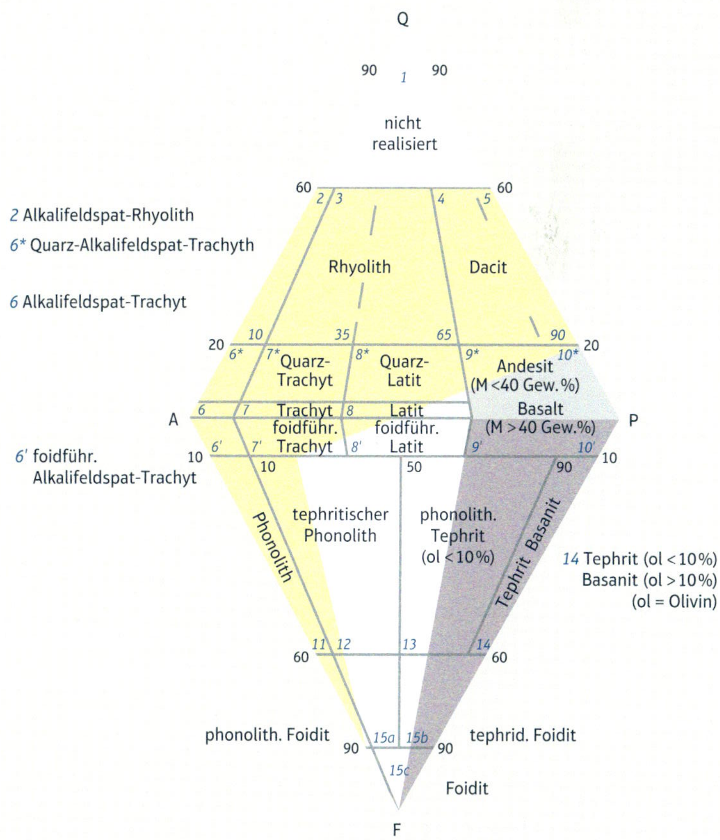

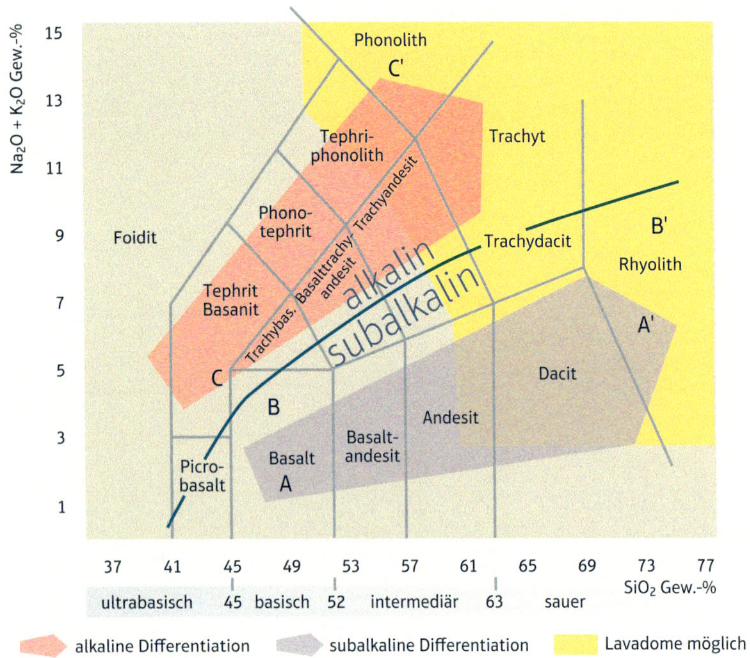

▲ 24 Das TAS-Diagramm (Total Alkali vs. Silica) setzt eine chemische Analyse des Vulkangesteins voraus. Auch wenn der Aufwand hoch erscheint, so ist die Klassifikation präzise. Wer seine Analyse im QAPF-Diagramm darstellen möchte, kann die chemische Analyse umrechnen. Das TAS-Diagramm gibt außerdem eine gute Orientierung über die Entwicklung von Magmen durch magmatische Differentiation, wie sie bei Zwischenaufenthalten in Magmenkammern auf dem Weg an die Oberfläche stattfindet. Im Wesentlichen können hier zwei Wege unterschieden werden: die an Na und K reichen Magmen (alkaliner Typus) und der Na und K armen Magmen (subalkaliner Typus). Auch hier ist der Bereich der Gesteine, die Lavadome bilden können, gelb markiert. Nach le Maitre (2002), grafisch verändert.

entgegenzuwirken vermag. Die ausgeworfene Schmelze kann sich dann tatsächlich zu einer Fließeinheit in Form eines Lavastroms sammeln und weiter ausbreiten. Übergangsformen zu dieser Art von Lava sind massive **Schweißschlackenlagen**, die an vielen Schlackenkegeln beobachtet werden können.

Unter **Lava** verstehen viele Geologen Magma, das an der Erdoberfläche ausgetreten ist und dort so heiß ist, dass es noch weiter fließen kann. In den Vulkangebieten Deutschlands gibt es Lava nach dem Stand der Dinge nur in zu Vulkangestein erstarrter Form. Es bleibt aber die in manchen Fällen interessante Frage, ob das Vulkangestein tatsächlich ausgeflossenes Magma – also ehemalige Lava – repräsentiert oder ob es vielleicht in der Tiefe stecken geblieben und unterhalb der Erdoberfläche kristallisiert ist. Am Gestein selbst ist das in der Regel nicht zu erkennen, allein die Form und Struktur des Gesteinskörpers insgesamt können hier unter günstigen Umständen ein Urteil zulassen.

Gesteine dokumentieren die Entwicklung des Magmas

Das vulkanische Gestein dokumentiert die **Komposition** des Magmas. Daraus lassen sich wichtige Fragen beantworten und zumeist auch Tätigkeitsform und Gestalt des Vulkans verstehen. Prägnanten Ausdruck findet die chemische Komposition in der Viskosität der Schmelze: Je höher der Gehalt an SiO_2, desto zähflüssiger ist diese. So können etwa Lavadome in der Regel nur aus Magmen entstehen, die so zähflüssig sind, dass sie über dem Austrittspunkt Kuppen bilden, anstatt wie dünnflüssige Lava seitlich zu verlaufen. Auch Bimssteineruptionen sind charakteristischerweise mit zähflüssigen, dann aber zugleich auch gasreichen Magmen verknüpft.

Das traditionelle Klassifikationsschema ist das **QAPF-Diagramm**, in dem die Anteile an **Q**uarz (SiO_2), **A**lkalifeldspat (K–Na–Feldspat), **P**lagioklas (Na–Ca–Feldspat) und **F**oiden (Feldspatvertretern) über die Namensgebung entscheiden. Gehen wir vom Diagramm aus, dann sagt uns ein Name wie **Rhyolith**, dass das Gestein Quarz, Kalifeldspat und auch Plagioklas enthält, während ein **Trachyt** überwiegend aus Alkalifeldspat besteht. Die quarzarme bis quarzfreie Komposition des Trachyts bedeutet, dass Laven dieser Art tendenziell schon etwas dünnflüssiger als Rhyolith sein können. Hat man einen **Phonolith** vor sich, dann hat das Gestein so wenig SiO_2, dass es nicht durchweg zur Kristallisation normalen Alkalifeldspats gereicht hat. Aus diesem Grund wird ein Teil der Feldspäte durch SiO_2-ärmere Feldspatvertreter ersetzt.

Foide (Feldspatvertreter) kristallisieren also, wenn nicht genügend SiO_2 zur Bildung eigentlicher Feldspäte zur Verfügung steht. Die chemische Formel der Feldspäte ist: Kalifeldspat $KAlSi_3O_8$ – Plagioklase (Mischreihe $NaAlSi_3O_8$ – $CaAl_2Si_2O_8$). Feldspatvertreter haben im Vergleich dazu rechnerisch ein bis zwei SiO_2 weniger. Die wichtigsten Feldspatvertreter sind:

Nephelin	$(Na, K)\ AlSiO_4$ (Na:K ca. 3 : 1)
Leucit	$K\ AlSi_2O_6$
Sodalith	$Na_8\ [Cl_2\ (AlSiO_4)_6]$
Nosean	$Na_8\ [SO_4\ (AlSiO_4)_6]$
Hauyn	$(Na, Ca)_{4-8}\ [SO_{1-2}\ (AlSiO_4)_6]$ –
Cancrinit	$(Na_2, Ca)_4\ [CO_3\ (H_2O)_{0-3}\ (AlSiO_4)_6]$

Beschreibung und Klassifikation der Vulkangesteine haben naturgemäß mit der Schwierigkeit zu kämpfen, dass die Objekte oft sehr feinkristallin sind. Ihre Mineralkomposition kann in diesen Fällen im Gelände bzw. allein mit der Lupe nicht hinreichend präzise bestimmt werden. Weiter muss mit der Möglichkeit gerechnet werden, dass Vulkangesteine nicht völlig auskristallisiert – also nicht holokristallin – sind. Das heißt, ein Teil oder gar – wie beim Obsidian – das ganze Gestein besteht aus „Glas", ist also nicht in einem regelmäßig aufgebauten Kristallgitter organisiert. Diese Schwierigkeiten haben dazu geführt, dass eine genaue Bestimmung vulkanischer Gesteine in der Regel nicht ohne chemische Analyse erfolgt.

Liegt eine solche Analyse vor, dann können die chemischen Anteile für das QAPF-Diagramm in mineralische Anteile umgerechnet werden, oder man verwendet direkt das TAS-Diagramm. Das **T**otal-**A**lkali-**S**ilica-Diagramm klassifiziert allein nach dem SiO_2-Gehalt und den Anteilen an Na und K, wie sie als Oxide bei der chemischen Analyse bestimmt werden. Die einzelnen Namensfelder müssen genau den gleichnamigen Bereichen im QAPF-Diagramm entsprechen, auch wenn dort mineralogische und nicht chemische Kriterien zur Anwendung kommen.

In beiden Diagrammen sind die Bereiche bzw. Gesteine vermerkt, die aufgrund ihres SiO_2-Gehalts so zähflüssig sein können, dass sie auch Lavadome bilden können. Die gleichen Schmelzen können aber auch zu großen Bimssteinausbrüchen führen, wenn nur der Gasgehalt hinreichend hoch ist – so hat der Laacher-See-Vulkan große Volumen phonolithischer Bimse gefördert, während die gleiche Gesteinsart an anderer Stelle zur Entstehung von Lavadomen geführt hat (z. B. Olbrück/Osteifel, Milseburg/Rhön).

Differentiation von Schmelzen

Die Gesteine geben uns auch Informationen über die Herkunft der Schmelze. Kam das Magma mit eher nur geringen Veränderungen aus dem Erdmantel oder hat es längere Zeit in einer Magmenkammer pausiert?

Die **Entwicklungswege von Schmelzen** lassen sich gut im TAS-Diagramm verfolgen. Schmelzen, die im oberen Erdmantel entstehen, haben stets basischen bis ultrabasischen Charakter – das heißt, sie sind relativ arm an SiO_2. Dabei können Kompositionen entstehen, die als Gesteine entweder SiO_2-gesättigte Gesteine vom Typ Basalt ergeben oder aufgrund ihres hohen Anteils an Natrium und/oder Kalium auch Feldspatvertreter enthalten. In einem solchen Fall entstehen Gesteine wie Alkalibasalte, Basanite oder Foidite. Geringe Aufschmelzung wird normalerweise Kompositionen mit hohen Na- und K-Anteilen hervorbringen, da diese Elemente bevorzugt in Schmelzen wandern und dadurch anfangs ein Übergewicht bilden. Stärkere Anschmelzung des Mantelgesteins führt tendenziell zu einer relativen Anteilsverringerung dieser Komponenten.

Steigt die Schmelze ohne Zwischenaufenthalt in Magmenkammern auf, dann wird sie **undifferenziert** oder **primitiv** an der Erdoberfläche ankommen. Gibt es jedoch Zwischenaufenthalte, kann es zur magmatischen Differentiation kommen. Voraussetzung dafür ist, dass die Umgebungstemperatur und in der Folge dann auch die Temperatur des Magmas unter dem Schmelzpunkt von Mineralen liegen, die sich angesichts der Komposition des Magmas bilden können. Der interessante Punkt ist dabei, dass Minerale mit hohem Schmelzpunkt reicher an Eisen (Fe) und Magnesium (Mg), aber ärmer an SiO_2 sind, als jene mit niedrigerem Schmelzpunkt. Kristallisieren bei hohen Temperaturen – und Drücken – beispielsweise Olivin, Pyroxen oder Hornblende aus, dann steigt der SiO_2-Gehalt der Restschmelze relativ an, und zugleich wird sie aufgrund der abnehmenden Eisengehalte auch heller.

Bei jedem Differentiationsschritt werden die Magmen also immer kieselsäurereicher und auch zähflüssiger. Je höher eine Magmenkammer in der Kruste positioniert ist, desto kühler ist ihre Umgebungstemperatur und umso weiter kann die Abscheidung der Kristalle mit hoher Kristallisationstemperatur vorangehen. Am Ende kann es so weit kommen, dass das SiO_2 nicht nur für die Bildung normaler Feldspäte (im Gegensatz zu SiO_2-ärmeren Feldspatvertretern) reicht, sondern noch ein Rest übrig bleibt. Dann würde tatsächlich in dem Vulkangestein auch Quarz kristallisieren, das Gestein wäre dann ein **Dacit** oder **Rhyolith**.

Es zeigt sich aber, dass in den erdneuzeitlichen Vulkangebieten Deutschlands nicht jedes denkbare Gestein entstanden ist. Die am weitesten differenzierten Magmen entsprechen **Trachyten** und **Phonolithen.** Das liegt an den relativ hohen Kalium- und Natriumgehalten der Schmelzen, was wiederum die Folge des relativ geringen Aufschmelzungsgrades und des vorliegenden Chemismus der Mantelgesteine ist.

Schlackenkegel am Gipfel des Stromboli (Italien)

Foto: Flavio Vallenari – Istockphoto.com

Was versteht man eigentlich unter Basalt?

Im Zusammenhang mit Vulkanen denken viele an **Basalt**. Tatsächlich sind Basalte auch die am weitesten verbreiteten Vulkangesteine. Beim Gebrauch dieses Begriffs ist aber zu unterscheiden, ob er nur feldgeologisch oder gar nur umgangssprachlich verwendet wird: So verstanden werden mit diesem Namen zusammenfassend (fast) alle dunklen Vulkangesteine bezeichnet. Auch Profis tun das mitunter; es erleichtert die Kommunikation, wenn man vielleicht nicht wiederholt „Olivin führender phonolithischer Tephrit" sagen möchte.

Die Unschärfen bei der Benennung Basalt gehen so weit, dass darunter letzten Endes sogar Foidite mit einbezogen werden. Gesteine dieses Typs wurden früher in der Fachliteratur auch als „feldspatfreie Basalte" erwähnt – eine Bezeichnung, die heute als Widerspruch in sich angesehen werden würde. Erst im Labor lässt sich die genaue Komposition des Gesteins bestimmen, und damit steigen auch die Anforderungen hinsichtlich der Präzision der Begriffe.

▲ 25 Ein relativ dunkles Gestein mit feinkörniger Grundmasse führt – gerade noch erkennbar – viele dunkle, schwarze, kurzprismatische Kristalle: Pyroxen, genauer Augit. Dazu sind aber, unverwechselbar in ihrer blass-olivgrünen Färbung, auch einzelne Olivinkristalle zu sehen. Der sichtbare Anteil an Olivin ist ein Indiz, dass es sich um ein sehr kieselsäurearmes Gestein handelt. Diese Probe des Basalts von Oberleinleiter (Heldburger Gangschar) repräsentiert einen Olivin-Foidit, genauer einen Olivin-Nephelinit.

Einen Basalt im Sinn der gängigen Klassifikationsschemen zu erkennen ist also gar nicht so einfach. Wenn die dunkelgrauen Gesteine überhaupt Kristalle erkennen lassen, dann sind es meist die schwarzen Pyroxene (Augit), und die sind für die Einordnung im QAPF-Diagramm nicht relevant. Die Plagioklas-Feldspäte sind oft feinkristallin in der Grundmasse verteilt und nur selten zu sehen. Sollte man im Gestein den blass-grünen, körnigen Olivin entdecken, dann wäre das ein Grund für die Annahme, dass man möglicherweise schon einen Basanit oder gar einen Foidit vor sich hat.

Eine weitverbreitete Art, über basaltische Vulkangesteine zu sprechen, ist die Unterteilung in **Basalt** und **Alkalibasalt.** Erstere sind die Basalte, die im QAPF-Diagramm im oberen Dreieck im Feld der Basalte stehen. In besonderen Klassifikationsschemen werden diese Basalte auch als Tholeiite, Tholeiit-Basalte oder gar Quarz-Tholeiite bezeichnet. Alkalibasalte hingegen sind Basalte, in denen aufgrund relativ hoher Kalium- und Natriumgehalte Feldspatvertreter, zumeist in Form von Nephelin, Leucit oder Hauyin, vorkommen. Diese Basalte finden sich ebenfalls im Basaltfeld des QAPF-Diagramms, allerdings schon im Bereich des unteren Dreiecks. Das wären die Alkalibasalte im strengen Sinn. In der Kommunikationspraxis werden allerdings oft auch alle jene Gesteine unter diesem Begriff gehandelt, die in diesem Diagramm noch mehr Feldspatvertreter enthalten, und das reicht – wie auch schon beim „Basalt" – bis hinunter zu den Foiditen.

Die Bezeichnung **Foidit** wird als Gesteinsname oft durch die konkrete Hervorhebung des dominierenden Feldspatvertreters ersetzt. Ein Foidit kann so ein Nephelinit, Leucitit, Hauyinit oder von einem sonstigen Feldspatvertreter bestimmtes Gestein sein.

Gesteinsbestimmung kann nicht immer zufriedenstellend gelingen

Die Mineralkomposition eines Gesteins ist umso leichter zu erkennen, je größer die Minerale sind. Gesteinsbestimmung ist nur deshalb oft so schwierig, weil die Minerale meistens klein und kaum erkennbar sind. Vulkangesteine sind häufig sogar so feinkörnig, dass man mit dem Auge überhaupt keine Minerale erkennen kann. Was bleibt, ist die Farbe. Zumindest für eine erste Orientierung ist das aber gar keine so schlechte Grundlage:

▲ 26 Das helle, fast weiße Gestein am Pferdskopf (Wasserkuppenrhön) ist feinkörnig und daher mit dem Auge kaum passend einzuordnen. Allein die Farbe kann als Hinweis genommen werden, dass es sich um ein relativ kieselsäurehaltiges Gestein handeln muss. Die chemische Analyse hat einen Trachyt ergeben.

Helle Gesteine bestehen aus hellen Mineralen (Feldspat, Quarz), dunkle Gesteine aus dunklen Mineralen (Biotit, Pyroxen, Olivin). Dabei wird das Gestein umso dunkler, je geringer der Anteil an Feldspat gegenüber den dunklen Mineralen ist. Helle Gesteine sind Rhyolithe, Trachyte oder Phonolithe, dunklere wahrscheinlich Basalte, Alkalibasalte oder gar Foidite.

Viele Vulkangesteine zeigen eine **porphyrische Erscheinung**: In einer feinkörnigeren Grundmasse sind einzelne Einsprenglinge erkennbar. Diese sind dann in der Regel auch perfekt auskristallisiert und gut erkennbar: Alkalifeldspat, Feldspatvertreter, Biotit, Hornblende, Pyroxen, Olivin. Hat man die großen Kristalle erkannt, kommt es auf weitere Kriterien und das Kombinationsvermögen an, um die Richtung zu bestimmen, in der dieses Gestein in der Klassifikation einzuordnen ist. Nicht alle sichtbaren Kristalle sind eine entscheidende Hilfe – Pyroxen, Biotit oder Hornblende sind dunkle Minerale, die für die Klassifikation im QAPF-Diagramm nicht entscheidend sind und unter Umständen auch in hellen, SiO_2-reichen Gesteinen vorkommen können. Hier kann die Gesteinsfarbe eine weitere wichtige Orientierungshilfe sein. Hingegen genügt schon ein einziger erkannter Feldspatvertreter, um das Gestein in das untere Dreieck des QAPF-Diagramms einordnen zu können.

Manche Gesteine sind hingegen so grob kristallin, dass man kaum glauben kann, dass es sich hierbei um fließende Lava gehandelt haben soll. Der Trachyt des Drachenfels ist ein solches Gestein. Im Kern von Vulkanen trifft man nicht selten auf Gesteine, die so gleichmäßig grobkristallin sind, dass Geologen sie mit der Terminologie der Tiefengesteine klassifizieren. Am Kaiserstuhl und am Katzenbuckel ist eine solche Strategie angewandt worden, wobei noch immer eine Steigerung möglich ist: Man kann auch Ganggesteinen eigene Namen geben.

▲ 27 Große Alkalifeldspäte (hier die Hochtemperaturmodifikation Sanidin) geben dem Betrachter die Möglichkeit, das Gestein einigermaßen präzise im QAPF-Diagramm einzuordnen. Der gleichzeitige Mangel an sichtbarem Quarz und anderen Mineralen schränkt die Klassifikation auf das Trachytfeld ein. Da nur ein Teil der Feldspäte so groß ist, der andere aber deutlich kleiner ist und die Grundmasse des Gesteins aufbaut, kann das Gefüge auch porphyrisch genannt werden (Trachyt des Drachenfels, Siebengebirge; Aufnahme 2010).

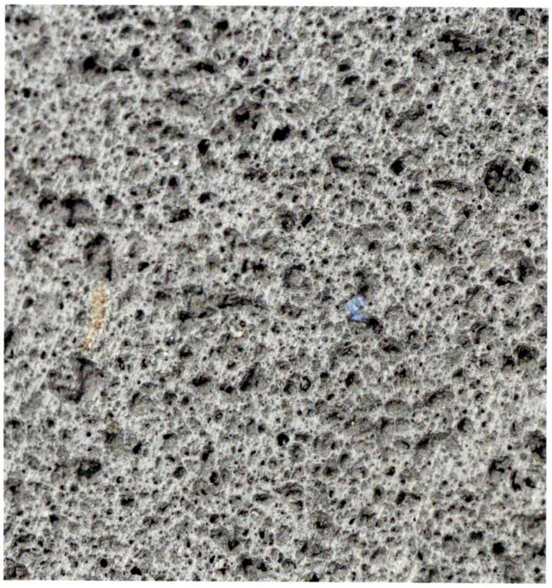

▲ 28 Ein angesägtes Stück der Niedermendiger Lava zeigt nicht nur den porösen Charakter dieses Gesteins, sondern auch vereinzelt Kristalle des blauen Hauyn. Dieser nahezu unverwechselbare Feldspatvertreter schiebt das Gestein in die untere Hälfte des QAPF-Diagramms. Seine mittelgraue Farbe gibt ihm ein „basaltartiges" Aussehen, sodass er kaum mit einem Phonolith auf der linken Seite des Diagramms verwechselt werden kann, er also auf der Seite der Basanite, Tephrite und Foidite stehen muss.

Frustration ist hier gerade für einen Anfänger kaum auszuschließen – aber nicht zuverlässig erkannte Gesteine sind kein Hindernis, um Aufbau und Funktionsweise von Vulkanen verstehen zu können.

Fremdgesteinseinschlüsse aus der Tiefe

Zusätzliche Informationen über Herkunft und Aufstieg von Schmelzen können aus Fremdgesteinseinschlüssen (**Xenolithe**, griech. *xenos* für fremd) gewonnen werden. Magmen können Gesteinsbruchstücke aus dem Erdmantel bis an die Oberfläche bringen. Wäre dem nicht so, würden wir keine Diamanten finden – diese bilden sich erst in Tiefen von mehr als 120 km. Doch so tiefe Ursprünge haben die Schmelzen in Deutschland nicht. **Mantelxenolithe** sind aber dennoch eine häufige Erscheinung.

Die vor allem in Sammlerkreisen häufig gebrauchte Bezeichnung **„Olivinbomben"** trifft nicht den eigentlichen Charakter dieser aus der Tiefe kommenden Zeugnisse. Zwar ist Olivin in der Regel das dominierende Mineral, doch ist die Komposition des Gesteins in den meisten Fällen komplexer. Gesteinskundlich präziser handelt es sich bei den Mantelxenolithen in der Regel um **Peridotite**, die neben Olivin als wesentliche Komponenten noch Pyroxene enthalten. Und natürlich handelt es sich auch nicht um Bomben im eigentlichen Sinn – auch wenn sie in Maarvulkanen mitunter tatsächlich für sich gesondert (allerdings als „Blöcke") zum Auswurf kommen. Doch in der Regel trifft man die Xenolithe eingeschlossen in den Vulkangesteinen an, deren Magma sie aus der Tiefe emporgebracht hat.

Xenolithe können aus allen Bereichen aufgenommen werden, die die Schmelze auf ihrem Weg an die Oberfläche durchschlägt. So stammen viele Xenolithe auch aus der Kruste. Während Mantelxenolithe prinzipiell unaufgeschmolzen gebliebene Rückstände oder Nebengesteinsstücke aus dem Herkunftsbereich des Magmas repräsentieren, sind **Krustenxenolithe** aufgrund ihrer

▶ 29 Grüne Mantelxenolithe in dem dunklen Vulkangestein des Straufhain (Heldburger Gangschar). Mantelgesteine sind zumeist Peridotite, die nach dem Verhältnis Olivin zu Klinopyroxen und Orthopyroxen noch näher klassifiziert werden können.

mineralogischen Komposition im Kontakt mit heißer basaltischer Schmelze weniger stabil. Angesichts von Temperaturen basaltischer Schmelzen – oft mehr als 1200 °C – sind thermometamorphe Veränderungen in Form von An- oder Aufschmelzungserscheinungen vor allem an hellen, an Feldspat und Quarz reichen Gesteinen häufig.

Da die Zusammensetzung der 30 bis 40 km dicken Erdkruste nur im obersten Abschnitt durch Bohrungen bekannt ist, sind Krustenxenolithe die einzigen Belegstücke, die uns greifbare Informationen auch über die tieferen Bereiche zur Verfügung stellen. In Forschungsprojekten zum Aufbau der Kruste werden deshalb Vulkangesteine, insbesondere Krustenxenolithe, systematisch beprobt.

▶ 30 Heller Krusten-Xenolith in einer sehr blasigen Schlacke des Wartgesberg-Komplexes (Westeifel).

4 Schlackenkegel, Maare und Tuffringe

Kleine Vulkane

Intraplattenvulkanismus kann sehr vielfältig sein. Abseits der hochaktiven Hot Spots ist die magmatische Produktion jedoch in der Regel sehr gering. Diese geringen Mengen reichen in den meisten Fällen offenbar nicht aus, um ein Vulkansystem lange am Leben zu halten oder um eine in der Kruste angelegte Magmenkammer so anhaltend zu versorgen, dass daraus über Jahrhunderte fortgesetzt Eruptionen hervorgehen könnten.

Aufgrund dieser Umstände sind vor allem viele kleine Vulkane entstanden: **Schlackenkegel, Maare, Tuffringe** und **Lavadome**. In den letzten Jahren werden diese Einzelformen mitunter tatsächlich auch als „kleine Vulkane" („***small volcanoes***"; Valentine & White 2012, White & Ross 2011) zusammengefasst. Im Idealfall sind diese Vulkane monogenetisch, das heißt an einem Ort in einer eruptiven Phase im Zuge einer bestimmten Form der Vulkantätigkeit entstanden. Wie allerdings zahlreiche Aufschlüsse in der Eifel zeigen, sind viele kleine Vulkane nicht in diesem strengen Sinn monogenetisch: Oft hat die Tätigkeit mit phreatomagmatischen Eruptionen begonnen, um später in die „normale" magmatische Aktivität eines Schlackenkegels umzuschalten. Auch mehrfaches Pendeln zwischen den Aktivitätsformen ist nachzuweisen, ebenso die Verlagerung des Schlots oder der Wechsel der Aktivität innerhalb einer Gruppe.

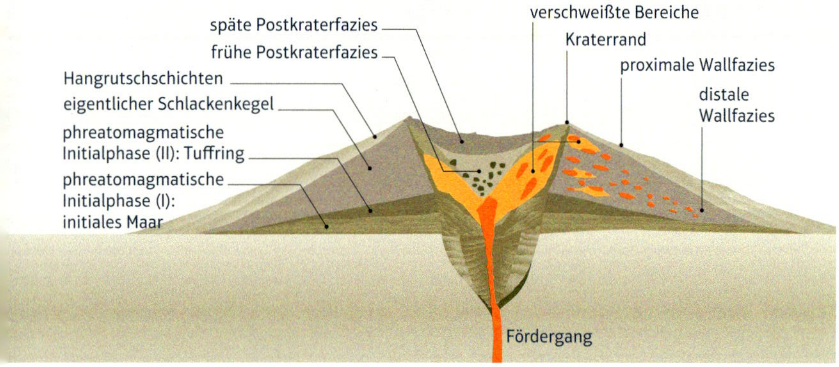

▲ 31 Aufbau eines Schlackenkegels. Abhängig von den hydrologischen Bedingungen am Ort des Ausbruchs können vor allem zu Beginn auch phreatomagmatische Eruptionen stattfinden und initiale Maare und/oder Tuffringe oder Tuffkegel aufgebaut werden. Mit der Nähe zum Schlot nimmt der Anteil verschweißter Schlacken zu. Die Rotfärbung der Pyrokastika ist eine Folge der nachträglichen Oxidation angesichts der um den Schlot erhöhten Temperatur. Die frühe Postkraterfazies besteht vor allem aus vulkaneigenem Material, dass nach dem Ende der Tätigkeit in den Krater umgelagert wird. Die späte Postkraterfazies kann auch vulkanfremdes Material enthalten, z. B. Pyroklastika benachbarter Vulkane oder vom Wind eingetragene Sedimente wie Löss.

Viele Vulkane bilden **Gruppen**, entweder als **Reihe** über einem Fördergang oder eher als weniger orientierte Anhäufung dort, wo sich Aufstiegswege in Form von Verwerfungen kreuzen. Zusammen mit wenigen oder nicht gruppierten Vulkanen konzentrieren sich die Vulkangruppen in mehr oder weniger scharf begrenzten **Vulkanfeldern**. Die Vulkanfelder der West- und Osteifel sind relativ deutlich abgegrenzt, auch viele andere Vulkanfelder erscheinen klar konturiert. Aber fast immer gibt es auch einige wenige sehr randlich gelegene Ausreißer.

Die einzelnen Eruptionspunkte sind in einem Vulkanfeld zumeist nicht gleichmäßig verstreut, sondern ihre Dichte nimmt vom Zentrum nach außen ab. Dies ist etwa für das Westeifel-Vulkanfeld oder das Tertiäre Hocheifel-Vulkanfeld zu beobachten, während sich das Zentrum der Tätigkeiten in der Osteifel im Laufe der letzten 600 000 Jahre innerhalb des Vulkanfelds zunehmend nach Osten bis nahe zum Rhein hin verschoben hat. Auf der anderen Seite streuen Eruptionen im Umfeld des Egergrabens weit nach Westen bis in das Fränkische Deckgebirge oder nach Norden in das Erzgebirge hinein. In der Hessischen Senke wiederum verteilen sich mehr als 1000 Eruptionsstellen über einen weiten, durch Bruchtektonik gestalteten Krustenabschnitt.

Lavaströme haben sich, den Tälern in der Umgebung des Vulkans folgend, über viele Kilometer ausgebreitet. In geologisch älteren, tiefer erodierten Vulkangebieten muss man damit rechnen, dass Oberflächenformen wie Lavaströme in Reliefumkehr Rücken bilden oder gar schon völlig der Erosion zum Opfer gefallen sind. Kleine Vulkane haben am Vogelsberg mehrere Hunderte Meter an Laven angehäuft – eine Abfolge, die mit ihrer Geländeform an einen riesigen Schildvulkan erinnert.

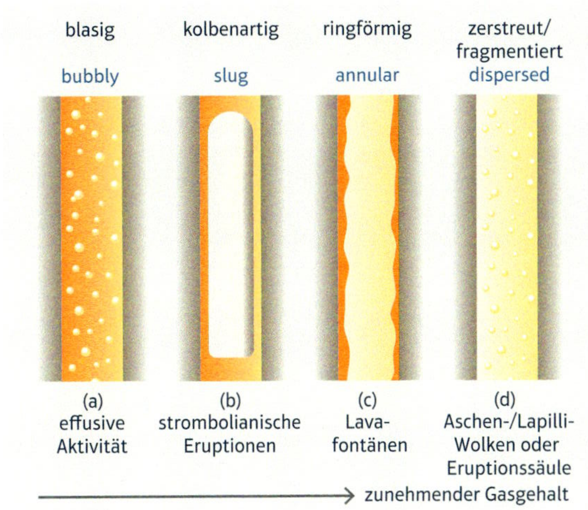

◀ 32 Tätigkeitsformen eines Schlackenkegels. Das Maß der Fragmentierung wird von der Intensität der Entgasung gesteuert. Am unteren Ende (a) steht langsame Entgasung, die zum unfragmentierten Aufstieg der Lava führt. Die normale strombolianische Aktivität (b) mit Bomben- und Schlackenwurf ist mit dem Aufstieg einzelner großer Blasen verknüpft. Lässt die Eruptionsfolge nach, kann die Lava im Schlot eine Kruste bilden: Bei einer Eruption werden dann feste, plattige Stücke ausgeworfen. Lavafontänen werden von einem ringförmigen Gasmantel (c) nach oben getrieben, es bilden sich vor allem Schweißschlacken-Abfolgen. Noch stärkere Entgasung (d) führt bereits im Schlot zur Fragmentierung. In der Regel werden dann Aschen und/oder blasige Lapilli hoch hinausgetragen, die Bildung von niedrigen und nur kurzzeitig stabilen Eruptionssäulen ist möglich. Nach Encycl. of Volcanoes (Sigurdsson 1999).

Schlackenkegel

Aufbau

Schlackenkegel sind nach Meinung aller Vulkanologen weltweit die **häufigste Vulkanform**. Ihr Vorkommen ist nicht auf Intraplattenvulkanfelder beschränkt. Sie finden sich nahezu an jedem Punkt, an dem Lava an der Erdoberfläche austritt. Selbst in großen Schichtvulkanen sitzen im Kraterbereich mitunter sogar mehrere Schlackenkegel, die die aktuellen eruptiven Stellen markieren – so etwa am Stromboli. Der Schlackenkegel ist die Vulkanform, in der vulkanische Tätigkeit am unmittelbarsten zum Ausdruck kommt: Die durch die Entgasung angetriebene Fragmentierung der Schmelze führt zum Auswurf von Lapilli, Bomben und Schlacken, die an der Erdoberfläche einen mehr oder weniger regelmäßig geformten, dem Gelände aufsitzenden Kegel anhäufen.

Genauer betrachtet kann die Tätigkeit eines Schlackenkegels allerdings recht variabel sein. Unterschiedliche Intensität der Entgasung führt zu unterschiedlichen Eruptionsformen sowie unterschiedlichen pyroklastischen Partikeln. Für den Aufbau des Vulkans sind vor allem Schlacken und Bomben relevant. Beschleunigt durch platzende Gasblasen, beschreiben sie eine ballistische, also parabelförmige Flugbahn. Die charakteristische Form des Schlackenkegels entsteht dadurch, dass sich das ausgeworfene Material mehr oder weniger ideal kreisförmig um den Schlot anhäuft. Lediglich in Phasen starker Entgasung schießen Lapilli weit aus dem Schlot heraus, sodass sich möglicherweise sogar kurzzeitig eine Eruptionssäule aufbaut. Dabei kann es schließlich auch zu über den Bereich des Kegels hinausreichenden, flächenhaften Ablagerungen von Lapilli kommen.

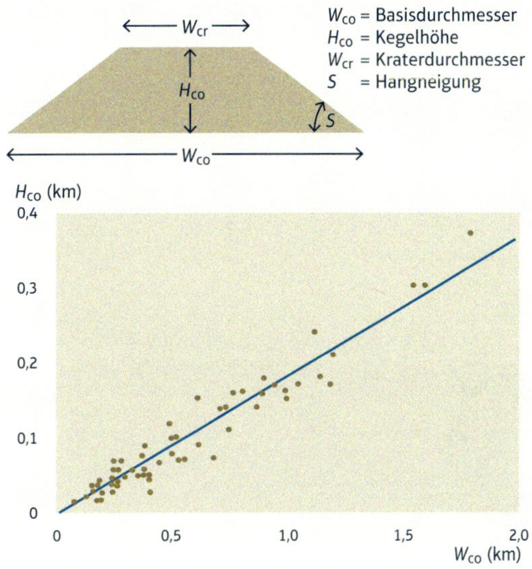

▲ 33 Schlackenkegel sind die häufigsten „kleinen Vulkane". Sie haben eine begrenzte Größe mit einem charakteristischen Verhältnis von Kegeldurchmesser und Höhe. Nach Wood (1980).

Im Aufbau eines Schlackenkegels lassen sich verschiedene strukturelle Elemente oder Fazies unterscheiden. Der **Kraterrand** trennt den **Wallbereich** mit der nach außen geneigten Schichtung der Pyroklastika von der **Kraterfazies**. Der Kraterrand wird durch das Umbiegen der pyroklastischen Lagen bestimmt, wobei der Schichtzusammenhang zum Krater hin oft abgerissen ist. Dieser Bereich kann zum einen vom Krater her

▲ 34 Schlackenkegellandschaft der Osteifel. Im Vordergrund das in der Lava des Ettringer Bellbergs gelegene Mayener Grubenfeld; die Kräne dienten einst der Verladung der gewonnenen Natursteine. Im Hintergrund links der Krater des Hochsimmer, in der Mitte und rechts Schlackenkegel der Ettringer-Bellberg-Gruppe (Aufnahme 1994).

▲ 35 Ein gut zugänglicher Aufschluss in einem ehemaligen Steinbruch am Karmelenberg (Osteifel) ermöglicht den Blick in die Struktur eines einfach gebauten Schlackenkegels. Der Vulkan ist wahrscheinlich etwas älter als 200 000 Jahre und hat mehrere Kaltzeiten überstanden, als deren Zeugnis Lössablagerungen in der Kratermulde erhalten geblieben sind. Das Zentrum des Kraters liegt rechts von der Aufschlusswand. Im Hintergrund links ist der Kraterrand angeschnitten; der Wall des Kegels läuft nach links aus (Aufnahme 2010).

▲ 36 Detailansicht des Kraterrands am Karmelenberg (Osteifel). Mit dem Wachstum des Kegels wandert der Kraterrand nach außen (links). Der Schichtzusammenhang hin zur Kraterfazies (rechts) ist allerdings stellenweise abgerissen und von Rutschungen und Verstürzen überprägt. Im Wall deutet ein hoher Anteil plattiger Stücke auf eine relativ niedrige Eruptionsfrequenz hin, bei der es im Schlot durch Abkühlung zur Krustenbildung kam.

explosiv überformt worden sein, oder die Pyroklastika sacken und rutschen den steilen Hang zum Krater hinunter ab. Zugleich nimmt in Richtung des Schlots der Anteil an Schweißschlacken zu, in der Regel ist der obere Bereich des Schlots von einer mächtigen Wand fest verschweißter Agglutinate ummantelt. Ausgehend von dem über dem Fördergang liegenden, heißen Schlotbereich kann die soeben aufgehäufte Umgebung schließlich auch oxidiert werden. Dieser Sekundäreffekt wird durch die Rotfärbung der Pyroklastika deutlich.

Eruptionsdauer

Der Tätigkeit von Schlackenkegeln dauert in der Regel nur Tage bis Wochen. Eine über viele Jahre gehende Aktivität wie im Fall des Paricutin (Mexiko, 1943 bis 1974) ist offenbar die Ausnahme. Noch in jüngerer Vergangenheit wurde angenommen, dass Schlackenkegel nichts anderes als kleine Schichtvulkane seien. Wenn das der Fall wäre, könnte man erwarten, dass es eine kontinuierliche Größenverteilung – von kleinen Schlackenkegeln bis zu großen Schichtvulkanen – gäbe. Das ist aber nicht der Fall; es existiert eine breite Lücke zwischen diesen beiden Vulkanformen. Schichtvulkane fangen zwar häufig als Schlackenkegel an, wachsen dann aber innerhalb von Jahrzehnten bis wenigen Jahrhunderten rasch und weit über die Dimension von Schlackenkegeln hinaus, wobei sich mit der Zeit für Schlackenkegel untypische Eruptionen einstellen (plinianische Bimssteineruptionen, Lavadome usw.)

Schlackenkegel können somit tatsächlich als eine besondere, **typische Form „kleiner Vulkane"** betrachtet werden. Die Verteilung zeigt, dass das Maximum bei Kegeln mit einem Basisdurchmesser unter 500 m liegt. Schlackenkegel sind meist sehr symmetrisch gebaut. Asymmetrien in der Lapilli- und Aschenfraktion können aber durch kräftigen Wind entstehen.

Erdgeschichtliche Erhaltung

Die Form eines Schlackenkegels ist nicht über längere erdgeschichtliche Zeiträume stabil. Da die meisten Kegel überwiegend aus lockeren Schlacken- und Lapilliagglomeraten aufgebaut sind, nehmen Hangneigung und Schärfe der Kraterkontur durch **Umlagerung** schon in den ersten Jahrtausenden merklich ab.

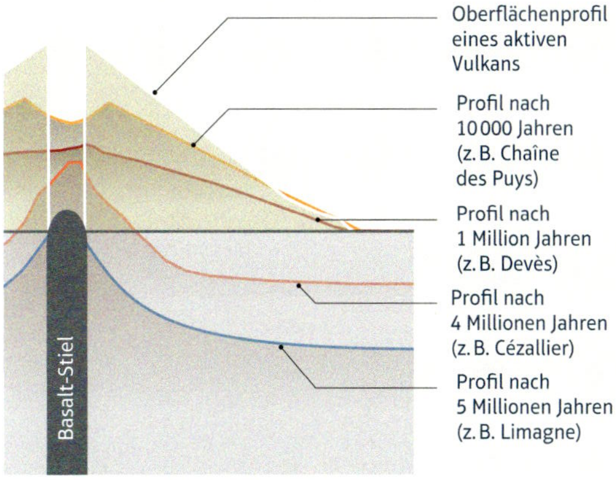

▲ 37 Die posteruptive Degeneration von Schlackenkegeln verläuft anfangs kaum merklich, aber schon nach etwa 1 Million Jahren sind die charakteristischen Kraterformen in der Regel nicht mehr zu sehen (Statistik anhand von Schlackenkegeln aus der Auvergne). Nach Kieffer (1971).

▲38 Der Windsborn-Vulkan bei Bettenfeld (Westeifel) hat ein vermutetes Alter von 40 000 bis 80 000 Jahren und zeigt noch eine deutliche Kontur. Das Vulkangebäude ist allerdings relativ breit angelegt: Für den gegebenen Basisdurchmesser ist die Höhe sehr gering, auch der Kraterdurchmesser ist ungewöhnlich groß (Ansicht von Westen, rechts schließt die Mosenberg-Gruppe an; Aufnahme 1992).

Gerade der junge Vulkanismus in Deutschland fand überwiegend unter mehr oder weniger intensiven **eiszeitlichen Bedingungen** statt. In den extremen Phasen muss mit stark reduzierter Vegetation, besonderer Exposition gegenüber Winderosion und der zeitweisen Wirkung von Permafrost gerechnet werden. Umgekehrt waren die Kratermulden geeignete Ablagerungsorte für den vom Wind angewehten **Löss**. Unter dem Löss wurden in einem Krater der Wannenköpfe (Osteifel) Knochen des Prä-Neandertalers aus der Zeit vor etwa 200 000 Jahren gefunden – die Krater könnten den Menschen Schutz gegen Wind und Wetter geboten haben.

Studien an Schlackenkegeln im Massif Central – der Fortsetzung der Europäischen Vulkanprovinz nach Frankreich – sind als Maßstab für die Erhaltung in Deutschland aufgrund ähnlicher Umgebungsbedingungen gut geeignet. Ein wesentlicher Verlust im morphologischen Erscheinungsbild eines Schlackenkegels ist

▶39 Wegen seines Kratersees wird der Windsborn-Schlackenkegel (Westeifel) mitunter – vulkanologisch unzutreffend – auch als „Maar" bezeichnet. Schlackenkegel sind normalerweise zu durchlässig, um einen See halten zu können. In diesem Fall wird jedoch angenommen, dass der Kraterboden durch verwitterte Aschentuffe abgedichtet wurde. In Bohrungen wurde im Krater Tephra des Hinkelsmaars und des Meerfelder Maars gefunden. Im Wall des Vulkans finden sich Partien aus massiven Schweißschlacken. Diese Bereiche sind viel erosionsbeständiger als lockere Schlackenagglomerate, die möglicherweise in erheblicher Mächtigkeit darüber und auch daneben lagen. Der Fels aus Schweißschlacken gibt also nicht unbedingt die einstige Endform des Vulkans wieder (Aufnahme 2006).

gegeben, wenn die Kraterform in der Silhouette nicht mehr erkennbar ist und der Vulkan wie ein beliebiger, wenig Individualität aufweisender Berg aussieht. Nach den Daten aus der Auvergne wäre das bei Vulkanen mit einem Alter von 1 Million Jahren durchweg der Fall. Umgekehrt zeigen die meisten Schlackenkegel der Osteifel mit Altern von etwa 200 000 bis 400 000 Jahren noch eine gute oder zumindest nachvollziehbare Erhaltung der Kraterform.

Die Beobachtungsreihe über den Verfall der Schlackenkegel lässt sich in Deutschland leider nur so weit führen, wie entsprechend alte Vulkane in der Ost- und Westeifel vorhanden sind. Es gibt hier nicht viele Schlackenkegel, die älter als 400 000 Jahre sind, und diese reichen kaum für statistische Aussagen. Dann kommt leider eine lange Lücke – die nächstälteren Schlackenkegel stammen aus dem Miozän und sind vermutlich mehr als 10 Millionen Jahre älter. Gehen wir in die tertiärzeitlichen Vulkanfelder, sind Schlackenkegel daher als morphologisches Gebäude nicht mehr zu finden. Um zumindest Reste dieses Vulkantyps zu erhalten, bedurfte es besonders günstiger geologischer Umstände. Diese waren in den Vulkangebieten vor allem dann gegeben, wenn Schlackenkegel von Lava ausgefüllt, umflossen oder möglicherweise sogar völlig darunter begraben wurden.

Solche glücklichen Umstände wurden in einigen wenigen Fällen angetroffen: im Gebirgsstein in der Rhön oder im Steinbruch Hirschentanz (Westlicher Egergraben). Dort sind die pyroklastischen Gesteine dieser alten Schlackenkegel stark verwittert und überwiegend in Tonminerale umgewandelt. In Michelnau am Vogelsberg ist das tertiärzeitliche Schlackenagglomerat allerdings so gut konserviert, dass es sogar als **Werkstein** gewonnen wurde.

Maare

Maarvulkane und ihre verwandten Formen – **Tuffringe** und **Tuffkegel** – unterscheiden sich von Schlackenkegeln dadurch, dass die Eruptionen durch den Kontakt mit Grund- oder Oberflächenwasser verursacht oder modifiziert werden. Der vulkanologische Begriff „phreatomagmatisch" charakterisiert diesen Kontakt. Im Falle eines Maarvulkans trifft die in einem Fördergang aufsteigende Schmelze noch vor Erreichen der Oberfläche auf Grund- oder Kluftwasser. Die – in der Regel vielfach wiederholten – explosiven Reaktionen führen zur Aussprengung des Kraters, der nach dem Ende der Tätigkeit

▲ 40 Von oben betrachtet zeigen die Schweißschlacken des Windsborn (Westeifel) schöne Fließformen (Felsen direkt unter dem Gipfelkreuz; Aufnahme 2010).

mit Wasser zuläuft und so die charakteristischen Kraterseen aufnimmt. Diese Seen, die in der Eifel schon lange vor der Zeit von Geologie und Vulkanologie „Maare" genannt wurden, sind also kein nachträglicher Zufall, sondern im Grunde Ausdruck ihrer Entstehung: Die tiefen Zuflüsse, die den Kratersee auffüllen, haben schon die explosiven Eruptionen verursacht, denen der Krater überhaupt seine Existenz verdankt.

Maare sind nicht die einzige Vulkanform, die aus der explosiven Magma-Wasser-Reaktion entstehen kann. Auch Tuffringe und Tuffkegel sind das Ergebnis phreatomagmatischer Tätigkeit, wobei der explosive Kontakt in diesen Fällen erst an der Oberfläche stattfindet. Mögliche Situationen wären ergiebige, unmittelbar unter der Oberfläche liegende Grundwasserspeicher, Bäche oder stehende Gewässer. Tuffkegel können auch im flachen Meerwasser entstehen – die Geburt der Insel **Surtsey** in den Jahren 1963 bis 1965 vor Island ist dafür ein gar nicht so fernliegendes Beispiel.

Ein wesentlicher Unterschied zwischen der Entstehung und der Form von Maaren, Tuffringen und Tuffkegeln besteht also vor allem in Hinblick auf das Niveau, in dem der explosive Kontakt zwischen Schmelze und Wasser stattfindet. So sind Maarkrater aus der umgebenden Landoberfläche ausgesprengt, weil dieser Kontakt bereits unter der Oberfläche stattfindet. Tuff-

▲ 41 Blick vom Kraterrand des Windsborn-Vulkans (Westeifel) nach Norden auf das Meerfelder Maar. Das Maar liegt so weit unter der umgebenden Landoberfläche, dass der Kraterboden und der Rest des Kratersees gar nicht zu sehen sind (Aufnahme 1994).

ringe und Tuffkegel sitzen hingegen der Landoberfläche auf – und im Falle der steileren Tuffkegel bedarf es dann eines genaueren Blicks, um diese Form nicht mit einem Schlackenkegel zu verwechseln.

Bei keiner Vulkanform hat sich die Sicht auf Entstehungsbedingungen allerdings so verändert wie bei den Maaren. Die hier skizzierte Vorstellung von der Entstehung von Maaren ist erst eine Entwicklung der letzten Jahrzehnte. Viele zum Teil bis in die Gegenwart anhaltende Diskussionen sowie auch einige Schlüsselbegriffe bleiben unverständlich, wenn diese Entwicklung nicht berücksichtigt wird.

Die Westeifel als Referenzgebiet der Maarvulkane

Ohne eine Idee von einem möglichen vulkanischen Ursprung dieser Formen zu haben, wurden die kleinen Seen der Eifel von der einheimischen Bevölkerung „Maare“ genannt. Der Begriff hat lateinische Wurzeln und zeigt, dass die einstige Anwesenheit der Römer am Rhein auch in der Sprache Spuren hinterlassen hat. Wie in vielen anderen Fällen ist auch hier eine umgangssprachliche Bezeichnung zu einem weltweit gebräuchlichen geologischen Fachbegriff geworden. Der erste Schritt auf diesem Weg bestand darin, dass der vulkanologische Begriff natürlich nicht jeden beliebigen, weitgehend kreisrunden See markieren sollte, sondern eben nur solche, die vulkanischen Ursprungs sind. Diese Unterscheidung ist nicht immer trivial, denn es gibt ähnliche Formen, die völlig anders entstanden sein können – so etwa wassererfüllte Krater, die von Erdfällen verursacht wurden (solche Subrosionsschlote genannten Formen werden bei Bad Pyrmont, Niedersachsen, tatsächlich umgangssprachlich auch Maare genannt). Damit ein Maar ein Maar im vulkanologischen Sinn ist, muss also auch seine vulkanische Entstehung sichergestellt sein – eine Aufgabe, die nicht immer einfach war und ist.

Unterschiedliche Forscher hatten unterschiedliche Vorstellungen davon, wie ein Maar entsteht, und diese Vorstellungen haben sich im Lauf der Zeit gewandelt. Geblieben ist das Motiv, dass die Bezeichnung „Maar“ nur für jene vulkanischen Krater gelten soll, die unter der umgebenden Geländeoberfläche liegen. Aber nachdem es in der Vulkanologie nicht nur um die reine Oberflächenform geht, sondern auch um ihre Entstehung, stellte sich die Frage nach der Struktur der Maare insgesamt. Wie sieht ein Maarvulkan eigentlich unter dem Kratersee aus? Kann man einen Maarvulkan auch dann noch als solchen erkennen, wenn die Oberflächenform nicht mehr deutlich oder bereits vollständig der Abtragung zum Opfer gefallen ist? Am Ende scheint diese Synthese gelungen zu sein: Das Konzept des **Maar-Diatrem-Vulkans**, wie es in der Fachliteratur in den letzten ein bis zwei Jahrzehnten zunehmend zu finden ist, hat diese Vulkanform schließlich zu Ende gedacht.

Aber beginnen wir in chronologischer Ordnung mit der Einführung des Begriffs „Maar". Obwohl die untrüglichen Zeugnisse vulkanischer Wirkungen, nämlich blasige Schlacken oder Laven, an ihnen nicht zu finden waren, gab es für Steininger (1819) keinen Zweifel, dass es sich dennoch um die Reste von Vulkanen handeln muss. Als Kriterien dienten ihm die „aschenartige Erde" in der Umgebung der Seen sowie deren Lage in einem runden Kessel, der – im Anschluss an die vielen benachbarten untrüglichen Schlackenkegel – als vulkanischer Krater gedeutet werden konnte. Schon von Beginn an entkoppelt er so den Begriff „Maar" von seiner ursprünglichen nur das Gewässer bezeichnenden Bedeutung. Mit dem so konzipierten vulkanologischen Fachbegriff geht auch gleich eine erste Abstraktion einher: Wenn Maare vulkanische Formen sind, dann ist nicht der See, sondern der Krater das wesentliche Kriterium.

„Nicht weit von Strohn liegt Gillenfeld, das seines Maares wegen zu den merkwürdigen Orten der Eifel gehört. Nahe bei diesem Orte befindet sich nämlich auf einer Anhöhe ein runder See, der […] eine solche Tiefe hat, dass man bei 32 Klaftern noch keinen Boden gefunden haben soll. […] Weit rundum ist der zuweilen anstehende Thonschiefer mit einem aufgeworfenen Boden bedeckt, welcher aus einer trockenen, schwarzgrauen, aschenartigen Erde und aus kleinen Thonschieferbrocken besteht. Die Lage und Form des Sees, der Boden der Gegend und die Umgebungen von Strohn machen es zur Gewißheit, daß dieses Maar der Crater eines erloschenen Vulkanes ist. [Abs.] Aehnliche Seen sind zu Gemünden Schalkenmehren im Cantone Daun […]. Ihre Lage und die vielen vulkanischen Erzeugnisse der Gegend vereinigen sie mit dem Maare bei Gillenfeld, dem Dreeser Weiher (einem gleichen, ausgetrockneten See, zu Drees bei Dockweiler) und den Vulkanen bei Andernach, in die nämliche Classe (Steininger 1819, S. 39)."

Nur wenig später war es im Jahr 1825 der Engländer Scrope, der die von ihm auch selbst besuchten Maare der Eifel in seinen „*Considerations on Volcanos*" im englischen Sprachraum bekannt machte. Scrope hat den Ursprung der Maare ebenfalls in einer Aussprengung aus dem Untergrund angenommen, wobei er jeden Krater aber als Folge einer nur einmaligen Explosion verstand. Einige ähnliche Formen waren dem Autor auch aus der Auvergne bekannt, unter anderen wird der **Lac Pavin** genannt. Scrope selbst gibt dieser Vulkanform keinen besonderen Namen. Nachdem die französischen Kraterseen in der Region einfach nur „*lac*" (See) heißen, blieben nur die Eifelmaare als Namensgeber, die wegen der Besonderheit ihrer Bezeichnung als „Maar" eine Vorlage für die Verwissenschaftlichung des Begriffs geben konnten. Hätten die Bewohner der Eifel ihre kleinen Seen einfach auch nur „See" genannt, dann hätten Vulkanologen sich selbst einen abstrakten Begriff (wie z. B. „wassererfüllter Sprengkrater" o. Ä.) einfallen lassen müssen.

Mit dieser **Internationalisierung der Eifelmaare** war jedoch der entscheidende Schritt zum weltweit gebräuchlichen vulkanologischen Fachbegriff getan. Nachdem es keine andere Region gibt, in der es so viele gut erhaltene Maarvulkane gibt wie in der Westeifel, kamen Vulkanologen nicht umhin, immer wieder auf die Eifelmaare Bezug zu nehmen. So war es noch im Verlauf des 19. Jahrhunderts üblich geworden, vulkanische Formen dieser Art als Maare zu bezeichnen.

Gegen Ende des 19. Jahrhunderts wurde in Deutschland allerdings ein zweites Gebiet mit Maaren entdeckt. Im tertiärzeitlichen **Uracher Vulkanfeld** gibt es zwar keinen einzigen Kratersee, aber Krater- und Vulkanreste, die Wilhelm Branco (1894 – 1895) schon im Titel seines Werks zur Behauptung veranlassten, dass das Schwäbische Vulkangebiet das „größte Maargebiet der Erde" sei. Tatsächlich sollten die Vulkanreste um Urach in der Forschungsgeschichte eine wichtige Rolle einnehmen.

Die Diskussion um den Eruptionsmechanismus der Maare

Die früheren Vorstellungen zur Entstehung von Maaren gingen davon aus, dass diese Form nur durch explosive Aussprengung aus dem Untergrund entstanden sein konnte. Allerdings hatte man zu jener Zeit keine Vorstellung davon, dass eine solche Explosivität auch durch eine oberflächennahe Reaktion von Magma mit von außen hinzutretendem Wasser möglich war. Als erklärende Ursache blieb somit nur das aus dem Magma

Kratergruppe bei Schalkenmehr mit dem Schalkenmehrerer Maar (Westeifel)

Foto: RalfenByte - Fotolia.com

◂ 42 Wie sieht es im Krater unterhalb des Maarsees aus? Der schon lange bekannte Aufschluss an der Neuffener Steige (Uracher Vulkanfeld) liegt in der Zufahrt zu einem aufgelassenen Steinbruch (rechts). Er zeigt den steilen Kontakt eines Maarkraters zum Nebengestein (gebankte Kalksteine des Weißen Juras, rechts). Am Kontakt sind keine thermischen Wirkungen festzustellen. Die grauen Tuffe führen zahlreiche Nebengesteinsblöcke aus dem Weißen Jura. An magmatischen Anteilen finden sich in den grauen Aschen – im Bild nicht erkennbar – größere, kugelige wie auch unregelmäßig geformte, blasenarme Lapilli und freie Biotitkristalle (Aufnahme 1992).

freigesetzte Gas. Und da die Aussprengung des Maars schon unterhalb der Erdoberfläche ansetzt, musste die Entgasung des Magmas – im Gegensatz zur Situation bei der Bildung eines Schlackenkegels – ebenfalls schon in der Tiefe stattfinden. Dazu kam der Eindruck, dass die magmatischen Komponenten in der Tephra der Maare relativ zurücktreten und der Fragmentierungsmechanismus grundsätzlich nicht dem entsprach, wie man ihn von Schlackenkegeln kannte.

So wurde schließlich die Vorstellung genährt, dass die Maare einem magmenarmen, aber gasreichen Eruptionsmechanismus entstammen. Da Kohlendioxid sich schon unter größeren Drücken, als Wasser ihn hat, aus der Schmelze entmischen kann, wurden kohlendioxidreiche Magmen als besonders geeignete Ausgangsbedingung für die Entstehung von Maaren angesehen.

Ein einflussreicher Beitrag zur Erklärung von Maarvulkanen wurde nicht in der Eifel, sondern im Uracher Vulkanfeld entwickelt. Zwar führt dort kein Maar mehr Wasser, aufgrund des hohen Alters dieser Vulkane war das aber verständlich. Der interessante Unterschied zu den jungen Maaren der Eifel lag vor allem in der guten Aufschlusssituation: Am Rand der Schwäbischen Alb oder in eingeschnittenen Tälern waren dort auch die unter der Geländeform „Maar“ sitzenden, als „Schlote“ bezeichneten tieferen Bereiche dieser Vulkanform sichtbar.

Eine Eigenart der Uracher Vulkane besteht darin, dass bis auf wenige Ausnahmen keine massiven Vulkangesteine zu finden sind. Nahezu alle Vulkanschlote sind ausschließlich von pyroklastischem Gestein erfüllt, bei dem zumeist eine feinkörnige Grundmasse dominiert, aber auch Lapilli und Bomben zu finden sind. Aufgrund dieser Komposition wurden und werden diese Vulkanrelikte auch als **Tuffschlote** bezeichnet.

Der bekannte Geologe Hans Cloos hat im Jahr 1941 eine bedeutende Arbeit zu Aufbau und Entstehung dieser Tuffschlote veröffentlicht. Cloos war es auch, der das ganze Uracher Vulkanfeld zum **„Schwäbischen Vulkan“** zusammengefasst hat – ein Begriff, der nach wie vor in Gebrauch ist. Die Bearbeitung von Cloos hat die Vorstellung, dass Tuffschlote und damit auch Maare das Ergebnis magmatischer Entgasung seien, nachhaltig gestärkt. Seiner Vorstellung zufolge könnte die Entgasung der Schmelze schon in großer Tiefe eingesetzt haben, sodass die Schmelze selbst gar nicht das Aufschlussniveau der Tuffschlote erreicht haben muss. Die vulkanische Form – Tuffschlot und Maar – wäre somit vor allem durch das aufsteigende Gas-Partikel-Gemisch geschaffen worden. Der wirksame Mechanismus wäre dabei eher eine langsame Auflösung des Gebirgszusammenhangs als eine mit heftigen Explosionen verbundene Aussprengung gewesen. Explosionen seien erst erfolgt, als das aufsteigende Gas-Partikel-Gemisch den Schlot eigentlich schon angelegt hatte und der Weg nach oben durchgehend frei war. Cloos scheint dabei eher an eine Art sanftere „Ausblasung“ gedacht zu haben.

Die explosiven Ereignisse hätten aus dieser Sicht auch nicht die Stärke gehabt, um den hohen Anteil der Nebengesteinsanteile zu erklären. Gerade die großen Schollen sind im Modell von Cloos durch den auflösend oder sanft zerrüttend wirkenden Gas-Partikel-Strom entstanden und dabei als „Sinkschollen" langsam nach unten verlagert worden. Für diesen sanften und zeitweise auch kontinuierlich wirkenden Prozess der Schlotbildung hat Cloos den Begriff **Tuffisierung** verwendet.

Maarkrater wurden von Cloos somit nur untergeordnet als ausgesprengte Form verstanden. Vorangehend und vor allem in Hinblick auf den Mechanismus war die Einsenkung durch Tuffisierung entscheidend. Nach seiner Vorstellung war es möglich, dass in der Frühphase der Tuffisierung an der Oberfläche überhaupt keine Verstellungen oder gar kein Krater erscheinen mussten – mit Tuffen erfüllte Spalten konnten auch ohne Durchschuss nach außen allein in der Tiefe entstehen.

Dieses Modell zur Entstehung von Tuffschloten und Maaren war von erheblichem Einfluss. Auch Autoren im Ausland – wie etwa Reynolds (1954) und Holmes (1965) – haben ähnliche Vorstellungen vertreten, den Prozess allerdings nicht wie Cloos Tuffisierung, sondern **Fluidisierung** genannt. Das Konzept selbst war im Grunde schon älter und in der Diskussion, seit man die in Afrika als Kimberlit-Schlote bezeichneten Strukturen kannte. Diese röhrenförmigen Krater waren wegen der in ihnen enthaltenen Diamanten gut erschlossen. Wie in den Tuffschloten der Schwäbischen Alb fehlten auch dort Zeugnisse unmittelbarer magmatischer Wirkungen, also thermische Effekte oder große Körper aus massiven Vulkangesteinen. Die Entstehung der Kimberlit-Schlote durch Gaseruptionen hatte daher schon eine längere, bereits aus dem 19. Jahrhundert kommende Tradition.

Die Bedeutung der Arbeit von Cloos bestand nun darin, dass er diesen Gedanken an den schwäbischen Tuff-

▲ 43 Das Modell zur Entstehung von Tuffschloten und den darüberliegenden Maarkratern von Cloos (1941). Die erste Phase (links) ist hier durch die langsame Auflockerung der Kruste charakterisiert, mit der Zeit werden die anfangs großen Schollen weiter zerkleinert (rechts). Erst jetzt ist ein Tuffschlot vorhanden, der den Auftrieb des Gas-Partikel-Gemischs freieren Raum gibt und auch nennenswerten Auswurf – vom Charakter her eher Ausblasungen – zum Aufbau eines Tephra-Rings hervorbringt.

schloten zu einem Modell fortentwickelt hat, in dem der **Entstehungsmechanismus** in besonders anschaulicher Weise mit den vorgefundenen strukturellen Details verknüpft wurde. Mit der Arbeit von Cloos haben nicht nur die Vorstellungen zur Entstehung der Kimberlit-Schlote, sondern zugleich die Hypothesen zur Entstehung der Maarkrater nachhaltige Anregung und Prägung erfahren. Vor allem Schmelzen mit hohen Anteilen von Kohlendioxid schienen die idealen Ausgangsbedingungen für die Tuffisierung geboten zu haben. Die Magmen des Uracher Vulkanfelds werden tatsächlich als relativ reich an Kohlendioxid angesehen, die Magmen der Kimberlit-Schlote noch mehr. Bis heute findet die Vorstellung einer Entstehung der Kimberlit-Schlote infolge magmatischer Kohlendioxidentgasung – und damit in gewisser Weise auch die daran geknüpften Vorstellungen zur Entstehung der Maare – zahlreiche Vertreter (Lloyd &Stoppa 2003, Rausch et al. 2015 im Hinblick auf die Lapilli der Eifelmaare).

Eine Übertragung des Uracher Modells auf die Entstehung der Eifelmaare musste aus geochemischer Sicht nicht zwingend erscheinen, war aber im Grunde dennoch ohne eigentliche Alternative, denn der explosive Charakter der Wasser-Magma-Interaktionen, der phreatomagmatische Eruptionsmechanismus, war noch nicht bekannt.

Maare: Zeugnisse ausklingender vulkanischer Aktivität?

Eine zweite, früher weit verbreitete Vorstellung war, dass Maare wegen ihres geringen Anteils magmatischer Komponenten eine Art „schwache" Form des Vulkanismus repräsentieren. Magma selbst kommt kaum nach oben, sondern fast nur noch die daraus stammenden Gase. Diese Vorstellung ging insbesondere in der Eifel mit dem Eindruck einher, dass die Maare die jüngsten und zugleich letzten vulkanischen Ereignisse repräsentieren: *„Die vulkanische Kraft ließ aber bald nach, sodass die Magmen die Erdoberfläche nicht mehr erreichten"* (Frechen 1971/1976, S. 156).

Diese Sicht auf die Maare als Zeugnisse des zu Ende gehenden Eifelvulkanismus mag vor allem älteren Lesern möglicherweise noch aus ihrer Schulzeit vertraut sein. Diese Interpretation ließ sich zudem ohne grundsätzliche Hindernisse mit der von Cloos entwickelten Vorstellung von der Entstehung der Tuffschlote verknüpfen.

Eine solche Sicht war aber auch deshalb möglich, weil die Geologen noch keinen Blick für „alte" Maare hatten – es wurden nur die jungen Formen mit Kratersee wahrgenommen. So war es nahezu unvermeidlich, die Maare als Ausdruck des scheinbar zu Ende gehenden Eifelvulkanismus zu sehen.

Maare als Produkt phreatomagmatischer Eruptionen

Man braucht in den Bibliotheken gar nicht weit nach hinten zu greifen, um in den Forschungsstand vor dem modernen Verständnis der Maarvulkane zurückversetzt zu werden. Die heutigen Vorstellungen zu Entstehung und Aufbau von Maarvulkanen haben sich erst ab den 70er-Jahren des letzten Jahrhunderts entwickelt. So genügt es, etwa in der Studie von Noll (1967) oder im Eifel-Vulkanführer von Frechen (1971/1976) zu lesen, um sich mit der Ausgangssituation vor den modernen Forschungen zu Maaren und phreatomagmatischen Eruptionen vertraut zu machen.

Als Lorenz (1973) das phreatomagmatische Konzept in der Eifel zur Anwendung bringen wollte, hat er sich gezielt eine Situation vorgenommen, in der traditionelle Argumentationsmuster in Widersprüche geraten mussten. Die **Booser Vulkangruppe** besteht aus zwei Maaren und einigen kleinen entlang einer Linie aufgereihten Schlackenkegeln. Die chemische Komposition der Gesteine ist bei allen Vulkanen der Booser Gruppe gleich, sodass die Entstehung unterschiedlicher Vulkanformen nicht schlüssig mit Unterschieden in der Magmenkomposition begründet werden kann. Wenn das gleiche Magma über dem aufsteigenden Fördergang an einer Stelle einen Schlackenkegel, an der anderen aber ein Maar hervorgebracht hat, dann kann der Entstehungsmechanismus am Ende nur von oberflächennahen Bedingungen abhängen. Im Hinblick auf die Hypothese, dass die Entstehung von Maaren durch explosive Magma-Wasser-Reaktion erfolgen kann, ist der Argumentationsweg damit in eine Richtung geleitet, in der hydrogeologische Verhältnisse das entscheidende Kriterium wären.

Kritiker wandten ein, dass in der Eifel, insbesondere im Bereich der Hochflächen, doch gar nicht ausreichend Wasser für solche phreatomagmatischen Reaktionen vorhanden sein könne. Die Sandsteine, Quarzite und Schiefer des Rheinischen Devons sind nur von geringer Porosität und keine Grundwasserleiter – ein Umstand, der aus der Perspektive der Trinkwassererschließung sogar problematisch war. Dies konnte in der Folgezeit in entsprechenden hydrogeologischen Untersuchungen widerlegt werden: In der Eifel existieren wasser-

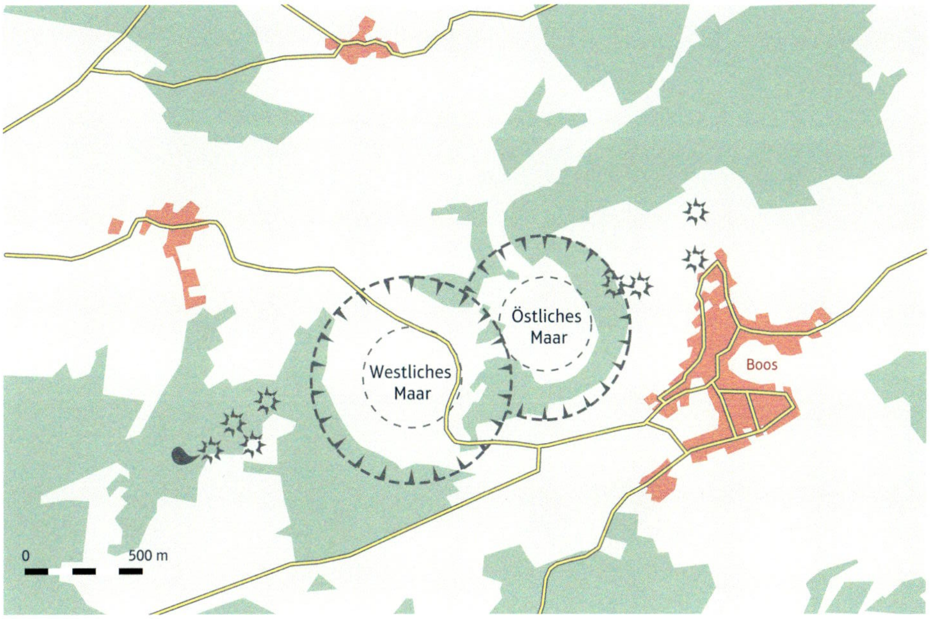

◄44 Die Booser Vulkangruppe (Westeifel) besteht neben zwei bereits verlandeten Maaren auch aus einigen kleinen Schlackenkegeln und einem kurzen Lavastrom. Lorenz (1973) hat dieses Nebeneinander verschiedener Vulkanformen als Folge unterschiedlicher, oberflächennaher hydrologischer Bedingungen interpretiert: Die Entstehung eines Maars ist aus dieser Sicht unabhängig vom Chemismus des Magmas – entscheidend ist allein, ob die aufsteigende Schmelze kurz vor Erreichen der Oberfläche auf Grund- oder Kluftwasser trifft. Infotafel am Waldrand südlich des westlichen Maars.

▲45 Der Kratersee des Pulvermaars (Westeifel) hat eine Tiefe von ungefähr 70 m und übertrifft damit alle anderen Kraterseen der Eifel. Das Maar entstand im oberen Bereich eines Nebenbachs der Alf, die alten Talwege sind durch Erosion der Maartephra wieder erkennbar geworden (Standpunkt am Nordostrand des Maars; Aufnahme 2010).

▲46 Ablauf einer phreatomagmatischen Eruption, wie sie für die Bildung von Maaren und Tuffringen als charakteristisch angesehen werden kann. Aus dem Schlot entweicht auch zwischen den einzelnen Eruptionen kontinuierlich Wasserdampf. Gleichzeitig mit dem nach oben gerichteten explosiven Auswurf beginnt am Boden die ringförmige Ausbreitung der Base Surge. Zurückfallende Partikel können von der Base Surge aufgenommen und von ihrer seitlich ausgerichteten Transportdynamik weitergetragen werden, selbst wenn es sich um große Gesteinsblöcke handelt. Der Ablauf in einzelnen Schritten: (1) nach 3 Sekunden. (2) Strahlen (jets) von Pyroklastika, Dampf und Wasser schießen durch die Eruptionswolke. (3) Nach 7 Sekunden. (4) Nach 48 Sekunden – die Base Surge ist nun etwa 600 m weit gelaufen. (5) Die Base Surge hat Partikel abgelagert und ist nun so leicht, dass der verbliebene Wasserdampf nach oben steigen kann. Nach Belousov et al. (2001).

führende Kluft- und Scherzonen, die phreatomagmatische Eruptionen hinreichend versorgen können. Auch für die tertiärzeitlichen Tuffschlote im Uracher Vulkanfeld konnten Belege erbracht werden, dass die Schwäbische Alb zur Zeit der vulkanischen Aktivität keine trockene Karstlandschaft war, sondern ein hoch gelegener Karstwasserspiegel mit einem oberflächlich ausgebildetem Gewässersystem existierte. Abgesehen davon bieten **Karstwassersysteme** vermutlich sogar besonders günstige hydrologische Bedingungen für phreatomagmatischen Vulkanismus, da das Wasser in einem System kommunizierender Röhren sehr rasch nachfließen kann.

Die Verschiebung der Maarkraterbildung zu einer von den oberflächennahen hydrologischen Bedingungen gesteuerten Erscheinung hat diese Vulkanform auch weitgehend vom Chemismus des Magmas abgekoppelt. Inzwischen sind – weltweit betrachtet – tatsächlich Maare in allen magmatischen Milieus bekannt geworden. Selbst aus zähflüssigen Schmelzen, die zur Bildung von Lavadomen oder Bimssteineruption neigen, konnten sich offenkundig Maare bilden. So ist etwa der **Lac Pavin** in der Auvergne, einer der jüngsten Vulkane in der EVP, ein in der Reaktion mit Trachyt-Magma entstandenes Maar. Von anderen Kontinenten werden sogar Maare beschrieben, die aus phreatomagmatischen Reaktionen mit Rhyolith-Magma entstanden.

Das Verständnis von Maarvulkanen wurde auch dadurch erschwert, dass sich Ausbrüche nur selten und schon gar nicht in Mitteleuropa direkt beobachten ließen. Für Maareruptionen gilt, dass in der Zeit der modernen Vulkanologie nur ein als charakteristisch anzusehender Ausbruch, nämlich die Entstehung der Gruppe der **Ukinrek-Maare** im Jahr 1977, beobachtet werden konnte. Die Ausbrüche von Capelinhos (Azoren 1957 bis 1958), von Surtsey (Hauptphase 1963 bis 1965) sowie des Taal-Vulkans (Philippinen 1965) fanden nicht in der maartypischen Umgebung, also auf an oberflächlich „trockenen" Landoberflächen statt, sondern im Flachwasser oder gar im offenen Meer.

Gleichwohl waren auch diese Ausbrüche für das Verständnis der Maarbildung lehrreich, indem dort überall Wasser-Magma-Interaktionen beobachtet werden konnten. Die bei phreatomagmatischen Eruptionen freigesetzte Energie bewegt sich in der Größenordnung von Atombombenexplosionen. Tatsächlich hatte man schon im Jahr 1946 bei der Zündung einer 20-Kilotonne-Atombombe im Flachwasser des Bikini-Atolls eine dichte, sich vom Eruptionsbereich ringförmig nach außen ausbreitende Wolke beobachtet. Diese als **Base Surge** (Basiswelle, Basiswoge) bezeichnete Wolke entwickelte sich gleichzeitig mit der nach oben steigenden Explosionswolke. Sie bestand aus einem Gemisch aus Gas und Partikeln, wobei der heiße, expandierende Wasserdampf zusammen mit dem durch die Explosion verursachten Anfangsimpuls die Ausbreitung vorantrieb (Moore 1967).

Bei den oben erwähnten Ausbrüchen des Capelinhos-Vulkans, von Surtsey sowie des Taal-Vulkans konnten ebenfalls solche ringförmigen *Base Surges* beobachtet werden. Das Gemisch aus heißem Wasserdampf und Gesteinspartikeln breitete sich turbulent seitwärts aus und hinterließ Sedimentstrukturen, die die hohe Dynamik dieser Woge zum Ausdruck brachten (Fisher & Waters 1970).

Base Surges aus phreatomagmatischen Eruptionen sind daher auch im Tephrawall von Maaren durch ein charakteristisches Strukturinventar nachzuweisen: Dünen, Antidünen, an- und abschwellende Lagen (*pinch* und *swell*) sowie ein Nebeneinander von Erosions- und Ablagerungsstrukturen, wie es in hydrodynamischen Milieus beim Wechsel von Stromschnellen und ruhigeren Beckenbereichen auftritt (*chute* und *pool*). Sol-

▲47 Aufschlusswand unmittelbar am Südwestrand des Pulvermaars (Westeifel). Jede Lage markiert eine einzelne phreatomagmatische Explosion. Die Ausbreitung von *Base Surges* ist an der unebenen Schichtung und an den großen Nebengesteinsblöcken zu erkennen (Aufnahme 2006).

▲48 Detail aus der Aufschlusswand des Pulvermaars (Westeifel). Ein großer Nebengesteinsblock ohne jegliche Deformation des Untergrunds ist ein sicherer Beleg für die seitliche Ausbreitung einer Base Surge (Aufnahme 1998).

▲49 Charakteristische Base-Surge-Strukturen im Wall des Hardt-Maars (Vulkangruppe Bad Bertrich, Westeifel). Insbesondere die sattelartig, nach rechts überkippte Struktur kann nur bei Kornbindung im feuchten, wasserdampfreichen Milieu entstanden sein.

che Strukturen wurden auch in den Maaren der Eifel gefunden. Schmincke hat bereits im Jahr 1970 Base-Surge-Strukturen in der pyroklastischen Abfolge des Laacher-See-Vulkans beschrieben und später Belege dafür erbracht, dass phreatomagmatische Eruptionen auch in einigen bis dahin eher als Schlackenkegel angesehenen Vulkanen der Osteifel (Herchenberg, Rothenberg, Kunksköpfe, Eppelsberg) Teil des Eruptionsgeschehens waren. Analoge Strukturen wurden schließlich auch im klassischen Maargebiet der Westeifel gefunden.

Hat man den Blick dafür entwickelt, sind phreatomagmatische Lagen in Aufschlüssen zumeist gut erkennbar und zuverlässig von magmatischen Eruptionsformen zu unterscheiden. Allerdings muss damit gerechnet werden, dass der Fragmentierungsmechanismus im Laufe einer Eruption hin- und herschalten kann oder auch Mischformen auftreten. Trotz solcher möglichen Unschärfen sind die Erscheinungsbilder im Wall eines Maarvulkans und eines Schlackenkegels so unterschiedlich, dass eine Verwechslung in den meisten Fällen ausgeschlossen ist. Jede Lage im Maarwall entspricht einer einzelnen, konkreten phreatomagma-

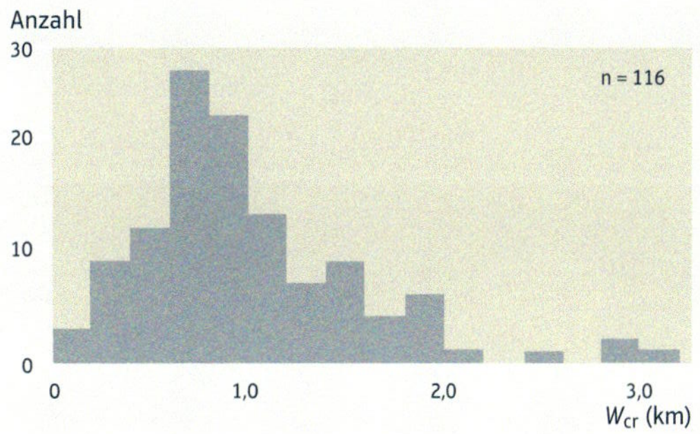

▶ 50 Maare sind – wie Schlackenkegel – charakteristische „kleine Vulkane“. Eine Statistik zeigt, dass die Mehrzahl der Maare Kraterdurchmesser knapp unterhalb 1 km aufweisen. Ausnahmen sind in der Regel auf besondere Oberflächenbedingungen zurückzuführen, die die Vergrößerung des Kraters begünstigen: Permafrostböden oder leicht nachbrechende Lockersedimente (*Soft-rock*-Maare). Nach Wood aus Cas & Wright (1987).

tischen Explosion. Man kann so die Zahl der Explosionen abzählen, wobei die Dauer eines Ausbruchs aber dennoch nicht präzise rekonstruierbar ist, weil die zeitlichen Abstände zwischen den Eruptionen variabel sind.

Bei den Maaren handelt es sich wie bei den Schlackenkegeln um **„kleine Vulkane“**, deren Tätigkeit ebenfalls auf Tage, Wochen und – seltener – Monate begrenzt ist. So kann die Größe von Maarkratern auch kein beliebiges Ausmaß annehmen. Das statistische Maximum der Maardurchmesser liegt bei knapp 1 km, wobei mehr Maare geringere als größere Durchmesser aufweisen. Eine krasse Ausnahme stellen die Espenberg-Maare in Nordwest-Alaska dar. Sie gelten mit Durchmessern von bis zu 8 km als die größten Maare, sind aber unter besonderen Randbedingungen des Permafrosts entstanden, sodass sie in die Statistik „normaler“ Maare nicht eingehen sollten (Beget 1996).

Der Nachweis phreatomagmatischer Eruptionen und damit verknüpfter *Base Surges* war ein wichtiger Baustein zum aktuellen Verständnis von Maarvulkanen. Erst aus dieser Perspektive war es schließlich auch möglich, angemessene Ansätze zum Verständnis der Fragmentierungsprozesse zu entwickeln.

Die phreatomagmatische Fragmentierung

Phreatomagmatische Eruptionen wurden zumindest an einigen Ausbrüchen direkt beobachtet. Die Ausbreitung von *Base Surges* ist in Filmen festgehalten, der Bezug von Maaren zum Grundwasser bzw. dem wasserführenden Kluftnetz ist auch in der Eifel nachgewiesen. Wesentlich schwieriger ist es allerdings, den eigentlichen Explosionsmechanismus zu verstehen. Dieser lässt sich nicht direkt beobachten, zumindest nicht in der freien Natur.

Aus dem unterschiedlichen Mechanismus magmatischer und phreatomagmatischer Fragmentierung können schon vorweg tendenzielle Unterschiede zwischen den Pyroklastika verständlich werden, da die phreatomagmatische Fragmentierung nicht durch Blasenbildung in der Schmelze erfolgt, sondern durch den Kontakt mit von außen hinzutretendem Wasser. Das bedeutet, dass die phreatomagmatische Fragmentierung generell in einer Phase des Magmenaufstiegs stattfindet, in der die Entgasung noch nicht zur magmatischen Fragmentierung der Schmelze geführt hat. Im Umkehrschluss bedeutet das für das Erscheinungsbild der Lapilli und Bomben, dass phreatomagmatisch fragmentierte Partikel nicht so blasig sind wie die der magmatischen Fragmentierung, die die Entmischung des Gases ja voraussetzt. Tatsächlich sind phreatomagmatische Lapilli, wenn sie typisch entwickelt sind, nur feinblasig oder gar dicht. Die Partikel sind mitunter so dicht, dass sie, isoliert betrachtet, von einem vulkani-

▲ 51 Bombe aus dem Meerfelder Maar (Westeifel) mit hellgrauen Nebengesteinseinschlüssen. Maarbomben erreichen nicht die Größe, die man von strombolianischen Eruptionen kennt. Zudem sind sie blasenärmer bis dicht und wegen der Abschreckung im kühleren Wasserdampf an der Oberfläche frei von aerodynamischen Strukturen. (Maßstab: cm-Markierung).

▲ 52 Lapillituff aus dem Maar von Oberleinleiter (Heldburger Gangschar, Nördliche Frankenalb). Die Lapilli zeigen unregelmäßig kantige bis rundliche Formen. Im Kern mancher Lapilli finden sich größere Nebengesteinsfragmente aus Weißjura-Carbonat, mitunter sind sie auch nur von einer dünnen Haut aus Schmelze überzogen (unterer Pfeil). Der Tuff ist durch eine nachträgliche Calcit-Zementierung zu einem Festgestein geworden (Maßstab: cm-Markierung).

schen Festgestein aus einer Intrusion oder einem Lavastrom möglicherweise nicht zu unterscheiden sind.

Die Größe phreatomagmatischer Bomben erreicht aber offensichtlich nicht die Dimension, wie man sie in Schlackenkegeln findet. Die größten phreatomagmatischen Bomben scheinen in Deutschland im Wall des Meerfelder Maars zu finden zu sein. Eine statistische Übersicht liegt uns allerdings nicht vor; nach eigenen Beobachtungen sind Funde mit Durchmessern von über 30 cm selten. Von anderer Stelle – dem Jusi-Vulkan im Uracher Vulkanfeld – erwähnt Lorenz (1982, S. 186) allerdings Bomben bis 60 cm Durchmesser.

Während die Bomben von Maarvulkanen meist gut rund bis ellipsoid sind und häufig eine unregelmäßig-hügelige, „blumenkohlartige" Oberfläche aufweisen, reicht das Formenspektrum der Lapilli von nahezu ideal runden Formen (Kugellapilli) bis hin zu plattigen, eckig-blockigen oder sehr unregelmäßig, gekröse- oder moosartig geformten Partikeln. Für diese Unterschiede scheinen unterschiedliche Viskositäten der Schmelze eine wesentliche Rolle zu spielen.

Die Erforschung der zugrunde liegenden Reaktionen sowie ihrer Bedeutung für Gestalt und Struktur der durch die Fragmentierung geschaffenen Partikel kann nur unter hohem Aufwand im Labor erfolgen. Im vulkanologischen Labor der Universität Würzburg werden von Prof. Dr. Bernd Zimanowski und seinen Mitarbeitern seit den frühen 1980er-Jahren Experimente zur phreatomagmatischen Fragmentierung durchgeführt. Entscheidend für den Ablauf einer solchen Reaktion scheint zu sein, dass sich zwischen Schmelze und Wasser ein anfangs kurzzeitig stabiler Dampffilm bilden kann. Dieser Dampffilm wird dann aber schnell instabil und die Geometrie der Grenzfläche dabei sehr komplex. Wenn der Dampffilm in die Schmelze eindringt, entwickelt sich diese Bewegung selbstverstärkend, auch weil die weitere Expansion des Wasserdampfs als Antrieb wirkt. Schließlich kommt es zur Explosion, wobei die davon erfassten Schmelzbereiche fragmentiert werden.

Keine Explosion durch Auflast der Kruste

Die Auflast der überlagernden Gesteine verhindert initiale phreatomagmatische Explosionen, also den Beginn einer Maarbildung, in größerer Tiefe. Die Grenze liegt vermutlich schon bei Drücken, die einer Tiefe von etwa 200 bis 300 m entsprechen. Im Laufe der einzelnen Explosionen verlagert sich das Eruptionszentrum allerdings weiter nach unten, womit auch der Durchmesser des Kraters und damit des späteren Maars zunimmt. Die Ausgestaltung des Kraters beginnt demnach – ganz im Gegensatz zu der früheren Vorstellung einer „Tuffisierung" – nicht von unten her, sondern von oben her, nahe der Oberfläche. Die endgültige Tiefe des Kraters markiert letztlich den Endpunkt der mehr oder weniger kontinuierlichen Tieferlegung des explosiven Kontaktbereichs.

Aufgrund einer solchen Entwicklung besteht eine Beziehung zwischen dem **Durchmesser** und der **Tiefe** eines Maarkraters. Große Krater wie der des Meerfelder Maars, das mit einem Durchmesser von über 1 km über dem statistischen Mittel dieses Vulkantyps liegt, könnten demnach bis über 2 km Tiefe erreichen. Dabei gilt allerdings zu unterscheiden, ob ein Maar in einer Festgesteinsumgebung (*Hard-rock*-Typ) oder in einer Lockergesteinsumgebung (*Soft-rock*-Typ) entstanden ist. Aufgrund der weniger stabilen Kraterwände neigen Letztere dazu, im oberen Bereich des Kraters schüsselförmig Erweiterungen aufzuweisen.

Die unter der Geländeoberfläche stattfindenden Explosionen führen dazu, dass ein erheblicher Anteil des Schlotnebengesteins ausgeräumt wird. Im Wall eines Maarkraters kann der Nebengesteinsanteil deutlich mehr als 90 % ausmachen – in solchen Fällen bedarf es mitunter eines kundigen Auges, um darin überhaupt die eigentlichen vulkanischen Komponenten zu entdecken.

Die Vervollständigung zum Maar-Diatrem-Vulkan

Der abschließende Schritt zur modernen vulkanologischen Maarkonzeption war die Verbindung der Oberflächenform mit der darunter in der Tiefe gelegenen Struktur. Erst dann kann ein Maar als ganzes vulkanisches System angesehen werden. Dabei besteht allerdings das methodologische Problem, dass es keine Aufschlüsse gibt, in denen ein Profil von einer jungen Oberflächenform bis in mehrere Hundert Meter Tiefe im Zusammenhang dokumentiert ist. Der Untergrund von Maaren ist allerdings in einigen Fällen aus Bohrungen bekannt. Dazu gibt es geophysikalische Erkundungen, auch wenn diese nicht immer eindeutige Ergebnisse erbringen.

Im Grunde ist das moderne Maar-Konzept eine Synthese aus zwei Erscheinungsweisen, deren Zusammenhang zuvor nicht immer so deutlich gesehen wurde: Die junge Oberflächenform „Maar“ wurde nun mit den tief erodierten Tuffschloten verknüpft. Für Letztere ist international auch die Bezeichnung „Diatrem“ verbreitet. Sinngemäß könnte man **Diatrem** mit „Durchschussröhre“ übersetzen. Zur Erklärung der Entstehung solcher „Durchschussröhren“ hatte der Franzose Gabriel Auguste Daubrèe schon im 19. Jahrhundert zahlreiche Experimente unternommen und den Begriff „Diatrem“ im Jahr 1891 in die Vulkanologie eingeführt.

Wenn nun im Zuge moderner phreatomagmatischer Konzepte das Maar als Oberflächenform mit dem Diatrem zu einem einzigen, zusammenhängenden Vulkangebilde vereint wird, dann geht damit ein Wandel im Verständnis des Diatrems einher. Aus dem ursprünglich durch magmatische Gase geschaffenen Tuffschlot ist nun der durch phreatomagmatische Explosionen gestaltete Bereich unterhalb des Maarkratersees geworden.

Maare in der Landschaft

Die Formveränderungen erloschener Maar-Diatrem-Vulkane

Die Maare in der Westeifel sind aus den massiven Gesteinen des Schiefergebirgsdevons ausgesprengt. Strukturelle Modifikation bei der Kraterbildung wie im Erscheinungsbild der Tephra gibt es, wenn die Eruption in einem Lockergestein erfolgt. In *Soft-rock*-Substraten spielen Rutschungsprozesse am Kraterrand eine größere Rolle, womit häufig eine schüsselförmige Erweiterung verbunden ist. Solche *Soft-rock*-Maare sind in Deutschland jedoch nicht als junge Oberflächenform erhalten – allerdings hat man solche Formen, begraben unter tertiärzeitlichen Sedimenten, vor einigen Jahren in der Lausitz entdeckt.

Auch wenn bei der Modellierung eines Maar-Diatrems vor allem in Hinblick auf das Verhältnis von Kraterdurchmesser und -tiefe gewisse Spielräume bestehen, kann dennoch ein anschauliches Schema für die posteruptive Entwicklung eines Maar-Diatrem-Vulkans skizziert werden. Die meisten Maar-Diatrem-Vulkane in Deutschland sind in Regionen entstanden, die schon

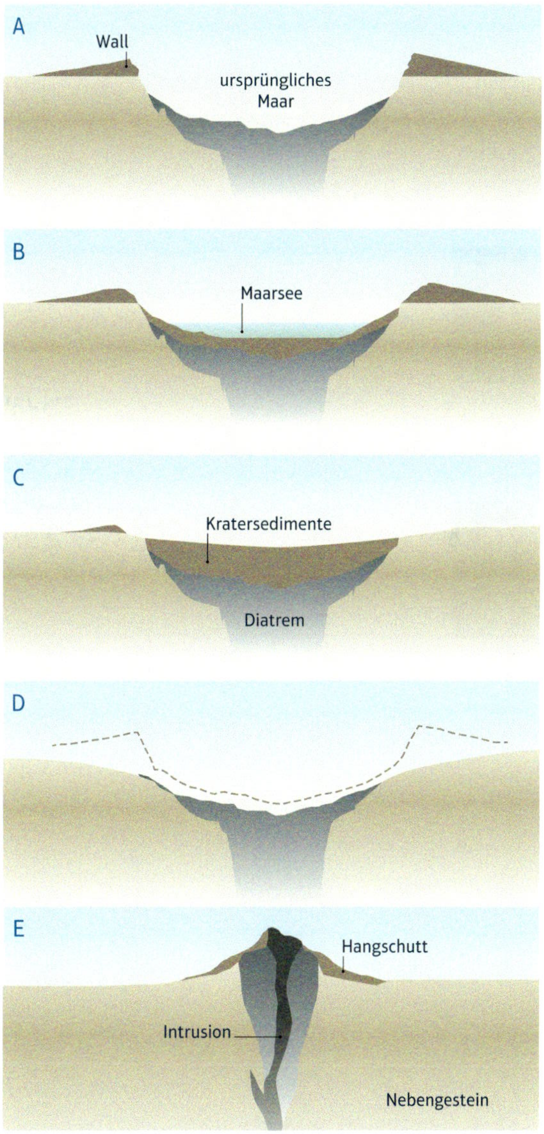

▲ 53 Posteruptive Entwicklung eines Maars nach Büchel.

▲54 Das Hetsche-Maar (auch Hitsche-Maar) gilt als das kleinste Maar der Eifel. Seine Entstehung ist vielleicht nur auf eine einzige phreatomagmatische Explosion zurückzuführen. In einer Senke gelegen, würde es ohne pflegerische Maßnahmen bald nicht mehr erkennbar sein (Aufnahme 2015).

zur Zeit des aktiven Vulkanismus oder aber auch erst in der Folgezeit eine Heraushebung erfahren haben. In diesem Zusammenhang wurden die Vulkane von oben her erodiert und zunehmend in ihrer Tiefenstruktur freigelegt.

A) Am vergänglichsten sind die Oberflächenformen eines Maar-Diatrem-Vulkans. Der **Tephrawall** ist in der Regel völlig unkonsolidiert und wird erdgeschichtlich nur einige Zehntausend Jahre überdauern. An vielen der jungen Eifelmaare ist der Tephrawall noch mehr oder weniger erhalten – siehe dazu auch die Beobachtungen am Pulvermaar.
B) Der **Kratersee** wird ähnlich rasch verlanden. Die Geschwindigkeit dieses Prozesses wird davon abhängen, ob die Zufuhr klastischer Sedimente allein vom Wall und vom Kraterrand kommen oder ob das Maar an ein Talsystem angebunden ist, das dauerhaft Sediment zuführt. Die Kraterseen der Eifel scheinen durchweg nicht mehr als eine Kaltzeit, also gute 100 000 Jahre überdauert zu haben. Dann spätestens ist das Maar ein **Trockenmaar** geworden. Formen dieser Art sind vor allem in der Westeifel zahlreich zu finden. Etwas fortgeschrittener oder weniger deutlich sind die früher als **Kesseltäler** bezeichneten Talweitungen, die ebenfalls ehemalige Maarkrater markieren.
C) In einer Situation, in der tendenziell Erosion und Abtragung herrschen, werden die Oberflächenformen insgesamt immer undeutlicher. West- und Osteifel befinden sich seit gut 800 000 Jahren in Hebung, sodass diese Entwicklung hier gegeben ist. Auch alle anderen Vulkangebiete mit Ausnahme der nördlichen Lausitz oder Bereichen des westlichen Egergrabens haben deutliche postvulkanische Hebung erfahren, oder sie wurden im Zuge flussgeschichtlicher Entwicklungen tief zerschnitten. In der Lausitz wurden Maare hingegen dadurch unkenntlich, dass sie in der Nähe zur tertiärzeitlichen Küste von Sedimenten verschüttet wurden. Diese Maare waren nur mit geophysikalischen Methoden oder Bohrungen zu finden. Ihre natürliche Wiederfreilegung kann noch lange erdgeschichtliche Zeiträume auf sich warten lassen.
D) Eine nächste Stufe der Tieferlegung wäre erreicht, wenn die Sedimente des Kratersees in den Bereich der natürlichen Abtragung gelangen. Diese Sedimente bestehen in der Regel aus verfestigtem Ton-

◀ 62 Die Basaltintrusion am Zeilberg grenzt an große, verstellte Schollen des Kraterrands. Die Kraterwand ist für einen aus der Tiefe empordringenden Basalt eine kaum zu überwindende Barriere. Der natürlich vorgezeichnete Aufstiegsweg wird daher oft entlang der Kraterwand in den pyroklastischen Lockermassen verlaufen. Die Frage, ob die Lava an der Oberfläche des Kraters einen Lavasee gebildet hat, lässt sich aufgrund mangelnder Zeugnisse nicht beantworten. Doch in jedem Fall zeigen die Aufschlussverhältnisse, dass der Basalt den Krater von unten her aufgefüllt hat und nicht in einem Fördergang direkt an die Oberfläche gelangte (Aufnahme 2012).

▶ 63 Der Rocher de Laval (Neussargues, Auvergne) ist vermutlich eine der am besten erschlossenen Maar-Diatrem-Intrusionen der Europäischen Vulkanprovinz. In der Literatur nicht selten als Rest eines Lavasees bezeichnet, zeigt die Oberfläche des Vorkommens aber durchweg eine intrusive Platznahme an. Über dem Maar war vor der Intrusion eine Gruppe kleiner Schlackenkegel entstanden, deren Reste auf der Hochfläche des Felsens noch immer erhalten sind. Die Schlackenkegelteile sind von oben her in die Lava eingesunken: Die unregelmäßige Oberfläche des Felsens ist nur eingeschränkt eine Folge der Erosion – im Wesentlichen bildet sie in bewegter Weise die Grenzfläche zwischen der Lava und den von oben eingesunkenen Schollen ab (Aufnahme 2007).

Auf den ersten Blick sind Maarkrater ideale Hohlformen, in denen auch größere Volumen effusiver Lava nicht abfließen können und bei denen sich ein an der Oberfläche austretender Lavasee bilden kann. Bei den jungen Maaren der Eifel gibt es für einen massiven, den ganzen Kraterboden oder gar den Krater insgesamt ausfüllenden Lavasee bis jetzt allerdings keine Hinweise.

Aufschlüsse mit großen Basaltmassen werden allerdings nicht selten als Rest eines Lavasees interpretiert. Doch es scheint kein einziges wirklich zuverlässiges Zeugnis für einen Lavasee zu geben. In dieser Hinsicht bemerkenswerte Vorkommen zeigen unmissverständlich, dass die Platznahme großer Lavavolumen im Krater von unten her erfolgte und die Ausbreitung auf dem Niveau der lockeren, wenig dicht gelagerten Diatremfüllung begann. Es kann dabei natürlich nicht ausgeschlossen werden, dass Lava an der Oberfläche ausgetreten ist. Doch die Zeugnisse, die wir kennen, sprechen eher dafür, dass die Lava pyroklastisches Material nach oben gedrückt und dieses – zusammen mit großen Nebengesteinsschollen – möglicherweise eine geschlossene Auflage gebildet hat. Neben den Beispielen aus dem Diatrem von Forst (Oberrhein) und dem Zeilberg (Heldburger Gangschar) zeigt der Fels von Laval (Auvergne, Frankreich) vielleicht wie kein anderer, dass auch große Basaltmassen keinen offenen Lavasee gebildet haben.

In einigen Fällen ist die Intrusion in den Maarkratern mit erheblichem zeitlichem Abstand zu seiner Ent-

▲ 64 Die Rückseite des Rocher de Laval (Neussargues, Auvergne) zeigt den Rand des Diatrems, das aus einer Abfolge von Lavaströmen ausgesprengt wurde. Die Lavaströme (LS, links) sind durch auffällig rot-orangefarbene Verwitterungslagen getrennt. Unten rechts ist ein Fördergang zu sehen – vermutlich ist der hauptsächliche Fördergang aber rechts außerhalb des Aufschlusses gelegen, dessen zentrale Teile vom Fluss erodiert wurden. Im Dachbereich sind eingesunkene Schlackenkegelreste (SK) angeschnitten (Aufnahme 2007).

stehung erfolgt. In Hammerunterwiesenthal (Erzgebirge) oder am Dietrichsberg (Thüringische Rhön) war der Kratersee zur Zeit der Intrusion bereits mit Sedimenten verfüllt – in beiden Fällen ist das Magma in die Seesedimente intrudiert. Am Dach der Intrusion von Hammerunterwiesenthal sind ähnliche, taschenförmige Einsenkungen wie am Fels von Laval zu beobachten, allerdings etwas kleinräumiger und nicht mit Diatrembrekzie, sondern mit Seesedimenten (Abb. 195). Im Fall einer solchen zeitlich verzögerten Intrusion kann mit einer inzwischen erfolgten Zementation der Diatrembrekzie gerechnet werden. Aufsteigende Schmelzen finden dann keine Lockersedimente mehr vor, die sie einfach zur Seite drängen oder unterschichten könnten. Wenig konsolidierte Seesedimente von nur geringer Dichte sind in diesem Fall die nächstliegende Option zur seitlichen Ausbreitung.

Maar-Diatreme als landschaftsgeschichtliche Archive

Die im Diatrem erhaltenen Nebengesteinskomponenten stammen durchweg aus der unmittelbaren Umgebung des Kraters. Im Prinzip kann erwartet werden, dass im Krater Bruchstücke und Schollen aus jeder vom Krater angeschnittenen Formation zu finden sind. Wenn Maare-Diatrem-Vulkane im Laufe der Zeit im Zuge der allgemeinen Landschaftsentwicklung abgetragen werden, gehen die in der umgebenden Landschaft anstehenden Formationen ebenfalls verloren, während in der von explosiver Durchmischung geprägten Kraterfüllung aber weiter davon Bruchstücke gefunden werden können, sofern sie bei guter Durchmischung in die tieferen Bereiche des Diatrems verlagert wurden.

Lorenz & Haneke (2004) haben im Perm des Saar-Nahe-Beckens mindestens 26 Diatreme finden können. In diesen Fällen lassen sich vertikale Verlagerungen von Deckgebirgsschollen von mehreren Hundert, teilweise auch über 1000 m nachweisen. Dies wird als Folge einer zunehmenden Vertiefung des Kraters bzw. des Explosionsbereichs im Sinne des phreatomagmatischen Modells interpretiert.

Solche Nebengesteinsbruchstücke aus Maarkratern sind willkommene Zeugnisse zur Entwicklungsgeschichte der Landschaft. Dies scheint zuerst von Wilhelm Branco (1892) wahrgenommen worden zu sein, der in einem Vulkanrest bei Scharnhausen – etwa 20 km nördlich des heutigen Rands der Schwäbischen Alb – Weißjura-Komponenten gefunden hat und die Bedeutung dieses Funds auch gleich im Titel seines Werks zum Ausdruck brachte: „*Ein neuer* Tertiär-Vulkan bei Stuttgart, zugleich ein Beweis, dass sich die Alb einst bis zur Landeshauptstadt hin ausdehnte". Solche Funde bekommen zusätzliches Gewicht dadurch, dass sie aufgrund des Zusammenhangs mit einem Vulkan zugleich auch eine Datierung ermöglichen und so für die Landschaftsgeschichte wichtige Zeitmarken liefern.

Die Landschaftsgeschichte der Schwäbischen Alb lässt sich durch Funde im jungkretazischen Katzenbuckel-Vulkan räumlich und zeitlich noch weit über den Scharnhäuser Vulkan ausdehnen. Funde von Braunjura-Relikten – und das sogar in Form einer großen Scholle – belegen ihre damalige Ausdehnung nochmals bis in den Südlichen Odenwald (östl. Eberbach). Ähnliche Beispiele gibt es aus dem Vorland der Fränkischen Alb, wo in einem Diatrem der Heldburger Gangschar ebenfalls Weißjura-Komponenten nachgewiesen wurden (Schröder 1974).

Ein aktueller Fall zeigt den Weg solcher Entdeckungen auf. Zwischen den Orten Bad Gottleubas und Börnersdorf (Ost-Erzgebirge, Sachsen) wurde unter quartärzeitlichen Lockersedimenten inmitten alter, proterozoischer Gneise ein Vorkommen kreidezeitlicher Sedimentgesteine gefunden. Der Verdacht, dieses isolierte Vorkommen könnte bis heute in einem von der Erosion verschont gebliebenen Diatrem erhalten geblieben sein, wird von plausiblen Argumenten gestützt, ist aber noch nicht definitiv belegt (Horna et al. 2015).

(1) Parkstein bei Weiden (westl. Egergraben, Kemnather Vulkanfeld)

Der Parkstein bildet einen einsamen Gipfel in der Landschaft westlich von Weiden. Radiometrische Bestimmungen haben gut konvergierende Altersdaten von 22,3 ± 0,9 bzw. 23,8 ± 1,1 Millionen Jahren ergeben. Zusammen mit einem zweiten, kleineren Diatrem im Nordosten bildet der Parkstein eine kleine Vulkangruppe im Randbereich des Westlichen Egergrabens bzw. des Kemnather Vulkanfelds, zu dem er allerdings sehr exzentrisch gelegen ist. Die Reliefumkehr, ausgehend von einer tiefen Kraterlage hin zum heute so markanten Gipfel, wurde durch einen Basaltkörper – genauer einen

▲65 Der Parkstein (südwestlicher Egergraben, Kemnather Vulkanfeld), von Nordosten aus gesehen. Der Blick geht über die Fränkische Linie, eine große Verwerfung, die Kristallingestein des Grundgebirges (Standpunkt im Vordergrund) von dem aus mesozoischen Sedimentgesteinen aufgebauten Vorland trennt. Der Verlauf der Verwerfung wird durch die Geländekante deutlich. Der Parkstein (auch Hoher Parkstein) wird von einem erosionsresistenten Basaltkörper gebildet, der in den Krater eines Maars eingedrungen ist. Rechts daneben ein kleines Diatrem, dass nur einen schmalen Basaltgang führt und daher morphologisch nicht in Erscheinung tritt (Aufnahme 2007).

▲66 Der Basaltkörper des Parksteins zeigt eine schöne Säulenklüftung. Der abwechslungsreiche, abschnittsweise auch gekrümmte Verlauf der Säulenklüftung ist Folge der unregelmäßigen Kontur der Basaltmasse (Aufnahme 2015).

◄67 Der Kontakt zwischen der Diatrembrekzie (links) und dem Basalt (rechts) des Parksteins. Das senkrechte Abstoßen der Säulenklüftung von der Kontaktfläche zur Brekzie belegt, dass letztere die bereits vorhandene kühle Umgebung gebildet hat. Die Diatrembrekzie blieb allerdings nicht völlig von der Wirkung der Intrusion verschont: Auch hier sind im Kontaktbereich schwache Kontraktionseffekte aufgetreten. Die schrägen, weitständigen, mit etwa 45° zum linken Rand hin geneigten Klüfte dürften durch gravitativ bedingte Spannungen am Rande des Bergs verursacht sein (Aufnahme 2006).

Nephelin-Basanit – verursacht, der mit wunderschöner Säulenklüftung an einer ehemaligen Steinbruchwand freigelegt ist. Das zweite, im Nordosten des Hohen Parksteins gelegene, kleinere Diatrem befindet sich im Bereich des Anstiegs und ist selbst nicht morphologisch akzentuiert, wohl weil der dort kartierte schmale Basaltgang zu klein ist, um eine entsprechende Wirkung zu verursachen.

Der Kontakt des Basalts zur Diatrembrekzie ist am Rand der Wand gut aufgeschlossen. Die Grenze zwischen der Diatrembrekzie und der Kraterwand ist hingegen an keiner Stelle direkt zu sehen, aber durch Kartierung gut eingegrenzt. Daraus ergibt sich, dass der Basalt – bezogen auf das heute erhaltene Niveau – nur den südöstlichen Quadranten eines leicht elliptischen Diatrems eingenommen hat.

An der Aufschlusswand des Parksteins ist deutlich zu sehen, dass die Säulenklüftung des Basalts senkrecht von der Diatrembrekzie abstößt, die somit die schon vor der Intrusion vorhanden gewesene kühle Umgebung gebildet haben muss. In der Diatrembrekzie finden sich dichte Basaltblöcke, die von fragmentierten Gängen aus der frühen Phase der phreatomagmatischen Tätigkeit stammen müssen. Nebengesteinseinschlüsse sind in diesem Bereich nur untergeordnet zu finden.

Hinsichtlich des Nebengesteinsanteils ergeben die Aufschlüsse in den Kellern im Norden des Diatrems jedoch ein völlig anderes Bild: Hier wird die Brekzie von großen Blöcken aus Sedimentgestein bestimmt. Die **Sedimentgesteine** sind in allen Korngrößen vom Konglomerat bis zum Tonstein vertreten. Sie stammen aus kreidezeitlichen Fluss- und Schwemmlandablagerungen, die ihre Sedimentfracht vor allem von dem nur wenige Kilometer entfernten kristallinen Grundgebirge er-

◄ 68 Blick über die Diatrembrekzie des Parksteins in Richtung des Basaltkörpers (B). In der Diatrembrekzie ist im Vordergrund eine weitere gangförmige Intrusion zu erkennen (G). Darüber hinaus sind in der Brekzie zahlreiche kompakte Basaltblöcke zu finden, die nicht als Bomben ausgeschleudert wurden, sondern von fragmentierten Gängen aus der frühen Phase des Ausbruchs stammen (Kreise) (Aufnahme 2007).

▼ 69 Detailansicht der Diatrembrekzie des Parksteins, die in diesem Bereich sehr arm an Nebengesteinskomponenten ist. Juvenile (direkt aus der Schmelze) stammende Lapilli und kleine Bomben bestimmen das Erscheinungsbild. Einige wenige Bomben wie jene links vom oberen Ende des Hammergriffs sind leicht blasig (Aufnahme 2007).

▲ 70 In den Kellern an der Nordseite der Basaltwand wird die Diatremfazies hingegen von Nebengesteinsschollen dominiert. Große Blöcke aus Konglomerat (links) und Sand, Silt- und Tonsteinen sind kreidezeitlichen Alters und waren zur Zeit der Eruption nur schwach konsolidiert. Als Maßstab dient das aufgeklappte rote Taschenmesser (der Keller ist uneingeschränkt für die Öffentlichkeit zugänglich; Aufnahme 2007).

► 71 Ein Block aus tonreichem Nebengestein – also ein Sediment – hat eine leichte, radiale Säulenklüftung entwickelt. In der Nähe der heißen Basaltintrusion haben thermische Effekte offenbar zu Kontraktion durch Wasserverlust geführt (Lokalität wie bei Abb. 70; Aufnahmen 2007).

halten haben. Die Grundmasse der Brekzie besteht aus einzelnen Geröllen, kleineren Sedimentgesteinsbrocken und feinkörnigem Basalttuff. Basaltblöcke sind ebenfalls enthalten, auch hier handelt es sich seltener um Bomben als um fragmentiertes Festgestein.

Der Parkstein kann als **Musterfall einer Basaltintrusion** in ein Maar-Diatrem gelten. Der Kontakt zwischen dem Basalt und der Diatrembrekzie ist steil und charakteristisch für eine solche Intrusion. Es gibt keine direkten Hinweise darauf, dass der Basalt im Krater als Lavasee ausgetreten ist. Erwägungen dieser Art hängen eher davon ab, auf welchem Niveau man die Landoberfläche zur Zeit der Eruption ansiedelt, und hier sind präzise Grenzen nicht zu ziehen.

(2) Waldecker Schlossberg (Kemnather Vulkanfeld)

Nur etwa 20 km nordwestlich des Parksteins liegt der Waldecker Schlossberg, dessen Gipfel durch eine Burgruine gekrönt wird. In diesem Bereich des westlichen Egergrabens wird die Landschaft von mehreren markanten Kuppen geprägt, die durchweg als Diatreme ehemaliger Maarvulkane angesehen werden können. Alle Vulkane sind gut aufgeschlossen und im Rahmen des Geoparks Bayern-Böhmen mit Informationstafeln ausgestattet.

Nähert man sich dem Schlossberg entlang des im Südosten um ihn herum führenden Wegs, ist das Nebengestein an mehreren Stellen zu beobachten. In den Sandstein wurden bereits im Mittelalter Keller geschlagen. In einem dieser Keller ist der **Kraterrand**, also die Grenze zwischen Nebengestein und Diatrembrekzie, angeschnitten. Dies ist eine der seltenen Situationen in Deutschland, in denen der Kraterrand eines Diatrems direkt zu sehen ist. Der Kraterrand ist scharf abgeschnitten und von einer Lage plattigem Sandstein bedeckt. Unmittelbar daran schließt die von Nebengesteinsanteilen dominierte Diatrembrekzie an. Die vorwiegend als Lapillituffe entwickelten Lagen zeigen eine deutliche Neigung in Richtung des Kraterzentrums.

Der Basalt des Waldecker Schlossbergs ist radiometrisch auf 20,8 ± 0,7 Millionen Jahre datiert und kann petrographisch präziser als **Nephelin-Basanit** klassifiziert werden. Der Kartierung zufolge nimmt der Basalt einen großen Teil des ovalen Diatrem-Querschnitts von etwa 600 m in der Längsachse ein. Das Gestein ist reich an überwiegend kleinen, meist nur wenige Zentimeter

▲ 72 Reste ehemaliger Maar-Diatreme im Kemnather Vulkanfeld im Südwesten des Egergrabens. Die Diatreme sind aus einer Umgebung von relativ schwach zementierten Sand- und Tonsteinen des Keupers herauspräpariert. Die markierten Gipfel (v. l. n. r.): Kalvarienberg, Waldecker Schlossberg, Rauher Kulm (bei Neustadt a. Kulm), Anzenberg (Blickrichtung nach Südwesten; Aufnahme 2015).

▲ 73 Kontakt zwischen der Diatrembrekzie (links) und dem Nebengestein bzw. der Kraterwand (KW, rechts) am Waldecker Schlossberg. Die brekziöse Diatremfüllung hat einen hohen Nebengesteinsanteil, die magmatischen Partikel liegen überwiegend in der feinen Lapillifraktion. Die Lagen sind nach links – hin zum Zentrum des Kraters – geneigt. Keller unterhalb des Burgfelsens – Zugang mit Führungen des Geoparks Bayern-Böhmen (Aufnahme 2015).

◄ 74 Einige Meter weiter (als Abb. 73) steht man inmitten der Diatrembrekzie. Die Neigung der Lagen ist zum Kraterzentrum hin – hier im Rücken – orientiert (Aufnahme 2007).

▲ 75 Der Basalt am Waldecker Schlossberg ist reich an Mantelxenolithen (M), zugleich aber auch stark mit Nebengesteinseinschlüssen aus der unmittelbaren Nachbarschaft verunreinigt. Aufgenommen wurden Quarzgeröll (Q) und Tonsteinfragment (T). Die vielen kleinen Punkte sind Quarzkörner aus dem umgebenden mürben Sandstein - diese zeigen zumeist einen grünen Reaktionsrand oder sind ganz zu Pyroxen umkristallisiert (Felsen unter der Burgruine, Aufnahme 2015).

großen Mantelxenolithen. Zugleich sind aber auch viele kleine Nebengesteinseinschlüsse enthalten, die bevorzugt aus den eher mürben Sand- und Tonsteinen der Schlotumgebung stammen (Benker-Sandstein des Mittleren Keupers).

(3) Arensberg bei Zilsdorf (Tertiäres Hocheifel-Vulkanfeld)

Im zentralen Bereich des Tertiären Hocheifel-Vulkanfelds sind mehrere Maar-Diatrem-Vulkane bis hinunter in die Diatremfazies erodiert. Ein besonders beeindruckender wie zugleich gut zugänglicher Aufschluss liegt am Arensberg bei Zilsdorf. Der Berg erreichte ursprünglich eine Höhe von 590 m ü. NN, hat aber durch den Abbau des Basalts im Gipfelbereich fast 30 m verloren. Dem Abbau weichen musste auch die dort seit dem 12. Jahrhundert bestehende Arnolphuskirche.

Der Zugang in die aufgelassene Basaltgrube ist ungewöhnlich: Ein Stollen führt durch die von großen Blöcken aufgebaute Diatremfazies in das Innere des Aufschlusses. Blickt man im Aufschluss stehend auf den Durchgang zurück, ist oberhalb des Stollens die Überlagerung der Brekzie durch den säulengeklüfteten Basalt zu beobachten. Da diese Grenze auf der Eingangsseite nicht angeschnitten ist, muss der Kontakt trichterförmig nach oben weisen. Die Diatrembrekzie wird von

▲76 Der Arensberg bei Zilsdorf (Tertiäres Hocheifel-Vulkanfeld) wurde durch den Abbau des Basalts gleichsam von innen heraus ausgehöhlt. Diesen Innenraum erreichen Besucher durch einen Stollen, der die randliche Diatrembrekzie durchschneidet. Über dem Eingang wie am Dach oberhalb des Stollens fallen vor allem große, rote Buntsandsteinschollen auf (Aufnahme 2006).

▲78 Für den Nephelinbasanit des Arensbergs liegen mit 23,9 und 32,2 Millionen Jahren zwei unterschiedliche Altersbestimmungen vor. Allerdings gibt es weder strukturell noch petrographisch Hinweise auf zwei getrennte Intrusivkörper. Die Säulenstellung verweist auf die unweit dahinterliegende Kraterwand.

großen Blöcken des Buntsandsteins bestimmt, der als Formation heute in der unmittelbaren Umgebung des Vulkans nicht mehr erhalten ist. Heute findet man den Buntsandstein erst gut 5 km im Westen bei Hillesheim.

Auf der gegenüberliegenden Seite der Grube ist der Rand der Basaltintrusion nahezu erreicht: Steil oben abstoßende Basaltsäulen sind ein Hinweis dafür, dass der Kontakt zur kalten Diatrembrekzie nur wenige Meter dahinterliegen kann – vermutlich ist das auch der Grund, warum der Abbau des Basalts hier eingestellt wurde. Auch auf dieser Seite weitet sich der Intrusionskontakt nach oben trichterförmig. Im höheren Bereich

◄77 An der dem Stollen gegenüberliegenden Wand am Arensberg sind große Kalkschollen eingelagert. Die Kalke stammen aus dem Mitteldevon, das die oberste Formation in der unmittelbaren Umgebung des Arensbergs bildet. Die Schollen zeigen bereits die Nähe zum Rand des Diatrems an, das der Säulenstellung zufolge unweit hinter der Wand liegt (Aufnahme 2006).

der Wand sind große, helle Gesteinsschollen zu sehen. Hierbei handelt es sich um Nebengestein aus der Devonzeit, das heute – nach der erosiven Entfernung des Buntsandseins – die oberste Formation der Kraterumgebung bildet. Die Schollen liegen nahe der Kraterwand, sind aber vollständig vom Basalt umhüllt worden. Kontaktmetamorphe Effekte haben die Mineralogie des Gesteins verändert und eine Reihe von Besonderheiten hervorgebracht.

Unterschiedliche radiometrische Alter für die Basalte werden mitunter als Argument für zwei getrennte Intrusionsschübe angesehen. Dafür gibt es aber in dem verbliebenen Aufschluss keinen strukturellen Beleg.

Die Suche nach unentdeckten Maaren

Das Maar-Diatrem-Konzept hat Geologen motiviert, die Suche nach alten, nicht mehr gut erkennbaren und bisher unentdeckten Maaren voranzutreiben. In den vorangehenden Abschnitten konnten wir sehen, wie dieser Ansatz ein neues Verständnis vieler heute von Basalten gekrönter Berge ermöglicht hat. Die Existenz des Vulkangesteins, mitunter in Nachbarschaft zu noch erhaltenen Diatrembrekzien, hat zwar eindeutig einen vulkanischen Eruptionsort markiert. Aber selbst Geologen hatten zumeist keine klare Vorstellung, um welche Art von Vulkanen es sich gehandelt haben könnte. Heute ist in der überwiegenden Zahl der Fälle klar, dass in solchen Fällen ein tief erodierter Maar-Diatrem-Vulkan vorliegt.

Eine schwierigere Herausforderung bei der Suche nach ehemaligen Maaren sind jene Stadien, die sich in der Landschaft morphologisch unauffälliger zeigen. In den jungen Vulkangebieten der Eifel könnte jede Geländedepression ein ehemaliges Maar markieren, umso mehr, wenn sie kreisförmige Erweiterungen zeigt. Insbesondere kreisförmig erweiterte Täler waren schon lange als geomorphologische Besonderheit aufgefallen. Solche Formen haben als Kesseltäler gar einen besonderen Namen erhalten. Solche Formen, die über das Stadium des Trockenmaars hinaus bereits ein fortgeschrittenes Entwicklungsstadium aufweisen, konnten in den 1970er- bis -80er-Jahren überwiegend als ehemalige Maare identifiziert werden.

So hat sich, mit geschärfter Aufmerksamkeit und dem Einsatz vor allem geophysikalischer Hilfsmittel, die Zahl der bekannten Maare allein in der Westeifel seit Steiningers Erstbeschreibung (1819 und 1820) von 24 auf 98 erhöht (inklusive Tuffringen). Damit sind mehr als ein Drittel der gegenwärtig bekannten 257 Eruptionsstellen phreatomagmatische Vulkane (Seib et al. 2013).

Die Aufmerksamkeit in Hinblick auf mögliche Maarrelikte führte auch in anderen Vulkanregionen zu Erfolgen. In der Lausitz wurden mit der Guttauer Vulkangruppe sogar Maare entdeckt, die unter jüngeren Sedimenten begraben sind. Im westlichen Egergraben wurde im jungen, aktiven Teil am Westrand des Egerbeckens erst vor wenigen Jahren ein Maar bei Mýtina (Tschechische Republik) gefunden, ein weiteres unweit davon erst 2015 im Süden von Neualbenreuth.

Maare als Fossillagerstätten

Ein besonderes Kapitel der vulkanologischen Forschungsgeschichte ist die Entdeckung und auch Neuinterpretation teilweise schon bekannter Vorkommen tertiärzeitlicher Sedimente. Dies gilt vor allem für kleinräumige Ablagerungen, die als Sedimente eines ehemaligen Sees gedeutet werden konnten. Viele dieser Vorkommen zeichnen sich zudem noch durch besonderen Fossilreichtum aus.

(1) Messel

Besonders charakteristisch für diese Entwicklung ist die Neuinterpretation der **Grube Messel**. Das Vorkommen von Sedimenten aus dem Eozän in Form mächtiger, fossilreicher Ölschiefer war schon lange bekannt – das Gestein stand schon seit 1884 im Abbau. Die Position in einer an den Oberrheingraben grenzenden tektonischen Scholle, dem Sprendlinger Horst, motivierte ursprünglich zu der Deutung, der Messel-See wäre in einer tektonisch abgesunkenen Scholle am Rande des Oberrheingrabens entstanden – eine Vorstellung, die mit dem Bruchmuster der Region prinzipiell gut vereinbar schien.

Im Zuge der Beschäftigung mit Maarvulkanen wurde jedoch deutlich, dass die explosive Aussprengung eines Kraters die plausibelste Möglichkeit ist, einen zumindest in der ersten Zeit der posteruptiven Entwicklung abflusslosen See zu schaffen. Maarkraterseen haben eine zweite Eigenschaft, die sie als günstige Fossillagerstätten erscheinen lässt. Kraterseen können bei geringem Durchmesser eine relativ große Tiefe aufweisen – ein Umstand, der die Entwicklung einer stabilen Schichtung in der Wassersäule begünstigt. Für die Situation am Boden eines solchen Sees bedeutet das aber, dass die Sauerstoffzufuhr, die nur von oben kommen

▲ 79 Grabung in der Grube Messel – beim Spalten der Ölschiefer entsteht auch in einer Fossillagerstätte mehr Abraum als museumsreifes Fundgut (Aufnahme 1994).

kann, mangels Umwälzung tendenziell schlecht ist. Sinken tote Organismen zu Boden – seien es Algen oder die Reste von Fischen oder großen Wirbeltieren –, dann wird der für eine Verwesung notwendige Sauerstoff am Boden bald knapp. **Anaerobe Verhältnisse** sind am Boden solcher Kraterseen daher besonders wahrscheinlich, und das ist der wesentliche Grund für oft auffällig gute Fossilerhaltung wie zugleich auch für bituminöse Sedimente.

Grundlage für die Revision war die 2001 niedergebrachte Forschungsbohrung, deren Bearbeitung eindeutig die vulkanische Entstehung der Hohlform bestätigte (Felder & Harms 2004). Unter etwa 145 m Seesedimenten fand sich eine mächtige pyroklastische Abfolge mit alkalibasaltischen Lapilli und Nebengesteinskomponenten. Die radiometrische Datierung ergab ein Alter von 47,8 Millionen Jahren.

Erklärungsbedürftig blieb allerdings der etwas merkwürdige, eher rautenförmige als runde oder ovale Querschnitt des Kraters. Diese eigentlich ebenfalls auf tektonische Kontrolle hinweisenden Formen stehen normalerweise im Gegensatz zu den rundlichen Kratern, wie sie bei phreatomagmatischen Eruptionen entstehen. Es konnten dann aber tatsächlich Belege dafür gefunden werden, dass das Messel-Maar unmittelbar im Bereich einer **Verwerfung** ausgesprengt wurde. Die Kraterumgebung bestand damit aus zwei unterschiedlichen Gesteinen, die auf die Eruptionen auch unterschiedlich reagierten. Die Autoren sehen es als möglich an, dass die Eruption des Maars mit einer Aktivierung dieser bereits zuvor angelegten Verwerfung im Zusammenhang stehen könnte.

An der Grube wurde 2010 ein modernes Besucherzentrum eröffnet, von wo aus auch Führungen in die als UNESCO-Welterbe klassifizierte Fossillagerstätte angeboten werden.

(2) Das Eckfelder Maar

Die Entdeckung des Eckfelder Maars vollzog sich – wie auch im Falle von Messel – in zwei Phasen: Ein bereits im 19. Jahrhundert als Lagerstätte entdecktes und genutztes Vorkommen von Tonen und Braunkohlen wurde in der jüngeren vulkanologischen Forschungsgeschichte als Ablagerung eines Maarkratersees erkannt (Frankenhäuser et al. 2009). Trotz der auch schon in der frühen Phase gefundenen Fossilien – im Wesentlichen Paläoflora – war das Vorkommen in der Folge nahezu in Vergessenheit geraten, bevor es dann im Sinne des modernen Maarkonzepts mit einer vulkanischen Struktur assoziiert wurde.

Die Entstehung des Maars wurde radiometrisch auf 44,3 ± 0,4 Millionen Jahre datiert – in Verbindung mit der in den Maarseesedimenten gefundenen Flora und Fauna kann der See in das Eozän gestellt werden. Er ist damit etwa 3 Millionen Jahre jünger als Messel (47,8 ± 0,2 Millionen Jahre). Das Eckfelder Maar bildet mit dem ähnlich datierten Hillscheider Diatrem und dem Hillscheider Schlackenkegel eine Vulkangruppe. Petrographisch handelt es sich bei dem Magma des Eckfelder Maars und des Hillscheider Diatrems um **Basalte** bis Basaltandesite (Brook 2000, Pirrung et al. 2003).

Das Maar hatte einen Durchmesser von ungefähr 850 bis 950 m, die Tiefe des Kratersees dürfte weniger als 170 m betragen haben (Pirrung 1993 in Frankenhäuser et al. 2009). Forschungsbohrungen ergaben, dass die Seesedimente von groben Brekzien und von phreatomagmatischer Diatremfazies unterlagert werden. In den Seesedimenten ist das häufige Vorkommen von Siderit ($FeCO_3$) bemerkenswert. Das für dieses Mineral nötige Carbonat soll im Wesentlichen aus dem aus der Tiefe zugeführten vulkanischen CO_2 stammen – eine Erscheinung, die auch in anderen Maarkratern beobachtet wurde.

Probegrabungen in den späten 1980er-Jahren ergaben Fossilfunde, die zu weiteren umfangreicheren Grabungen motivierten. Im oberen Bereich sind sie von der eingreifenden Verwitterung angegriffen, nach unten jedoch in zunehmender Qualität erhalten. Neben umfangreicher **Mikroflora und -fauna** sind vor allem zahlreiche Pflanzenfunde, darunter viele Blütenpflanzen, bemerkenswert. Im Jahr 1991 gelang der Fund einer trächtigen Urpferdstute (*Propalaeotherium voigti*) mit erkennbarer Plazenta. Zusammen mit einem fast vollständigen Krokodilskelett mit Magensteinen (*Diplodynodon* sp.) ist das Urpferd – neben anderen Fossilen aus dem Eckfelder Maar – im 1999 eröffneten Maarmuseum in Manderscheid zu sehen. Erwähnenswert sind weiter Reste von Affen oder der erste Nachweis einer fossilen Vogellaus (*Phthiraptera*). Neben der paläontologischen Perspektive sind die laminierten Seesedimente für die **Paläoklimatologie** interessant. Warvenschichtung belegt nicht nur ein Jahreszeitenklima, sondern man fand darin auch Hinweise auf Sonnenfleckenzyklen.

Inmitten der Westeifeler Maarlandschaft gelegen, erscheint das Eckfelder Maar auf den ersten Blick nicht viel schlechter erhalten zu sein als die älteren Vertreter der quartärzeitliche Maare. Vom Wall sind natürlich keine Spuren mehr zu finden, aber die Seesedimente sind noch weitgehend erhalten. Im Vergleich dazu sind benachbarte vulkanische Relikte aus der Tertiärzeit tief erodiert, oder verwitterungsresistente Vulkanite bilden nun in Reliefumkehr Hochlagen (Arensberg bei Zilsdorf und andere erodierte Diatreme der Hocheifel).

Die inzwischen weitgehend zuverlässig rekonstruierte Landschaftsgeschichte belegt die Anlage des Maars in einem Nebental der Lieser. Die wesentliche Hebung der Landschaft erfolgte hier erst mit der allgemeinen Heraushebung des Schiefergebirges im Quartär – die weiter östlich gelegenen zentralen Bereiche des **Tertiären Hocheifel-Vulkanfelds** erfuhren dagegen eine frühere und in der Summe weiter reichende Hebung. Während die Abtragungsraten dort flächenhaft einige Hundert Meter erreichen konnten, befand sich die Region um Eckfeld in einem konservierenden Milieu, das erst mit der dort im Quartär einsetzenden Hebung zerstört wurde.

Bevor diese junge Erosionsphase einsetzte, war die Region um das Eckfelder Maar sogar zeitweise Sedimentationsgebiet. Im Oligozän erreichten Meeresvorstöße aus dem Mainzer Becken den Talraum der Lieser und auch die Umgebung des Eckfelder und Meerfelder Maars. Die in diesem Flachmeer zur Ablagerung gekommenen Sedimente sind zwar nirgendwo mehr erhalten, aber sie hinterließen bemerkenswerte Spuren: Marine tertiärzeitliche (!) Mikrofossilien wurden in den Seesedimenten des jungquartären (!) Meerfelder Maars gefunden. Das kann nur bedeuten, dass zur Entstehungszeit des Meerfelder Maars (max. Alter ca. 80 000 Jahre) noch Reste der tertiärzeitlichen Meeressedimente vorhanden gewesen sein müssen, denn nur aus deren Umlagerung können die im Meerfelder Maar gefundenen Fossilien stammen.

Weitere bekannte tertiärzeitliche Fossillagerstätten aus Maarkraterseen sind Enspel (Westerwald, Oligozän), Öhningen und Höwenegg (Hegau, Miozän), das Randecker Maar (Uracher Vulkanfeld, Miozän). Dazu mehr im regionalen Teil II dieses Buches.

Maarkraterseen: Archive der Erd- und Klimageschichte

Im Zuge der Erforschung der Maarvulkane wandte sich das Interesse auch den Kraterseen und dabei insbesondere den darin enthaltenen Sedimenten zu. Die Sedimentation in Maarkraterseen ist aufgrund deren isolierter Situation sehr sensibel für klimarelevante Prozesse: Phasen erhöhter Niederschläge verstärken die Ablagerung von klastischem Material, die Sonneneinstrahlung steuert die Produktivität des Photosynthese betreibenden Planktons. Nicht zuletzt hoffte man auch, in den Ablagerungen Hinweise auf benachbarte Vulkanausbrüche zu finden, deren Spuren – meist nur dünne Aschenlagen – an der Geländeoberfläche nicht lange erhaltungsfähig sind. In den Kraterseen sammelt sich jedoch auch alles, was aus der Luft herunterkommt.

In erster Linie ist es allerdings die jahreszeitlich wechselnde organische Produktivität, die den Aufbau einer entsprechend gegliederten Feinschichtung unterstützt. Bei hinreichend deutlicher Ausprägung erlauben solche Sedimente eine Auflösung in der Dimension von Jahren – eine Genauigkeit, die mit keiner anderen Datierungsmethode erreicht werden kann. Jahreszeitlich aufgelöste Sedimente werden **Warven** genannt – ein Begriff, der an den Ursprung dieser Methode in Schweden erinnert (*varvig* = geschichtet). Dort wurden erstmals Anfang des 20. Jahrhunderts späteiszeitliche Sedimente in dieser Weise datiert, wobei die Jahreszeiten in diesem Fall durch die temperaturabhängige Zufuhr von Schmelzwasser verursacht wurden.

Über den Vergleich von Warven unterschiedlicher Ablagerungsorte lässt sich ein regional übergreifendes Datierungssystem schaffen, das mit anderen Methoden, zum Beispiel radiometrisch, auch mit absoluten Werten kalibriert werden kann. Dieses als **Tephrochronologie** bezeichnete Verfahren hat sich in vielen Vulkangebieten bewährt und in der jüngeren Vergangenheit nicht nur im Hinblick auf die Datierung von Eruptionen präzise Informationen geliefert, sondern auch zur Klimaentwicklung im Übergang von der letzten Kaltzeit zur Gegenwart. Im *Eifel Laminated Sediment Archive* (ELSA) der Johannes Gutenberg-Universität Mainz liegen inzwischen über 50 Bohrkerne aus 27 Maarkraterseen, die als Referenz für die Rekonstruktion der jungen erdgeschichtlichen Vergangenheit genutzt werden.

■ Tuffringe und Tuffkegel

Maar-Diatrem-Vulkane haben zwei nahe Verwandte: **Tuffringe** und **Tuffkegel**. Gemeinsam ist allen, dass ihre Entstehung ganz wesentlich von zum Magma hinzutretendem Wasser bestimmt wird. Der Unterschied besteht allerdings beim Niveau, auf dem dieser explosive Kontakt stattfindet. Im Gegensatz zu den aus der Landoberfläche herausgesprengten Maaren entstehen Tuffringe und Tuffkegel auf der Landoberfläche, weil in diesen Fällen nicht tieferes Grundwasser, sondern an der Oberfläche stehendes oder fließendes Wasser der Auslöser ist. Auch sehr oberflächennahe, ergiebige Grundwasserleiter können eine mögliche Ursache sein.

Da Entstehung und Tätigkeitsform einerseits vom Niveau des explosiven Kontakts, andererseits aber auch vom Mengenverhältnis Wasser zu Schmelze abhängten, kann eine eindeutige Abgrenzung aus dieser genetischen Perspektive nicht immer scharf getroffen werden. Auch die dabei entstandenen Vulkangebäude bilden einen Formenschatz, in dem die Übergänge zwischen den drei Typen eher fließend sind. Unschärfen werden zusätzlich durch die Terminologie hineingebracht, die die Abgrenzung mitunter auch dann nicht begrifflich auf den Punkt bringt, wenn es aus der erhaltenen Struktur des Vulkans und der Charakteristik seines pyroklastischen Materials heraus vielleicht möglich wäre.

▲80 Tuffring Hrossaborg (Island). Der Tuffring wurde randlich von einem Fluss angeschnitten und zeigt so seine Struktur. Der Krater hat einen weiten Durchmesser, der Kraterboden liegt auf dem Niveau des umgebenden Geländes (Aufnahme 2006).

◂81 Der hinter dem Ort Reykjalið (Island) gelegene Hverfjall-Tuffring ist ein relativ großer Vertreter dieser Vulkanform (Aufnahme 2006).

Maare und Tuffringe

Das unterschiedliche Niveau des explosiven Magma-Wasser-Kontakts kann in mehreren Erscheinungen zum Ausdruck kommen:

A) Das Niveau des Kraterbodens ist beim Maar aus der umgebenden Landoberfläche ausgesprengt. In der Regel bedeutet das, dass die aus dem Maar ausgeworfene Tephra den Krater säumt, aber am Rande zum Krater abbricht. Die Kraterwände sind zu steil oder zu hoch, als dass die Wallfazies kontinuierlich in die zum Krater hin geneigte Kraterfazies übergehen kann.
B) Da der Kraterboden von Tuffringen auf dem Niveau der umgebenden Landoberfläche liegt, können Tephralagen des Walls sich über den Kraterrand hinweg in den Krater fortsetzen. An Tuffringen können allerdings häufig explosive Rückversetzungen des Kraterrands beobachtet werden.
C) Da die explosive Fragmentierung bei Tuffringen erst an der Geländeoberfläche stattfindet, ist der Anteil ausgesprengten Nebengesteins in der Regel deutlich geringer als bei Maarvulkanen. In den meisten Tuffringen dominiert das vulkanische Material deutlich.

Indem das Magma bei Tuffringen unfragmentiert bis an die Erdoberfläche kommen kann, ist es im Vergleich zu Maaren viel wahrscheinlicher, dass Lapilli und Bomben auf dem Niveau ihrer Fragmentierung schon blasig sind, auch wenn die phreatomagmatische Fragmentierung der magmatischen noch vorgreift. Doch die Grenze zur magmatischen Fragmentierung liegt nahe, und magmatische Phasen können phasenweise auch in Tuffringen auftreten.

Verwirrung kann dadurch entstehen, dass der Tephrawall eines Maars als Tuffring beschrieben wird. Dies ist etwa in aktuellen Einträgen von Fachlexika der Fall. Rein petrographisch gesehen ist das durchaus zutreffend: Natürlich wird der ringförmige Maarkraterwall aus Tuffen aufgebaut. Aber wenn man mit dem Begriff „Tuffring" auch eine vom Maar unterschiedene – und in vielen Fällen auch deutlich unterscheidbare – Vulkanform bezeichnet, wäre es geschickt, einen solchen ambivalenten Gebrauch zu vermeiden. Englischsprachige Autoren schlagen zur Vermeidung solcher Missverständnisse Bezeichnungen wie *maar ejecta rim* oder *maar ejecta ring* (Maar-Auswurf-Rand oder -Ring) vor, eleganter wäre vielleicht Maar-Tephra-Ring.

In Deutschland sind Relikte von Tuffringen und Tuffkegeln als vulkanische Form leider nur in wenigen Fällen – und dann auch nicht vollständig – erhalten. Um die Form als Ganzes zu zeigen, greifen wir deshalb auf Beispiele aus **Island** zurück.

Das schönste Beispiel eines Tuffrings ist – als kleiner, verbliebener Rest – in Steffeln (Westeifel) zu finden. Doch auch wenn es in Deutschland keine morpho-

▲ 82 Tuffring Steffeln. Der Wall zeigt eine deutlich erkennbare, nach außen – Westen – geneigte Schichtung. Im Gegensatz zu einem Maarkraterwall sind hier relativ wenig Nebengesteinsanteile anzutreffen. Es überwiegen dunkle, überwiegend feinporige bis dichte Lapilli. Die Partikel sind fest zementiert (Aufnahme 2015).

logisch vollständig erhaltenen Tuffringe gibt, so lassen sich Tuffringsequenzen in vielen Aufschlüssen nachweisen. Wenn diese gut zementiert sind, wurden sie überdies oft als Naturstein gewonnen. So sind viele Gebäude zum Beispiel in Wehr (Osteifel) aus Tuffringsteinen errichtet. Die gewaltige Anlage am Herkules auf der Wilhelmshöhe in Kassel (Hessische Senke) ist sogar fast ausschließlich aus diesem Stein erbaut.

Tuffringe finden bzw. fanden sich auch im Kern vieler Schlackenkegel, wo sie häufig die erste, anfängliche Eruptionsphase markieren. Der unter dem Eppelsberg-Schlackenkegel erhaltene Tuffring gehört hier zu den noch immer erhaltenen Zeugnissen.

Tuffringe und Tuffkegel

Nicht weniger schwierig ist die Abgrenzung zwischen Tuffringen und Tuffkegeln. Beide sind Formen, die der Oberfläche aufsitzen, sodass die Unterscheidung sich wesentlich an der Gestalt des Vulkankegels orientiert. Es gibt Versuche, die beiden Formen an der **Hangneigung** zu definieren: Alle Formen mit einer Neigung des Walls > 25 ° wären dann Tuffkegel. Solche Unterscheidungen sind aber wegen ihres zufällig und artifiziell wirkenden Charakters nicht durchweg beliebt.

Die Zunahme der Hangneigung von Tuffring zu Tuffkegel ist im Eruptionsmechanismus durch einen geringeren seitlichen Transport der Pyroklastika begründet. Ähnlich wie beim Aufbau eines Schlackenkegels wird der Hauptanteil des ausgeworfenen Materials in einem relativ eng um den Schlot begrenzten Radius abgelagert. Im Fall des Schlackenkegels geschah dies durch den vorwiegend ballistischen Auswurf von Bomben und Schlacken. Das kann aber bei Tuffkegeln nicht in gleicher Weise der Grund sein.

Bei dem Ausbruch, der ab 1963 vor Island zur Entstehung der Insel **Surtsey** führte, konnte die Entwicklung eines Tuffkegels beobachtet werden. Auf Surtsey kam das aufsteigende Magma nicht nur randlich mit Wasser in Kontakt, sondern musste im Schlot durch einen wasserreichen Brei aus vulkanischen Partikeln hindurch. Dabei wurde nicht nur fragmentierte Schmelze mitgerissen, sondern auch Fetzen dieses Breis und sogar Wasser. Heftige Eruptionen konnten durchaus auch *Base Surges* hervorrufen, das war jedoch nicht das dominierende Ausbruchsmuster. Die Hauptmenge an Material und Energie scheint hingegen in einem Strahl (*jet*) weitgehend senkrecht nach oben geschossen zu sein. Die steilen Flanken eines Tuffkegels könnten also durch hohen Anteil zurückgefallenen Materials verursacht werden. Zugleich kann die Menge des ausgeworfenen Materials relativ groß sein, sodass die daraus abgesetzten Lagen mächtiger und gleichzeitig auch schlechter sortiert sein können, als es in Tuffringen der Fall ist. Zudem ist die Beimischung oder Zwischenlagerung von blasigen und schlackigen Komponenten erhöht.

Palagonit-Bildung

Der Kontakt zwischen Magma und Wasserdampf begünstigt die Entstehung eines hohen Anteils thermisch abgeschreckter Partikel und damit von Gesteinsglas. Die Instabilität **vulkanischer Gläser** gegenüber sekundärer Umwandlung und Verwitterung wird durch den im Wasserdampfmilieu erfolgten Auswurf und die mehr oder weniger auch noch feuchten Bedingungen nach der Ablagerung unterstützt. Selten im Wall von Maaren, etwas häufiger in Tuffringen und noch häufiger in Tuffkegeln kommt es daher zur Umwandlung der Glasanteile in **Palagonit**.

Palagonit ist kein einzelnes, besonderes Mineral, sondern ein Gemenge unterschiedlicher, meist hydratisierter Minerale sowie auch amorpher Anteile. Die Umwandlung von basaltischem Glas zu Palagonit erfasst am raschesten die feinsten Anteile. Im Laufe der Zeit können, ausreichende Feuchtigkeit vorausgesetzt, auch massive Partikel ausgehend von Rändern und Rissen verändert werden. Wenn die Palagonitisierung ein bestimmtes Ausmaß erreicht hat, ist sie anhand bräunlicher bis gelblicher Farbtöne leicht zu erkennen. Die zuvor lockeren Tuffe werden durch die Palagonitbildung zementiert, wodurch nicht nur die morphologische Haltbarkeit des Vulkangebäudes erhöht wird, sondern auch ein beliebter Naturwerkstein entsteht.

Bei Kempenich (Osteifel) wurde – und wird noch – ein Teil eines palagonitisierten Tuffrings für die Anfertigung von Ionenaustauschern gewonnen, in der Nachbarschaft ist davon eine kleine Felsgruppe (Loesch's Nueck) übrig geblieben. Palagonitbildung scheint auch zur Zementierung des Steffelner Tuffringes beigetragen zu haben.

Schlackenkegel mit initialen Maaren bzw. Tuffringen

Vielfalt kleiner Vulkane

Maare, Schlackenkegel und Tuffringe können in Komposition und Form den in Lehrbüchern geschilderten Idealen nahekommen – zumindest dann, wenn wir sie frisch und vollständig erhalten vor uns haben. Mehr als die Hälfte der jungen, noch gut erhaltenen vulkanischen Oberflächenformen der Eifel zeigen jedoch einen **gemischten Aufbau**. Der Wechsel von phreatomagmatischer zu rein magmatischer Fragmentierung kann ein Vulkangebäude in zwei unterschiedliche Stockwerke gliedern, oder beide Fragmentierungsmechanismen sind mitunter sogar mehrmals im Wechsel aufeinandergefolgt.

Der häufigste Fall ist eine Zweigliederung des Vulkangebäudes in ein initiales Maar und einen übergebauten Schlackenkegel. In vielen Lavagruben der Eifel wurden beim Abbau von Schlackenkegeln im Kern phreatomagmatische Abfolgen angetroffen. Nach Lorenz & Zimanowksi (2008) wurden in mehr als zwei Dritteln der etwa 270 Schlackenkegel solche initialen Maare angetroffen. Auch Schmincke hat diese Erscheinung für so häufig und regelmäßig angesehen, dass er diese Zweigliederung in sein Standard-Schlackenkegel-Modell übernommen hat. Es bleibt allerdings die Frage, ob eine solche Zweigliedrigkeit auch in jenen Vulkanfeldern gegeben ist, in denen die tektonischen und hydrologischen Bedingungen der oberen Kruste für die Bildung von Maaren weniger günstig sind.

Die Entwicklung vom Tuffring zum Schlackenkegel wird insofern als eine nahezu regelhafte Erscheinung angesehen, weil sie vom Ablauf her zwar nicht notwendig ist, aber doch in verständlicher Weise auftritt. Der erste magmatische Impuls wird für seinen oberflächennahen Aufstieg bereits angelegte Klüfte benutzen, die ihrerseits wieder Wegsamkeiten für das von oben stammende Grundwasser bzw. Kluftwasser sind. Der Kontakt zwischen Magma und Wasser ist hier also nahezu vorgezeichnet und wird, ein geeignetes Verhältnis vorausgesetzt, phreatomagmatische Reaktionen auslösen. In der Folgezeit kann sich durch schrittweise Tieferlegung des explosiven Kontaktbereichs ein Maar entwickeln. Erliegt die Wasserzufuhr, möglicherweise auch infolge des hohen „Verbrauchs" durch den Vulkan, dann wird die Tätigkeit zur normalen magmatischen Fragmentierung umschalten.

In den meisten Fällen hat der Schlackenkegel in der Folge das initiale Maar unter sich begraben und am Ende eine Oberflächenform geschaffen, die jeden Hinweis darauf vermissen lässt – eben weil es dann doch noch ein charakteristischer Schlackenkegel geworden ist. In der Westeifel gibt es einige Tuffringe, deren Aufbau nur eine kurze magmatische Phase folgte. Der Schlackenwurf konnte den Tuffring nur noch überkrusten, sodass in diesen Fällen die Form des Tuffrings trotz dieser zweiten, magmatischen Phase erkennbar blieb. Büchel hat für solche Formen die Bezeichnung **Schlackenring** vorgeschlagen.

Der Eppelsberg (Quartäres Osteifel-Vulkanfeld)

Ein besonders vielfältiges Beispiel für einen mehrphasig entstandenen Vulkan ist der Eppelsberg (Osteifel).

▲83 Der Eppelsberg-Vulkan (Osteifel) vermittelt einen anschaulichen Eindruck davon, wie abwechslungsreich und mehrphasig die Tätigkeit auch eines „kleinen" Vulkans sein kann. Die Tätigkeit beginnt mit dem Aufbau eines Tuffrings (A1), die durchgehend deutliche Schichtung ist charakteristisch für phreatomagmatische Eruptionen, bei denen jede Explosion eine Lage schafft. Angeschnitten ist der Wall des Tuffrings. Der Kraterrand ist hier nicht zu sehen – er muss links der Diskordanz (Dv) gelegen haben. In einer zweiten Phase wird der Wall des Tuffrings explosiv nach rechts zurückversetzt (A2), nun ist der Kraterrand im Bereich der Aufschlusswand (KR2). Über den Tuff lagert sich Löss ab. Der Löss liegt diskordant über den Lagen des Tuffrings, die offenbar zuvor durch erosive Prozesse (Wasser, Wind) abgeschnitten wurden. Der Löss wird von einer beginnenden Bodenbildung erfasst (B1). Wiedereinsetzen der vulkanischen Tätigkeit: Der Löss wird mit deutlich geschichteten, überwiegend feinkörnigen Tuffen (C) überdeckt: Der Eppelsberg beginnt diese zweite Phase erneut mit phreatomagmatischen Eruptionen. Die hellen Tuffe sind gut zementiert, vermutlich durch Umwandlung von glasigen Aschen in Palagonit. Ohne nachweisbare Unterbrechung setzt nun der Auswurf von Schlacken, Bomben und Lapilli ein (D). Die Fragmentierung geschieht nun durch magmatische Entgasung. Der vorwiegend ballistische Auswurfmechanismus führt schon in kurzer Entfernung vom Schlot zu starken Mächtigkeitsunterschieden: Zum Außenrand des Walls (rechts) dünnt dieser Abfolge rasch aus, da sie von ausgeworfenen Bomben und Schlacken nur noch selten erreicht wird. Während der Phase D bricht der Kraterrand zum Schlot hin (links) ab (Dv). Die Absenkungen werden durch das ausgeworfene pyroklastische Material ausgeglichen und sind an der Oberkante von D nicht mehr erkennbar. Nach einer Explosion, aus der die basale helle, feinkörnige Lage stammt, schießen Lapilli weit aus dem Schlot heraus. Die gut sortierten, blasigen Lapilli hüllen den Vulkan und seine nähere Umgebung mit einer relativ gleichmäßigen schwarzen Decke ein (E). Diese Phase bildete zweifellos den Höhepunkt der Eruption, bei dem besonders gasreiche Schmelze in der Lage war, die Lapilliförderung über mindestens mehrere Stunden nahezu konstant zu halten. Die folgende Lage (F) ist wieder durch eine gute Schichtung charakterisiert. Aschen und Lapillituffe wechseln sich ab, ein erheblicher Anteil ist phreatomagmatisch geprägt. Danach endet die Tätigkeit des Eppelsberg-Vulkans. Die Lage des Schlots scheint durch diese ganzen Phasen hindurch weitgehend ortsfest geblieben zu sein. Nun wird erneut Löss abgelagert. Darüber folgen pyroklastische Lagen, die aus benachbarten Eruptionspunkten stammen.

◀ 84 Ausschnitt aus dem Lapillituff des basalen Tuffrings (A1). Ein hoher Anteil magmatischer Lapilli und dichter, teilweise glasiger Bomben (eingekreist, größter Durchmesser ca. 10 cm). Dazwischen auch Lagen mit Nebengesteinsblöcken aus Schiefergebirgsdevon (Pfeil).

▶ 85 Ansicht des oberen Teils der Abfolge. Die Tätigkeit des Eppelsberg-Vulkans endete mit einer Reihe vereinzelter phreatomagmatischer Eruptionen: Davon zeugen die feingeschichteten Lagen im oberen Drittel der Einheit (F). Auf den Flanken des Kegels lagert sich erneut Löss ab. Nach Ende der Sedimentation setzte im Löss Bodenbildung ein, die eine leichte Verbraunung hervorrief. Zeit und Klima reichten für eine offene Bewaldung (B2). Nun beginnt in der nahen Umgebung des Eppelsbergs erneut vulkanische Aktivität. In deren Verlauf wird die überwiegend feinkörnige Sequenz G1 – G3 abgelagert, die durch eine dickere Lage aus hellem Aschentuff getrennt wird (G2). Diese Abfolge verschüttete die durchschnittlich 1,50 m hohen Bäume (ein Baum ist zur Kenntlichmachung eingekreist – auf diesem Niveau sind zahlreiche weitere hohle Röhren zu sehen). Es gibt keine Hinweise auf energiereiche *Base Surges*, die Bäume sind nicht geknickt oder abgerissen. Dennoch spricht die feine Schichtung für einen phreatomagmatischen Ursprung. Mit G3 endet diese Aktivitätsphase. Die folgende Lage aus schwarzem Lapillituff (H) zeigt eine unebene Basis: Es muss zuvor zu einer leichten Erosion von G3 gekommen sein. Die Herkunft von H ist unbestimmt – Lapillituffe wie diese stammen – wie weiter unten auch E – aus heftigen, gasreichen Eruptionsphasen und können sich daher weiter als phreatomagmatische Ablagerungen oder Bomben und Schlacken verbreiten.

▶ 86 Detailansicht des Abschnitts F – G3. Deutlich ist die Verbraunung des Lösses (B2) zu sehen, wie auch die Feinkörnigkeit und die gut zementierte Konsistenz von G1. Als Größenmaßstab siehe den gut getarnten Uhu (Pfeil). Links unterhalb des Uhus sind an der Basis von G1 und in B2 zahlreiche Löcher von – inzwischen zerfallenen – Holz- und Asteinlagerungen zu sehen.

▲87 Blick nach Norden in den erweiterten Abbau im Jahr 2006. Im Hintergrund links wird die Eppelsberg-Abfolge von einer jüngeren pyroklastischen Sequenz geschnitten. Perspektiven wie diese unterstreichen die enge Verzahnung benachbarter Eruptionen.

Auch hier ist der Abbau des Schlackenkegels in einen im Kern liegenden Tuffring vorgedrungen. Im Gegensatz zu viele anderen Vulkanen endete die Tätigkeit des Vulkans aber nicht mit der Überbauung des Tuffrings durch einen Schlackenkegel, sondern mit erneut einsetzender phreatomagmatischer Aktivität. Diese Entwicklung ist aber nicht kontinuierlich erfolgt – Lösslagen dokumentieren längere Pausen im Eruptionsverlauf.

Am Eppelsberg lässt sich darüber hinaus sehen, wie mehrere nahe zueinander gelegene Eruptionspunkte eine komplexe Überlagerung der Pyroklastika verursacht haben. Weiter sind mehrere vulkano-tektonische Ereignisse dokumentiert: Abbruch hin zum aktiven Krater, explosive Zurückversetzung des Tuffringkraterrands und weitere Diskordanzen. Die Gliederung der Abfolge in dem fotografisch dokumentierten Aufschluss folgt nicht präzise der in Ippach et al. (2002) und Schmincke (2013) gegebenen Vorgabe. Der anhaltende Abbau hat in den letzten Jahren an der gegenüberliegenden westlichen Wand neuartige Aufschlussverhältnisse geschaffen, für die hier eine eigene Interpretation vorgeschlagen wird.

▲88 Die Ansicht von Südosten zeigt die Eppelsberg-Abfolge D – F, die vom Gang Eg durchschlagen wird. Die Eppelsberg-Abfolge wird an der Diskordanz V2 von einer jüngeren Eruptionsfolge PE (Post-Eppelsberg) überlagert.

▲89 Ansicht von Osten. Die Abfolge PE schneidet die Eppelsberg-Abfolge entlang einer steil auf den Betrachter zufallenden Fläche. Der Pfeil markiert die Nahansicht in Abb. 9.

▲90 Detail aus Abb. 89 (Pfeilmarkierung). Die Diskordanz V2 schneidet die Eppelsberg-Abfolge entlang einer steil nach rechts (Osten) geneigten Fläche. Die untersten Lagen von PE bestehen naturgemäß aus unsortiertem Blockschutt, der den durch Versatz entstandenen Raum auffüllte.

▲91 Übersicht der PE-Folge, die an der Basis eine rinnenförmige Kontur mit unsortiertem Blockschutt auffüllte. Erst in den höheren Bereichen sind pyroklastische Horizonte eingelagert (schwarze Lapillilagen). Der Kreis markiert die Lage des Baumstamms (Abb. 92).

▲92 Baumröhre in der unsortierten basalen Blockschuttlage der PE-Folge.

5 Große Bimssteineruptionen in der Osteifel

Plinianische Eruptionen

In der Osteifel haben in der jüngeren geologischen Vergangenheit mehrere Ausbrüche stattgefunden, in deren Verlauf **Bimsstein** und zum Teil auch mächtige **pyroklastische Ströme** gefördert wurden. Solche Erscheinungen kennt man von „großen" Ausbrüchen wie vom Mt. St. Helens (1980) oder dem Pinatubo (1991). In den Bildern, die damals um die Welt gingen, war die weit in die Atmosphäre reichende **plinianische Eruptionssäule** zu sehen. In solchen Eruptionssäulen steigen Aschen und Bimssteine so lange auf, bis Gasschub und thermische Energie mit der Umgebung im Gleichgewicht sind (vgl. Abb. 93, H_b). Dann beginnt die seitliche Ausbreitung der Eruptionssäule, aus der Aschen und Bimse flächenhaft auf die Landschaft herunterregnen.

Ausbrüche mit einer derartigen hoch aufsteigenden Eruptionssäule werden in der vulkanologischen Terminologie als „plinianisch" bezeichnet. Der Begriff geht auf Plinius den Jüngeren zurück, der in einem Brief an Tacitus den Beginn der Vesuveruption 79 n. Chr. schildert:

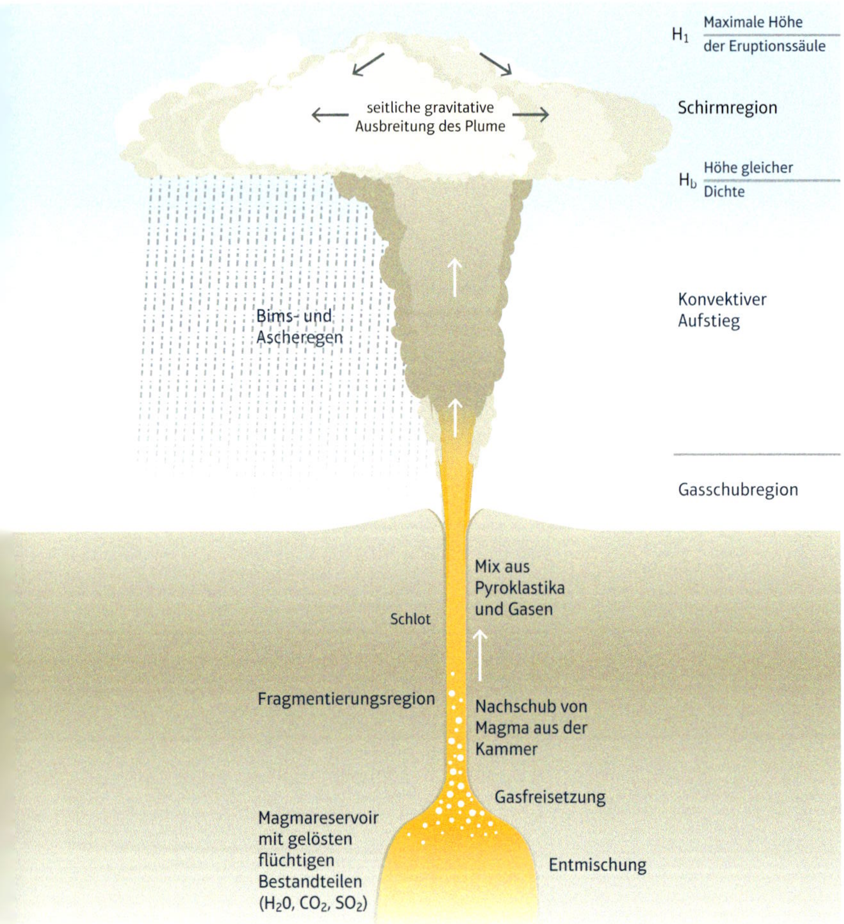

▲ 93 Aufbau einer plinianischen Eruptionssäule. Nach Schmincke (2013).

▲ 94 Plinianische Eruption des Vesuvs im Jahr 1822 (gezeichnet von G. Poulett Scrope 1864).

„Die Wolke erhob sich – von welchem Berg, konnte man von Weitem nicht eindeutig erkennen (dass es der Vesuv war, erfuhr man erst später) – in einer Gestalt, die mit keinem Baum besser zu vergleichen war als mit einer Pinie. Denn sie schien auf einem sehr langen Stamm in die Höhe zu steigen und sich in einige Zweige zu verbreitern; wahrscheinlich, weil sie anfangs durch den frischen Druck in die Höhe stieg und sich dann, als jener nachließ, senkte oder sich durch ihre eigene Schwerkraft in die Breite ergoss."

Mit Ausbrüchen dieser Art ist in der Regel eine weitere, weniger bekannte Erscheinung verknüpft: Anstatt in einer Eruptionssäule nach oben zu steigen, kann sich das Gemenge aus Partikeln und heißem Gas auch seitlich in Form **pyroklastischer Ströme** ausbreiten. Die Ausbreitung dieser Ströme wird weitgehend von den Geländeformen der Umgebung gesteuert. Dennoch breiten sich die Aschen zumindest in dünnen Lagen auch abseits der durchflossenen Täler aus, da die Ströme eigene aufsteigende Aschenwolken entwickeln.

Die Entstehung solcher Aschenströme wird vor allem durch Instabilitäten im Schlotbereich verursacht, die den nach oben gerichteten Gasschub stören. Auch kollabierende – oder auch nur phasenweise „stotternde" – Eruptionssäulen können zu einer seitlichen Ausbreitung des rückfallenden Materials führen. Solche Instabilitäten häufen sich naturgemäß in der Spätphase plinianischer Eruptionen, in der der aus dem Schlot kommende Gasschub mehr und mehr nachlässt.

Die pyroklastischen Ströme bestehen wie das in der Eruptionssäule nach oben geförderte Material aus einem Gemenge von heißem Gas, Partikeln der Feinkornfraktion (Aschen) und Bimssteinen. Die Aschen sind überwiegend nichts anderes als die Bruchstücke der dünnen Wände, die zwischen den sich aufblähenden und schließlich zerreißenden Gasblasen der Bimse zurückbleiben. Für solche Bimsstein führenden pyroklastischen Ströme ist auch die Bezeichnung **Ignimbrit** gebräuchlich.

Pyroklastische Ströme sind eine besonders gefährliche vulkanische Erscheinungsform. Einen aus der Eruptionssäule kommenden Regen von Bims-Lapilli und Aschen kann man in der Regel überstehen oder ihm aus dem Weg gehen. Wird man hingegen von einem pyroklastischen Strom erreicht, ist man schon in Sekunden den inneren Verbrennungen erlegen, noch bevor man im eigentlichen Sinn in den Aschen ersticken würde. Es waren im Wesentlichen pyroklastische

▲95 Verschiedene Formen der Ausbreitung pyroklastischen Materials. Während ein Aschenstrom – oder allgemein pyroklastischer Strom – von heißen magmatischen Gasen getragen wird, wird das Material in einem Lahar von Wasser transportiert. Lahare sind an Suspensionsfracht überladene Fließgewässer. Beide Transportweisen folgen den vorgegebenen Talformen. Nach Schmincke (2013).

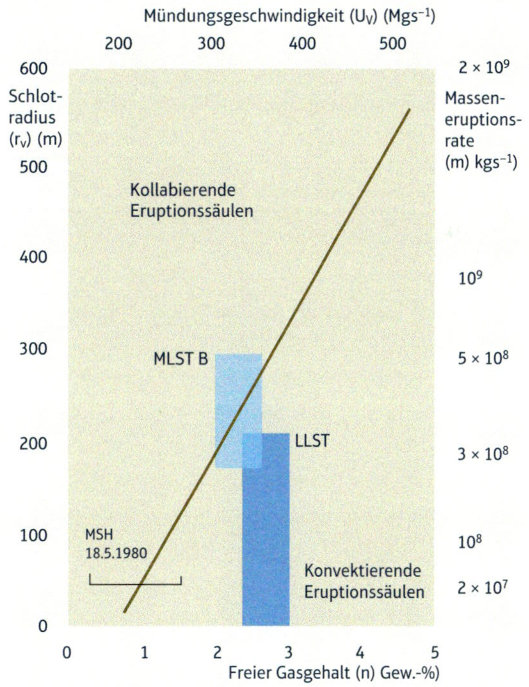

▲96 Physikalische Bedingungen einer plinianischen Eruption. Mit zunehmendem Schlotdurchmesser bzw. abnehmendem Gasgehalt wird die Eruptionssäule immer instabiler – dies ist zugleich auch der Grund für die gegen Ende der Eruption häufiger auftretenden pyroklastischen Ströme. Nach Schmincke (2013).

Ströme, die beim Ausbruch des Vesuvs in Pompeji und Herculaneum so vielen Menschen das Leben gekostet haben.

Die Ausbreitung der Ströme ist weiterhin mit Druckwellen (**pyroklastische *Surges***) verknüpft, die im Vergleich zum Strom ein partikelarmes Gemenge darstellen. Solche *Surges* können direkt vom Krater ausgehen, aber auch von den pyroklastischen Strömen, aus denen sie während ihres Laufs explosiv herausschießen. Die Aufnahme und rasche Überhitzung kühler, unter Umständen auch feuchter Umgebungsluft kann die Auslösung solcher *Surges* unterstützen, genauso wie Störungen des Partikelflusses, die zu einem Überdruck oder einer Art Gasstau im Inneren des Stromes führen. Die Ablagerungen solcher *Surges* sind wegen ihrer Partikelarmut nicht mächtig, hinterlassen aber unter gewissen Bedingungen dünenartige Strukturen, wie man sie auch von den *Base Surges* phreatomagmatischer Explosionen kennt. Im Gegensatz zu den den Tälern folgenden Strömen können *Surges* unvorhersehbar in alle Richtungen wegschießen, was vor allem dann verheerende Folgen haben kann, wenn es sich um direkt vom Krater ausgehende Druckwellen handelt.

Gewaltige Ausbrüche dieser Art setzen nicht notwendig einen großen Vulkankegel voraus. Wenn es im Verlauf der vulkanischen Tätigkeit nicht oder nur untergeordnet zur Förderung von Schmelzen kommt, muss kein markantes, massives vulkanisches Gebäude entstehen. Genau das entspricht der Situation in der Eifel, wo Ausbrüche dieser Art zwar ursprünglich solche Dimensionen erreicht haben können, wie wir sie an den großen, bekannten Vulkanen in den letzten Jahrzehnten gesehen haben, uns aber keinen Vulkankegel hinterlassen haben.

Voraussetzung für solche Ausbrüche ist aber in jedem Fall eine differenzierte Schmelze. Während das Magma eines Maars oder eines basischen Schlackenkegels mehr oder weniger direkt aus dem Erdmantel kommen kann, benötigt das Magma einer Bimssteineruption erst eine längere Entwicklung in einer Magmenkammer. Solche Magmenkammern sind im mittleren, oft sogar auch erst oberen Bereich der Kruste angesiedelt, charakteristischerweise in Tiefen von 5 bis 10 km, manchmal sogar noch näher an der Oberfläche. In diesen Magmenkammern vollzieht sich im Laufe der Zeit die magmatische Differentiation, die zu einer Trennung der nach unten sinkenden, früh kristallisierenden, dunklen, Fe- und Mg-reichen Minerale führt. Nach oben hin sammeln sich leichtere SiO_2-reichere Schmelzen und flüchtige Komponenten, also vor allem Kohlendioxid und Wasser. Diese Gase führen im Zusammenspiel mit den wegen ihres hohen SiO_2-Gehalts zähen Schmelzen bei der Eruption zur Blasenbildung und damit letztlich zur Entstehung von Bimssteinen.

Das Verständnis der auf den ersten Blick wenig auffälligen Eifelvulkane ist tatsächlich erst in den letzten 40 Jahren gewachsen. Während der jüngste dieser Ausbrüche, die Eruption des **Laacher-See-Vulkans** vor 12 900 ± 560 Jahren, in seinen Hinterlassenschaften gut erhalten ist – so gut, dass der Verlauf des Ausbruchs bis in viele Details rekonstruiert werden kann –, sind die Spuren der älteren Ausbrüche des **Dümpelmaars** (vor 116 000 Jahren) und des **Wehr-Vulkans** (vor 151 000 und 213 000 Jahren) nur noch bruchstückhaft nachzuweisen. Das Dümpelmaar ist von allen Bimsvulkanen der kleinste, was Fördermenge und Kraterdurchmesser angeht. Die chemisch-mineralogische Komposition der Bimse ist denen des Laacher-See-Vulkans aber sehr ähnlich. Die Tephra des Dümpelmaars wurde auch über der vulkanoklastischen Folge des Herchenberg-Vulkans abgelagert, wo sie früher im Aufschluss gut zu sehen war.

Während das Dümpelmaar nur durch eine wenig auffällige Geländedepression markiert ist, haben die Aktivitäten des Wehr-Vulkans eine auffällige Kraterform, den „Wehrer Kessel", hinterlassen. Weniger deutlich ist wiederum die Situation im Bereich des **Rieden-Vulkans** (vor ca. 400 000 Jahren), der von mächtigen Tuffen umgeben ist. Der Krater selbst wurde weitgehend durch umgelagerte vulkanische Produkte verfüllt und ist in der Landschaft nur mit geübtem Auge zu erfassen.

Der Tätigkeit der Rieden-Phase, die durch zahlreiche starke Ausbrüche gekennzeichnet ist, gingen vermutlich weitere Aktivitäten voraus, deren Zeugnisse aber nur noch sehr unvollständig erhalten sind. Um **Kempenich** ist ein Krater in der Dimension des Wehrer Kessels zu finden, wenngleich er weit weniger deutlich ausgeprägt ist. Die darin erhaltenen Reste eines großen Tuffrings repräsentieren möglicherweise nur eine späte Bildung, der vielleicht größere Ausbrüche vorangingen.

(1) Riedener Kessel

Der Riedener Kessel ist im Gelände nur undeutlich wahrzunehmen. Blickt ein Besucher etwa vom **Gänsehals-Rücken** (575 m), der den Nordostrand des Kessels bildet, in Richtung Zentrum, ist der Eindruck eher der

◂97 Die Ablagerungen pyroklastischer Ströme aus dem Rieden-Vulkan werden vor allem um Weibern (Osteifel) als wertvoller Naturwerkstein gewonnen. Der Weiberner Tuffstein ist im Rheinland weit verbreitet – auch Maria Laach wurde damit erbaut.

◂98 Der Weiberner Tuffstein prägt das Erscheinungsbild des alten gleichnamigen Orts in der Osteifel.

einer von Kuppen geprägten Landschaft, die von einigen engen Tälern durchschnitten wird. Die Kuppen wiederum stammen von phonolithischen Lavadomen, womöglich auch Kryptodomen, unter denen der **Schorenberg** und der **Burgberg** besonders auffällig herausragen. Die Lavadome sind ebenfalls zur Zeit der großen Bims- und Aschenstromeruptionen entstanden. Die mitunter großen Leucite und Noseane – beides Feldspatvertreter – am Schorenberg-Dom haben in der älteren Forschungsgeschichte Anlass zu dem Eigennamen **Schorenbergit** gegeben. Auch die Bezeichnung des ebenfalls hier vorkommenden **Selbergit** kennzeichnet ein an Feldspatvertretern reiches Gestein, das nach der Klassifikation im QAPF-Diagramm zu den **phonolithischen Foiditen** gehört.

Die unübersichtliche Geländesituation hat sicher Anteil daran, dass eine umfassende moderne vulkanologische Bearbeitung erst durch Viereck (1984) erfolgte. Demnach lassen sich im Riedener Kessel sechs plinianische und zwei phreatomagmatische Ausbrüche nachweisen. Die überwiegend aus pyroklastischen Strömen aufgebaute vulkanische Abfolge wird durch

Bimssteinlagen weiter untergliedert. Zumindest ein Teil dieser Bimslagen könnte aus zusätzlichen Ausbrüchen stammen. Das Volumen der geförderten Tuffe übertrifft in der Summe vermutlich das der späteren Laacher-See-Eruption.

Die aktive Phase vor 430 000 bis 380 000 Jahren scheint somit durch eine relativ dichte Abfolge von Eruptionen aus einer volumenreichen, leuzit-phonolithischen Schmelze gekennzeichnet gewesen zu sein. Eine derart anhaltende Aktivität bedarf einer über diesen Zeitraum hinweg aktiven Magmenkammer, in der Verluste durch Eruption durch neue Schmelzzuflüsse aus der Tiefe ausgeglichen werden (Wörner et al. 1988). Der Kessel selbst dürfte durch vulkano-tektonischen Einbruch infolge der Eruptionen entstanden sein. Gegen Ende der Aktivität bildete sich im Kessel ein See, der durch postvulkanisch umgelagertes, pyroklastisches Material bis zu 150 m mächtige Sedimente aufgenommen hat und so eine überwiegende Auffüllung der Hohlform erreichte. Die Ablagerungen der pyroklastischen Ströme füllen das prävulkanische Relief in der unmittelbaren Umgebung des Riedener Kessels weitgehend auf – in Talformen können einzelne Einheiten Mächtigkeiten von über 165 m erreichen. Die Steinbrüche, in denen die Pyroklastika vor allem als Naturwerkstein abgebaut werden, liegen daher im Wesentlichen außerhalb des Kessels; ein Schwerpunkt findet sich um Weibern (Weiberner Tuff), der andere an den Rod(d)erhöfen nördlich Ettringen (Ettringer Tuff). Die Tuffsteine gehören zu den bedeutendsten Naturwerksteinen des Rheinlandes.

(2) Wehrer Kessel

Der Wehrer Kessel zeichnet in landschaftlich auffälliger Weise einen ovalen Krater nach. Gravimetrische Untersuchungen haben ein Schweredefizit ergeben, das mit einem bis etwa 1000 m in die Tiefe reichenden, von vulkanoklastischen Gesteinen erfüllten Schlot erklärt wird. Nahe der Oberfläche wurden ein teilweise fragmentierter Lavadom sowie Seesedimente erbohrt.

Der Lavadom stellt erstaunlicherweise nicht eine späte Intrusion in den mit Lockermassen erfüllten Krater dar, sondern einen früh entstandenen, teilweise zerstörten Lavadom phonolithisch-trachytischer Konsistenz. In der nachfolgenden Eruption der **Hüttenberg-Tephra** wurden auch Teile des Lavadoms erfasst und in die Tephra aufgenommen. Dieser petrographische Zusammenhang konnte belegt werden, nachdem eine Bohrung nach CO_2 den Rest des Doms erfasst hatte.

Die Eruption der Hüttenberg-Tephra (vor 213 000 Jahren) ist durch einen basalen pyroklastischen Strom, Bimse aus einer plinianischen Eruptionsphase und eine

▸ 99 Ein weiteres Abbauzentrum des Weiberner Tuffs liegt an den Rod(d)erhöfen im Südwesten des Riedener Kessels (Osteifel). Die hier aufgeschlossenen Strukturen zeigen staffelartige Einbrüche in Richtung des Kessels und könnten den Randbereich der Caldera repräsentieren.

▲ 100 Blick in den weiten Kraterboden des Wehrer Kessels. Nach den Ausbrüchen um Rieden verlagerte sich der explosive Vulkanismus der Osteifel in die Region bei Wehr. Blick von Nordosten über die – hier etwas verdeckte – Autobahn 61. Der „Kessel" bildet einen ovalen Kraterboden mit einem Durchmesser von ungefähr 1,4 × 1,8 km Durchmesser. Im Untergrund liegen mächtige und weit in die Tiefe reichende vulkanoklastische Gesteine.

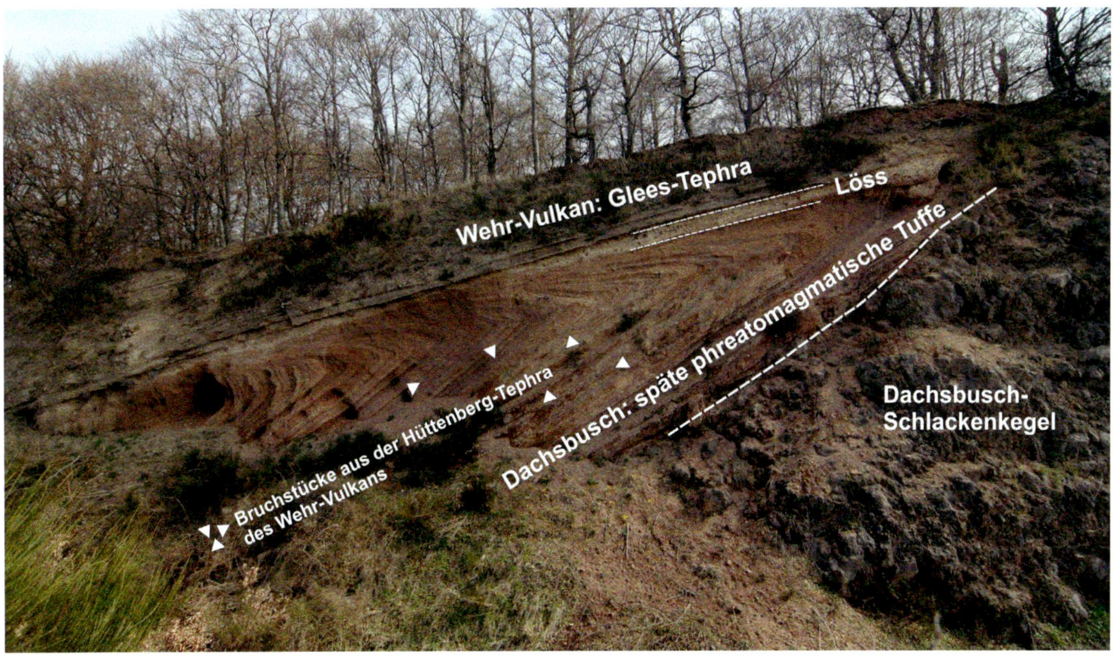

▲ 101 An der nördlichen Flanke des Dachsbusch-Vulkans sind die beiden großen Eruptionen des Wehr-Vulkans dokumentiert. Die Hüttenberg-Tephra (von vor 213 000 Jahren) findet sich in Bruchstücken in den späten phreatomagmatischen Lagen des Dachsbusch-Vulkans. Die eigentliche Hüttenberg-Tephra muss sich daher unter dem Dachsbusch befinden, von wo aus Teile von ihr bei der nachfolgenden Aktivität des Dachsbuschs mit nach oben gerissen wurden. Diese Abfolge wurde nachfolgend von hangabwärtigem Bodenkriechen erfasst, wodurch die große, faltenartig erscheinende Struktur entstanden ist. Die Dachsbusch-Vulkanoklastika werden von kaltzeitlichem Löss überdeckt, der seinerseits von den hellen Bimssteinen der Glees-Tephra (von vor 151 000 Jahren) überlagert wird, die nun direkt aus dem Wehr-Vulkan stammen (Aufnahme 2006).

abschließende phreatomagmatische Sequenz dokumentiert. Nach dieser Eruption sind in der Umgebung des Wehrer Kessels einige Schlackenkegel entstanden. Am **Dachsbusch** wurden Komponenten der Hüttenberg-Tephra in die zum späteren Aufbau des Schlackenkegels führenden Eruptionen aufgenommen.

Nach einer längeren Pause scheint die Aktivität des Wehr-Vulkans vor etwa 151 000 Jahren mit der Eruption der **Glees-Tephra** geendet zu haben. Mit ihrer magmatisch homogenen Bimssteinabfolge belegt die Glees-Tephra das Herabregnen (*fall out*) aus einer plinianischen Eruptionssäule. Örtlich zu beobachtende Schrägschichtung deutet auf die Mitwirkung phreatomagmatischer Prozesse hin.

Während die Magmenkammer des Laacher-See-Vulkans wie des Riedener Kessels im Bereich des Devons des Rheinischen Schiefergebirges lag, deuten die Krusten-Xenolithe des Wehr-Vulkans mit ihren zahlreichen kristallinen Komponenten auf eine etwas tiefere Lage (Wörner & Schmincke 1982) hin. Der große zeitliche Abstand zwischen Hüttenberg- und Glees-Tephra spricht dafür, dass es sich nicht um Eruptionen aus ein- und derselben Magmenkammer, sondern um zeitlich getrennt entstandene Systeme handelt.

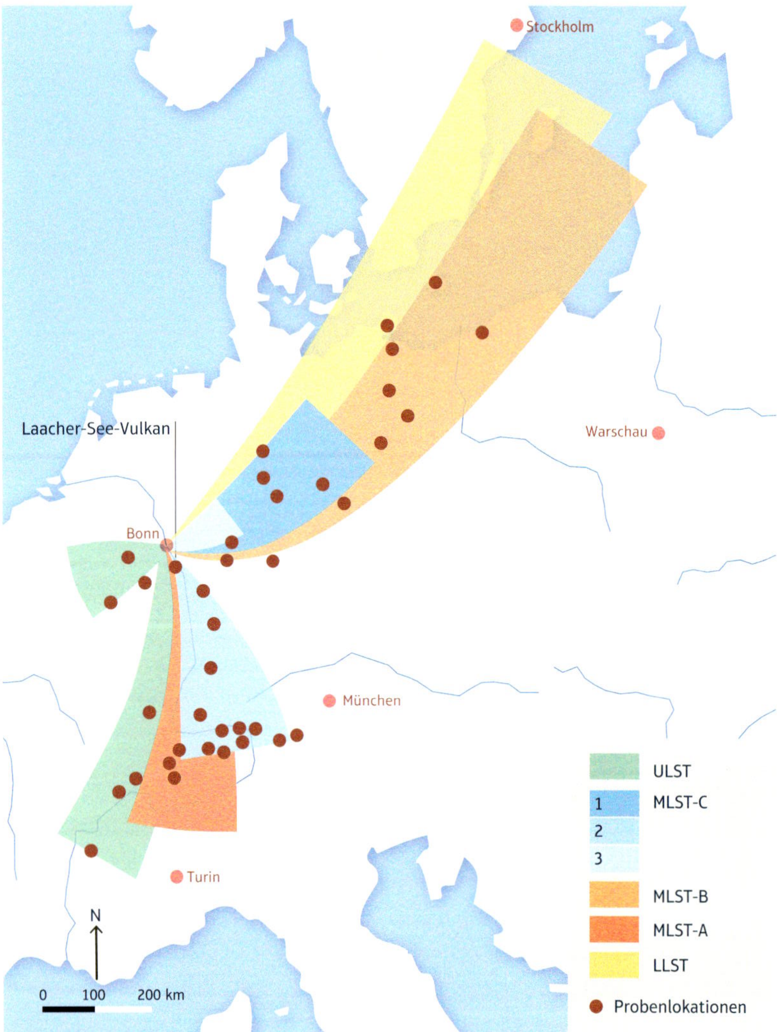

▲ 102 Die Verbreitung der Laacher-See-Tephra. LLST (Lower/*Untere* Laacher-See-Tephra) – MLST (Middle/*Mittlere* LST, Abschnitte 1 – 3) – ULST (Upper/*Obere* LST). Nach Bogaard & Schmincke (1985).

(3) Laacher-See-Vulkan

Die Eruption des Laacher-See-Vulkans (LSV) ist nach van den Bogaard (1995) auf 12 900 ± 560 Jahre datiert. Die Kontur des im Krater gelegenen Laacher Sees hat die Form zweier sich überschneidender Kreise, was als Folge einer Schlotverlagerung im Zuge der Eruption angesehen wird. Der etwas größere Krater im Nordosten hat einen Durchmesser von 1,6 bis 1,8 km, der kleinere im Südwesten von 1,2 bis 1,4 km. Um den Krater herum ist ein Wall aufgeschüttet, dessen Prägnanz allerdings nur aus der Distanz zu erkennen ist. Der Wall ist zwischen Maria Laach und Mendig vor allem in den Gruben an und um den Wingertsberg hervorragend aufgeschlossen. In Kombinationen mit weiteren Profilen der Umgebung ist der Ausbruch im Grunde gut dokumentiert und somit relativ detailliert zu rekonstruieren.

In einem warmen Abschnitt des zu Ende gehenden letzten Glazials hatte sich im Rheinland eine lockere Bewaldung ausgebreitet. Birken, Weiden, Kiefern und Zitterpappeln können in dieser als **Allerød** bezeichneten Klimaphase nachgewiesen werden. Unreife Früchte der Traubenkirsche (*Prunus padus*) deuten neben Laubresten darauf hin, dass die Eruption im Frühjahr (vermutlich im Mai) stattgefunden hat (Baales et al. 2002). Unter oder in den Aschen des LSV wurden Spuren von Braunbären, Pferden, Rotwild und auch des Auerhahns gefunden. Hinweise auf Menschen fehlen, feste Siedlungen hat es in der Umgebung des Vulkans zu jener Zeit offenbar nicht gegeben. 16 km^3 Tephra haben die Umgebung mit einer Decke aus Bimsstein und Aschen überdeckt. Auf dichtes, blasenfreies Gestein reduziert (engl. *dense rock equivalent*, DRE) wären das 6,5 km^3 (Schmincke 2013). Während die Bimsdecke mit Entfernung vom Schlot über dem Westerwald ausklingt, wurde feinkörnigeres Material in weite Teile Europas verweht. Diese Aschen bilden einen wichtigen zeitlichen Bezugshorizont in der späteiszeitlichen Klimageschichte wie auch in der Frühgeschichte des Menschen.

Auch wenn in der unmittelbaren Umgebung des LSV keine menschliche Präsenz dokumentiert ist, sind in dieser Zeit in anderen Bereichen Europas **Jäger und Sammler** unterwegs gewesen. Infolge der weiten Ausbreitung der Aschen könnten durchaus auch entfernt lebende Menschen, Tiere und Pflanzen unmittelbar von der Eruption betroffen gewesen sein. Tatsächlich können Partikel erst nach Unterschreitung einer bestimmten Korngröße als Feinstaub in das Atmungssystem eindringen, während Aschen allgemein den Vegetationszyklus von Pflanzen beeinträchtigen können (Baales et al. 2002).

Die geologischen Forschungen am Laacher-See-Vulkan haben eine lange Geschichte. Nach umfangreichen, in vieler Hinsicht grundlegenden Vorarbeiten, wie sie etwa in den Eifelführern von Frechen (1971/1976) festgehalten sind, begann ein neuer Forschungsabschnitt. Ein besonderer Aspekt dieses jungen Abschnitts besteht darin, dass die unterschiedlichen Erscheinungsbilder, wie sie die vulkanoklastischen Ablagerungen in der Umgebung des Laacher Sees zeigen, nun in einen einheitlichen Zusammenhang gesetzt wurden: Der Ausbruch des Laacher-See-Vulkans wurde als plinianische Eruption mit all den Facetten rekonstruiert, wie sie die moderne Vulkanologie gerade zu verstehen begann. Tatsächlich variieren die Zeugnisse des Ausbruchs von Ort zu Ort in einem solchen Maß, dass es schwerfällt, diese als das Ergebnis eines einzigen Ausbruchs anzusehen. Doch eine große plinianische Eruption besteht aus dem Neben- und Nacheinander verschiedener Prozesse: Freisprengung des Schlots, Aufbau der Eruptionssäule, möglicherweise Einsturz und Verlagerung des Schlots, gegen Ende zunehmend Abgang pyroklastischer Ströme und als eine Besonderheit am Laacher See abschließend eine sehr intensive und vermutlich auch lange phreatomagmatische Phase.

Ein Problem älterer Bearbeitungen bestand unter anderem darin, dass die Dynamik plinianischer Eruptionen noch nicht gut bekannt war und zudem auch die Zeugnisse phreatomagmatischer Tätigkeit nicht zutreffend eingeordnet werden konnten. Erst nachdem deutlich geworden war, dass phreatomagmatische Tätigkeit hochenergetische *Base Surges* hervorbringen kann, war man auch in der Lage, die großen Dünenstrukturen im oberen Abschnitt der Laacher-See-Tephra (LLST) als Ausdruck eben dieses Eruptionsstils zu verstehen – bis dahin kannte man keine andere Möglichkeit, als die Entstehung der Dünen auf die längere Einwirkung von Wind zurückzuführen.

Großen Anteil an dieser Entwicklung haben Hans-Ulrich Schmincke, Paul van den Bogaard und zahlreiche ihrer Mitarbeiter, auf deren Ergebnisse wir hier im Wesentlichen zurückgreifen.

Die Situation unmittelbar vor dem Ausbruch

Der LSV wird von **älteren Schlackenkegeln** wie dem Veitskopf, den Rothenberg, dem Krufter Ofen, dem Wingertsberg und anderen umgeben. Nahe dem Südostufer des Laacher Sees ist an der Alten Burg der Rest eines Schlackenkegels vorhanden, der beim Ausbruch des LSV

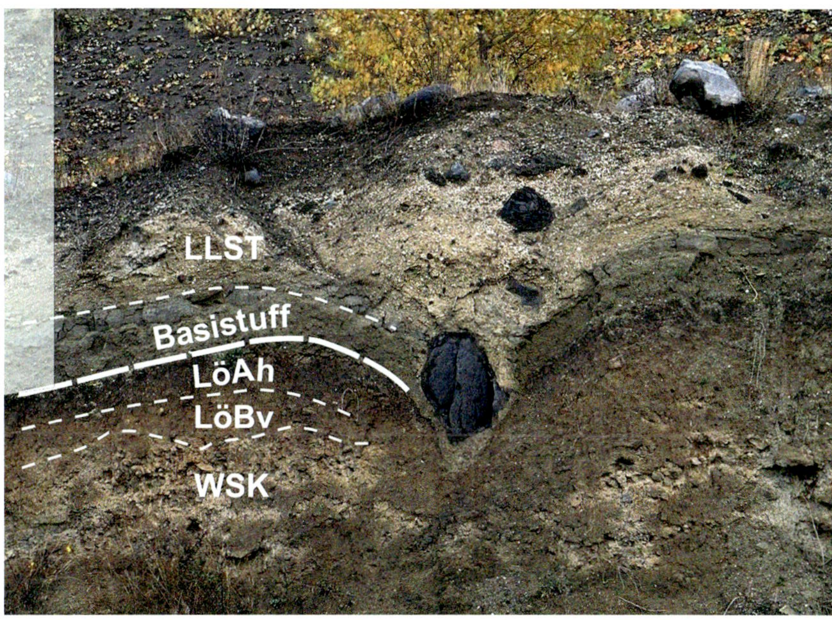

▸ 103 Die Basis der Laacher-See-Tuffe, die mit dem grünlichen Basistuff und ausgeschleuderten Basaltblöcken einsetzt. Der grünliche Basistuff überlagert spätglazialen Löss, in dem sich infolge der damaligen Klimaerwärmung bereits ein Boden gebildet hatte (LöAh huminstoffreicher Oberboden, LöBv verbraunter Unterboden). Auf den Basistuff folgt die eigentliche, helle Bimse führende Laacher-See-Tephra (LLST), weiter von ballistisch ausgesprengten, basaltischen Nebengesteinsblöcken begleitet (WSK = Schlacken des Wingertsberg-Vulkans; Aufnahme 1994).

Von Aschen bedeckte Vulkanlandschaft in Ecuador

Foto: SergeyKrasnoshchokov – Fotolia.com

▲ 104 Der größte der bei Eruptionsbeginn herausgeschleuderten Blöcke wurde in der Nähe der ursprünglichen Brecheranlage am Wingertsberg-Schlackenkegel gefunden. Selbst dieser gewaltige Basaltkörper hat den grünen Basistuff nicht durchschlagen, sondern ihn bei der Bildung des Einschlagtrichters nur deformiert (Aufnahme 1994).

teilweise zerstört wurde, wobei der Rest des Kegels von Bimsen des LSV überdeckt wurde.

Die Lage des Schlackenkegels an der Alten Burg zeigt aber zugleich, dass das Gelände hier bereits vor dem Ausbruch dieses tiefe Niveau hatte, denn Schlackenkegel sitzen naturgemäß der Landoberfläche auf. Der heutige Kessel ist also nicht allein das Ergebnis des Ausbruchs, sondern hat bereits zuvor in irgendeiner, heute in seiner Kontur nicht mehr im Detail zu rekonstruierenden Form bestanden. Auf der gegenüberliegenden Seite erreichen auch die Schlacken des Laacher Kopfs das Niveau des heutigen Kesselbodens. Schmincke (2013) vermutet ein dem LSV vorangehendes basaltisches Maar, es gibt aber kaum zuverlässige Zeugnisse zu dem, was hier schon vor dem Ausbruch des LSV geschehen ist.

Initiale Phase: Basistuff (Südwestschlot)

Unmittelbar vor dem Ausbruch war das Becken im Bereich des späteren LSV eine feuchte Landschaft mit reichlich Grundwasser, möglicherweise auch mit Oberflächenwasser. In jedem Fall war genügend Wasser vorhanden, um die erste Regung des Vulkans maßgeblich beeinflussen zu können. Das aufsteigende Magma verursachte eine rasche, explosive Verdampfung des Wassers und schleuderte ein feuchtes Gemisch aus Schlamm und vulkanischer Asche aus, das als **grünlicher Basistuff** weite Bereiche der Umgebung bedeckte.

Die Verbreitung des Basistuffs ist südlich des Laacher Sees in vielen Aufschlüssen dokumentiert. Er liegt in der Regel mehr oder weniger mächtigen Lössablagerungen auf, in denen das warme Klima der Späteiszeit bereits zu einer ersten Bodenbildung – in der Regel einer Braunerde – geführt hat. Der Basistuff klebte auch an Baumstämmen und belegt eine im Wesentlichen seitliche Ausbreitung, die von einer heftigen Druckwelle begleitet war.

Große Nebengesteinsblöcke an der Basis sind nicht aus Schiefergebirgsmaterial, sondern aus **Basalt**. Dieser Basalt muss von einem älteren, vermutlich vom Wingertsberg und/oder auch dem Veitskopf in das Laacher Becken geflossenen Lavastrom stammen. Die Blöcke sind definitiv nach dem grünen Basistuff gefördert worden: Sie haben den Tuff immer schon vorgefunden, ihn und seinen Untergrund bei Aufschlag deformiert, wobei aber sogar große Blöcke es nicht vermocht haben, diese offenkundig sehr bindige Lage völlig zu durchschlagen.

Erste plinianische Phase – LLST (*Lower* bzw. Untere Laacher-See-Tephra)

Infolge der Druckentlastung beschleunigte sich die Entgasung und damit die Expansion des Magmas. Gas und Bimse schossen durch den Schlot nach oben, anfangs durch den Gasschub angetrieben, weiter in der Höhe durch konvektive Prozesse, die durch die Aufnahme und Expansion von Luft angetrieben wurden. Schlotnah wurden auch große Gesteinsblöcke ausgeschleudert.

Am Wingertsberg erscheint die Tephra aufgrund der Nähe zum Schlot schlecht sortiert. Erst mit zuneh-

▲ 105 Die Wand nördlich des Wingertsberg-Schlackenkegels zeigt die nahezu vollständige, schlotnahe Abfolge der Laacher-See-Tephra (LST). Die Basis der hier etwa 50 m mächtigen LST liegt nur knapp unterhalb der Grubensohle. Während die LLST (L = *Lower* für Untere) von mit Nebengesteinsblöcken angereicherten Bimsablagerungen der ersten plinianischen Phase bestimmt wird, treten in der MLST (M = Mittlere) pyroklastische Ströme hinzu, die in der Wand als helle Lagen kenntlich sind. Nach einer zweiten, voll entwickelten plinianischen Eruptionsphase geht der von magmatischen Gasen angetriebene Ausbruch zu Ende. Die Dünen in der mächtigen ULST (U = *Upper* für Obere) sind das Zeugnis energiereicher *Base Surges*, die durch Wassereintritt in die Magmenkammer ausgelöst wurden.

mender Entfernung treten die ballistisch herausgeschossenen Nebengesteinsblöcke zurück, sodass das pyroklastische Material schließlich von gut sortierten **Fallablagerungen** aus der sich seitlich ausbreitenden Eruptionswolke bestimmt wird.

Die flächenhafte Verbreitung der Tephra korreliert mit der Höhe der Eruptionssäule. Die LLST kann bis nach Südskandinavien gefunden werden, wo die damalige Randlage des Inlandeises der Erhaltung des Aschenfalls schließlich Grenzen gesetzt hat. Um eine solche Verbreitung zu erreichen, muss die Eruptionssäule zumindest zeitweise Höhen von 20 bis 30 km erreicht haben.

Die erste plinianische Phase war von erheblichen tektonischen Verstellungen begleitet. Insbesondere am Südwestrand des Wingertsbergs kam es zum Einbruch einer Scholle („Mendiger Graben"). Nahe dem Krater wurden diese Absenkungen durch die ausgeworfene Tephra teilweise ausgeglichen, aber in weiterer Entfernung blieb diese Einbruchszone ein Talbereich, dem folgend sich in der späteren Phase des Ausbruchs die pyroklastischen Ströme konzentrierten.

Unterbrechung und zweite plinianische Phase – MLST (Mittlere Laacher-See-Tephra)

Nachlassender Gasdruck und nachstürzende Schlotwände führten zur weitgehenden Blockierung des Schlots. Erst nach einem erneuten Druckaufbau konnte der Schlot wieder freigeschossen werden. Dazu tretendes Wasser hat vermutlich diese und einigen nachfolgenden Schloträumungsphasen phreatomagmatisch beeinflusst.

Im kraternahen Aufschluss am Wingertsberg ist diese Unterbrechung der plinianischen Eruption durch

▲ 106 Ausschnitt aus der LLST (Untere Laacher-See-Tephra) und der MLST (Mittlere Laacher-See-Tephra). Während der Förderung der LLST kam es östlich des Aufschlusses zu erheblichen tektonischen Bewegungen mit dem Einbruch des Mendiger Grabens. Der hier aufgeschlossene kleine Grabenbruch ist ein randliches Element des Mendiger Grabensystems. Die tektonische Absenkung klang noch während der LLST aus und wird schließlich durch die nicht mehr von der Verstellung betroffene MLST ausgeglichen. Die MLST ist an der Basis durch eine feingeschichtete Abfolge charakterisiert. Diese Erscheinung deutet auf eine Ablagerung aus einer Reihe einzelner Explosionen hin, die vermutlich eine phreatomagmatische Komponente hatten. Die Tauschschicht entspricht der randlichen Ablagerung aus einer Wolke, die von einem im benachbarten Tal laufenden pyroklastischen Strom stammt (Overbank-Fazies). Die darüberfolgenden Bimslagen der sogenannten „Autobahn" markieren den erneuten Aufbau einer plinianischen Eruptionssäule.

eine Zunahme des Nebengesteinsanteils charakterisiert. Das Umschalten des Eruptionsstils hin zu mehreren heftigen, diskontinuierlichen Explosionen hat eine deutlich geschichtete Abfolge hinterlassen.

In weiterer Entfernung dünnen die Ablagerungen dieser Explosionen aus. Sie bleiben zwar schlecht sortiert, aber der Feinkornanteil nimmt naturgemäß zu. Diese die Feuchtigkeit haltenden, dunklen Bänder sind zwischen den hellen Bimsen sehr auffällig. Um die explosive Entstehung dieser Lagen zu betonen, hat Schmincke (2013) die von den Arbeitern in den Bimsgruben als **Britz-Bänke** bezeichneten Lagen unter Beibehaltung dieser Alliteration auch **Big-Bang-Schichten** genannt.

Während die unteren Britz-Bänke aus den heftigen Eruptionen im unteren Teil der MLST stammen, sind die oberen deutlich besser sortiert. Diese nun ausschließlich aus Feinkorn aufgebauten Lagen repräsentieren die geringmächtige Randfazies von Aschenströmen (Overbank-Fazies, Co-Ignimbrit-Aschenwolke), die den Wiederaufbau der plinianischen Eruptionssäule begleiteten bzw. auch wiederholt störten. Oberhalb der Talzüge sind die Aschen nur sehr geringmächtig zur Ablagerung gekommen – im Prinzip repräsentiert jede Britz-Bank einen in der Nachbarschaft vorbeigelaufenen Aschenstrom. Dünne Britz-Bänke zwischen mächtigeren Bimslagen – dieses Erscheinungsbild ist also charakteristisch für die schlotfernen Ablagerungen oberhalb der Tallagen.

In den Tälern südlich des Laacher Sees zeigt sich, dass die am Wingertsberg als Tauchschicht bezeichnete Aschenlage gleich mehreren, hier durch Bimslagen voneinander abtrennbaren Fließeinheiten entspricht, die hier in der Summe bis 30 m Mächtigkeit erreichen. In dieser Talsituation zeigen die schlotfernen Aufschlüsse statt dünner, den Bimsen eingelagerter Britz-Bänke geradezu das gegenteilige Bild: Mächtige Aschenstromablagerungen werden von dünnen Bimslagen getrennt.

Nach Norden hin wurden diese Fließeinheiten in den engen, dem Brohltal zulaufenden Tälern kanalisiert, wo sie schließlich eine Mächtigkeit bis zu 40 m erreichen. Die Aschenströme sind hier – im Vergleich zur Situation im Süden – nur wenig untergliedert. Es finden sich keine reinen Bims-*fall-out*-Lagen. Entweder erfolgte der Abgang der pyroklastischen Ströme in so dichter Folge, dass in den Zwischenzeiten keine nennenswerten Bimslagen angehäuft werden konnten, oder die Bimse wurden von den kanalisierten Aschenströmen aufgenommen.

In der **schlotnahen Wingertsbergwand** sind die Britz-Bänke hingegen nicht als einzelne Lagen zu trennen. Hier erscheinen mehrere Fließeinheiten von Aschenströmen in einer einzigen, als **Tauchschicht** bezeichneten Lage zusammengefasst.

Die in der MLST häufigen Abgänge von Aschenströmen standen aber offenbar einer zumindest in einigen Phasen hoch aufsteigenden Eruptionssäule nicht entgegen. Feinkörniges Material dieses Abschnitts erreicht nahezu die Ausbreitung des Aschenfalls der ersten plinianischen Phase – zumindest in nordöstliche Richtung. Dazu kommen nun auch Aschenfallfächer im Südwesten des LSV – die gegensätzlichen Richtungen waren dadurch möglich, dass die Eruptionssäule beim Aufstieg durch die Atmosphäre in unterschiedlichen Höhen jeweils unterschiedlichen Windrichtungen ausgesetzt war.

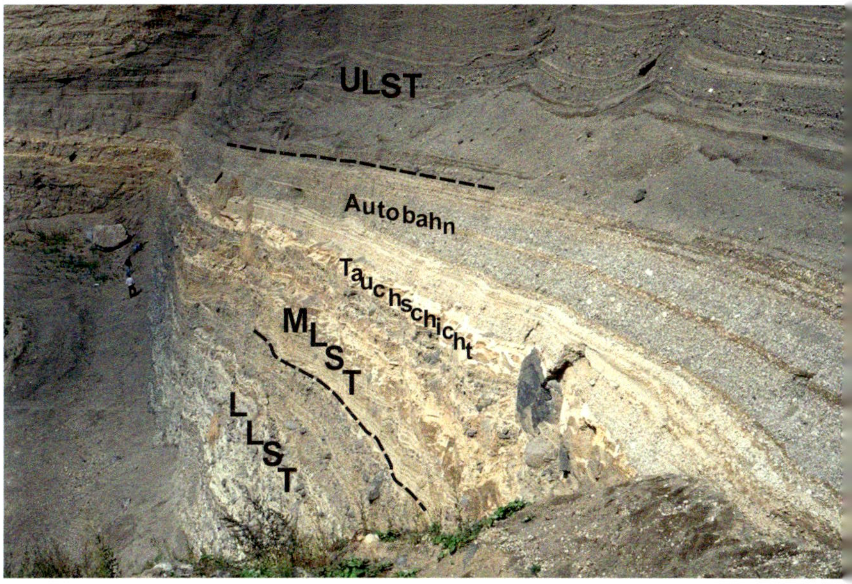

▶ 107 Detailansicht des Übergangs MLST/ULST (Mittlere bzw. Obere Laacher-See-Tephra). Die gut sortierten Bimse oberhalb der Tauchschicht zeugen von einer gut entwickelten plinianischen Eruptionssäule, die in dieser Phase kaum Schlotnebengestein erfasste. Deutlich ist der Farbwechsel der Bimse zu sehen, die in der „Autobahn" eine graue Farbe angenommen haben. Die Eruption hat nun tiefere Bereiche der Magmenkammer mit eisenreicheren, dunkleren Mineralanteilen erfasst. Gegen Ende der MLST kommt die Eruption buchstäblich ins Stottern, plinianische Lagen und dünne, randliche Lagen von Aschenströmen folgen in engem Wechsel. Die ULST zeigt sich schließlich von hochenergetischen phreatomagmatischen Explosionen mit seitlich abgegangenen *Base Surges* geprägt.

Mit der am Wingertsberg als „Autobahn" bezeichneten, von einem dünnen „Mittelstreifen" aus Aschenkorn getrennten, doppelten Bimslage näherte sich der Ausbruch seinem Ende. Die Bimse der „Autobahn" zeigen eine deutlich dunklere Farbe als die nahezu weißen Bimse der vorangehenden Lagen. Nun wurden offenbar tiefere Bereiche der Magmenkammer erfasst. Das Magma hat eine höhere Dichte und zunehmend auch dunkle Minerale eingelagert. Diese Phase ist selbst am schlotnahen Wingertsberg nahezu frei von mitgerissenen Nebengesteinsanteilen, was für einen relativ gleichmäßigen wie ungestörten Austritt des Gas-Bims-Aschen-Gemenges spricht.

Blockierung des Rheins

Viele der abgehenden Aschenströme erreichten das Rheintal. Vor allem die an der Mündung des Brohltals ankommenden Aschenströme vermochten es, den Lauf des Rheins für einige Zeit zumindest teilweise zu blockieren. Diese Begleiterscheinung des Ausbruchs wurde erst relativ spät entdeckt. Aussagekräftig waren hier Funde von **Bimsflößen** oberhalb des heutigen Rheinniveaus. Bimsflöße sind Zusammenballungen von auf einer Wasseroberfläche schwimmenden Bimsen. Trifft der *fall out* auf eine Wasserfläche, dann setzen sich feinkörnigere, blasenfreie Partikel rascher ab als die gröberen, wegen ihrer vielen Hohlräume für eine gewisse Zeit schwimmfähigen Bimse.

Park & Schmincke (1997) haben aus dem Neuwieder Becken, also unterhalb der Mündung des Brohltals, Bimsflösse bis 27 m über dem Rhein beschrieben,

▲ 108 LST (Laacher-See-Tephra) mit Basiskontakt zum spätglazialen Löss, etwa 8 km südöstlich des Kraters. Die LLST (Untere LST) ist hier frei von ballistisch ausgeschleuderten Nebengesteinsblöcken und wird ausschließlich von dem gut sortierten Bims-*fall-out* aus der Eruptionssäule bestimmt, wobei deren Mächtigkeit auf einen Bruchteil der schlotnahen Fazies geschrumpft ist. Die feinkörnigen, dunklen Britz-Bänke – hier BB1 und Haupt-Britz-Bank HBB – stammen aus den heftigen Explosionen im Übergang von der LLST zur MLST (Mittlere LST; Eingang zur Grube am Tönnesberg, Aufnahme 1994).

▲ 109 Abfolge pyroklastischer Ströme nordöstlich von Niedermendig – im Hintergrund der Schlackenkegel des Krufter Ofens. Zwischen den einzelnen Stromablagerungen (Aschentuffe) liegen Bimse, die aus der Eruptionssäule abgeregnet sind. Die hier angeschnittene Abfolge entspricht dem oberen Teil der MLST (Mittlere Laacher-See-Tephra; Aufnahme 2002).

Baales et al. (2002) bestätigen hingegen nur Funde bis 15,5 m über dem heutigen Niveau. Wie auch immer, der Rückstau des Rheins muss beträchtlich gewesen sein, konnte aber nicht lange aufrechterhalten werden. Noch während der späten Förderung der MLST, spätestens aber der frühen ULST (*Upper* bzw. Obere Laacher-See-Tephra), ist der Fluss wieder durchgebrochen.

Phreatomagmatische Spätphase ULST (*Upper* bzw. Obere Laacher-See-Tephra)

Vermutlich wäre das Ende der zweiten plinianischen Phase auch das Ende des Ausbruchs gewesen, wenn nicht wiederholt **Wasser** zur Magmenkammer vorgedrungen wäre. Normalerweise bildet sich um eine Magmenkammer aufgrund der hohen Temperatur ein Schutzschild vor Wassereinbrüchen – das die Umgebung erreichende Wasser wird langsam erhitzt und steigt nach oben, wo es zu den hydrothermalen Effekten im Bereich des Vulkans beiträgt. Aber eine in großen Teilen entleerte Magmenkammer, aus der zudem der durch Gase aufgebaute Druck entwichen ist, wird vom umgebenden wie überlagernden Gestein nicht als

◀ 110 Abbauwand des „Rheinischen Trass", wie die Ablagerungen der Aschenströme des Laacher-See-Vulkans früher genannt wurden. Im engen Brohltal wurden die vom Krater kommenden Aschenströme kanalisiert, sodass sie eine Mächtigkeit von bis zu 60 m erreichten. Etwa Dreiviertel der Mächtigkeit wird von den Aschen aufgebaut, die im Aufschluss am Wingertsberg als „Tauchschicht" nur einige Dezimeter erreichen. Dem Brohltal folgend, erreichten die Aschenströme den Rhein, dessen Abfluss sie stark zu behindern vermochten.

▲ 111 Der Ausbruch des Laacher-See-Vulkans wurde in seiner abschließenden Phase durch heftige phreatomagmatische Eruptionen bestimmt. Dünen, Erosions- und Anlagerungsgefüge (*Chute*-und-*pool*-Strukturen) sind in dieser Dimension an keinem Maar der Europäischen Vulkanprovinz zu finden. Auf die phreatomagmatische Entstehung dieser Strukturen wurde erstmals von Schmincke (1970) hingewiesen (Wingertsbergwand, Westseite; Aufnahme 1996).

Hohlraum bewahrt. Einbrüche schieben den ursprünglichen Bereich weitgehend zu. In dieser tektonisch instabilen Phase ermöglichen Spalten dann aber offenbar auch den raschen Zutritt von Wasser, sodass es zu einem direkten Kontakt mit der Schmelze und damit zu phreatomagmatischen Reaktionen kommen kann.

Die Spätphase des LSV wird daher in erheblichen Maß von phreatomagmatischen Eruptionen bestimmt. Vom Schlot ausgehende *Base Surges* haben einen Formenschatz mit Dünen und anderen Zeugnissen hoher Dynamik hinterlassen, wie sie eindrucksvoller kaum sein könnten. Die **spektakuläre Wand** ist in jüngster Vergangenheit allerdings mehr und mehr durch Zuwuchs verstellt worden. Besucher werden nun (2015) um die Ecke geleitet, wo die oberen Bereiche der LST ebenfalls gut aufgeschlossen sind und eine Reihe von Tafeln auch sehr gute Informationen bereitstellen. Diese Ansicht ist aber tangential zur Ausbreitung der *Base Surges*, deren charakteristische Strukturbilder deshalb aus dieser Perspektive nur eingeschränkt wahrgenommen werden können.

Auch in diesen späten Eruptionen wurde weiter magmatisches Material gefördert. Die Bomben, deren Durchmesser allerdings höchstens 10 bis 15 cm erreichen, sind nun allerdings kristallreich und schwer. Offenbar handelt sich dabei um Kristallkumulate vom Rand oder dem Boden der Magmenkammer.

Die phreatomagmatische Phase hat erheblich zum Aufbau eines Walls um den Laacher See beigetragen. Die dort nahezu 20 m mächtigen phreatomagmatischen Lagen der Spätphase dünnen mit der Entfernung vom Schlot rasch aus und sind dann bald – nach etwa 2 bis 3 km – nur noch als geringmächtiges Bündel aus vielen dünnen Aschenlagen zu verfolgen.

Spät- und posteruptive Erosion und Umlagerung

Bereits während des Ausbruchs sind an manchen Stellen im Bereich des Walls rinnenartige Erosionsstrukturen entstanden, die durch sekundär umgelagerte Aschen verfüllt sind. Niederschläge in der Spätphase oder nach Ende der Eruption mussten reichlich Aschenfracht mobilisiert haben, die von den Bächen in Form hochkonzentrierter Schlammströme (**Lahare**) abgeführt wurden. Diese sind ein großes Gefahrenpotenzial, das sich allerdings wegen seiner Bindung an die Talwege kalkulieren lässt. Um den LSV sind diese Umlagerungen vermutlich in einer Landschaft geschehen, aus der Menschen – sofern sie zur Zeit des Ausbruchs überhaupt in der Nähe waren – sicher schon das Weite gesucht hatten. Von solchen Umlagerungsprozessen unmittelbar nach dem Ausbruch sind allerdings kaum Zeugnisse erhalten.

▲ 112 CO_2-Austritte im Uferbereich des Laacher Sees, Nähe Alte Burg (Aufnahme 1996).

Zeitlicher Verlauf der Eruption

Da plinianische Ausbrüche vom Entweichen der unter Druck stehenden magmatischen Gase genährt werden, verlaufen sie in der Regel zügig. Solange ausreichend Gasdruck vorhanden ist, werden Verstürze in der Schlotwand oder der Magmenkammer die Eruption nur kurz unterbrechen können. Aus Vergleichen mit anderen plinianischen Eruptionen – beginnend mit dem sehr präzise rekonstruierten Ausbruch des Vesuvs 79 n. Chr. – lässt sich der Zeitverlauf der Eruption des LSV relativ gut eingrenzen. Die erste plinianische Phase (LLST) war von keinen erkennbaren Unterbrechungen betroffen und dürfte in wenigen Stunden abgelaufen sein. In der MLST sind hingegen Hinweise auf mehrere Unterbrechungen zu finden, wobei schon nicht genau einzuschätzen ist, wie viel Zeit Versturz und Verlagerung des Schlots und der erneute Aufbau von Gasdruck vor der zweiten plinianischen Phase in Anspruch genommen haben mögen. Doch am Ende kann es sich auch hier nur um maximal wenige Tage gehandelt haben.

Wesentlich unschärfer lässt sich die Zeit für die Entstehung der ULST kalkulieren. Da phreatomagmatische Eruptionen diskontinuierliche Ereignisse sind und durchaus auch längere Pausen nicht ausgeschlossen werden können, kann mit einer Dimension von Wochen, möglicherweise gar von Monaten gerechnet werden.

Abgesehen von diesen Unschärfen vor allem in Hinblick auf die ULST ist der Ausbruch im Grunde ähnlich zu vielen anderen plinianischen Eruptionen verlaufen. So kann man auch am Vesuvausbruch 79 n. Chr. beobachten, wie in der Spätphase dunklere Lapilli gefördert wurden und zunehmend Aschenströme abgingen, deren vernichtende Wirkung in Herculaneum oder Pompeji dokumentiert ist. Die Eruption des Vesuvs hat das Ausbruchsvolumen des LSV nicht erreicht, auch wenn es im Prinzip schon die gleiche Größenordnung war. Es ist ein glücklicher Zufall der Erdgeschichte, dass die Eruption des LSV in einer Zeit stattfand, in der in der Umgebung höchstens kleine Gruppen von Menschen unterwegs waren und noch keine festen Siedlungen existierten. Vom Geschehen jener Tage berichten allein die Zeugnisse der Natur.

Vorhersagbarkeit von Eruptionen

Ausbrüche wie des LSV erfolgen nicht von einem Tag auf den anderen. Das Wachstum einer Magmenkammer in der Kruste ist ein Prozess, der sich über Hunderte und Tausende von Jahren hinziehen kann. Eine solche Magmenkammer würde der Aufmerksamkeit der Geowissenschaftler kaum entgehen. Seismische Indizien und der Austritt von magmatischen Gasen wären Hinweise auf ihre Existenz. Dies wäre gleichsam die erste Warnstufe – ob und wann dann ein Ausbruch erfolgen würde, das ist nach dem Stand der Vulkanologie hingegen eine sehr schwere und kaum präzise zu prognostizierende Aufgabe. Doch dieses Problem besteht gegenwärtig nicht.

Weit unberechenbarer sind Eruptionen der „kleinen Vulkane", sofern sie – wie die meisten Vulkane vor allem in der Westeifel – weitgehend direkt aus dem Erdmantel aufsteigen. Für solche Ereignisse muss es keine Vorzeichen geben. Der Ausbruch eines Maarvulkans oder eines Schlackenkegels hat zwar keine weitreichende Wirkung, doch im nahen Umfeld der Eruption wäre das zweifellos eine lokale Katastrophe.

6 Lavadome

Zu den merkwürdigsten Vulkanen zählen wohl jene, bei denen ausfließende Lava keine wesentliche Fragmentierung erfährt, sondern sich über dem Förderschlot als mehr oder weniger kuppelförmige Masse sammelt. Diese vulkanischen Formen können unter dem Typus Lavadome zusammengefasst werden. Variationen unterscheiden sich vor allem in Hinblick auf die Steilheit der Form oder die Bildungsumstände – so können kuppelartige Lavagebilde auch intrusiv entstehen. Bei älteren Vulkanformen ist es oft nicht mehr möglich, die Frage nach den Entstehungsbedingungen ohne Weiteres feststellen zu können, da intrusive und an der Oberfläche entstandene Formen in ihrer Struktur sehr ähnlich sein können.

Lavadome finden sich im Wesentlichen in zwei vulkanischen Szenarien. Zum einen trifft man sie gar nicht selten am Gipfel bzw. **im Krater großer Schichtvulkane** an. Sie können aber auch als **Einzelform** in Vulkanfeldern entstehen, sodass wir sie auch in Vulkangebieten in Deutschland finden. Im jungen Vulkanfeld der Osteifel gibt es mehrere, allerdings nur relativ kleine und in der Landschaft allgemein wenig eindrucksvoll wirkende Beispiele. Der spektakulärste Dom der Europäischen Vulkanprovinz ist sicher der **Puy de Dôme** in Frankreich, der gerade erst vor etwa 10 000 Jahren auf der Hochfläche östlich Clermont-Ferrand gewachsen ist. Im langgestreckten Vulkanfeld der Chaine des Puys ist er der dominierende, weithin sichtbare Gipfel.

Wenn gerade vom „Wachstum" eines Doms die Rede ist, dann betrifft diese Bezeichnung auch die langsame Entstehung solcher Formen. Lavadome sind auch deshalb eine relativ unvertraute Vulkanform, weil sich ihr Aufbau langsam und oft ohne berichtenswerte, spektakuläre Ereignisse vollzieht. Bis in die 40er-Jahre des letzten Jahrhunderts gab es keine einzige präzise Beobachtung. Als in Japan im Jahr 1944 am Rande eines Dorfs ein knisternder und qualmender, nachts auch in seinem Glühen wahrnehmbarer Berg zu wachsen begann, hat der Postangestellte Mimatsu die sich verändernden Konturen auf seinem Fenster nachgezeichnet. So wurde die Entstehung des **Showa-Shinzan** zu einem klassischen Kapitel der Vulkanologie, denn erstmals hatte man eine gut dokumentierte Beschreibung einer solchen sich über viele Monate hinziehenden Eruption (Schmincke 2013).

An den großen Schichtvulkanen entstehen Lavadome in der Regel erst dann, wenn die „große Show" schon vorbei ist. Nach einer plinianischen Eruption ist es möglich, dass sich ein Rest des Magmas in Form eines Doms an die Oberfläche drängt, wie beim **Mt. St. Helens**, dessen Ausbruch am 18. Mai 1980 sich zu einer solchen plinianischen Eruption entwickelte. Nach deren Ende begann bereits im Juni das Wachstum eines Doms. Dieser erste Dom erreichte nach nur einer Woche eine Höhe von etwa 60 m – der Chemismus der

▲ 113 Der Puy de Dôme (Frankreich) ist erst vor etwa 10 000 Jahren entstanden und gehört so zu den jüngsten Vulkanen der Europäischen Vulkanprovinz. Angesichts des geringen Alters kann es sich nicht um einen nachträglich freigelegten intrusiven Kryptodom handeln. Das wird auch an der Form des Bergs deutlich, der nach der ersten Phase der Dombildung (1) einen Flankenausbruch erlebt hat (2), durch den sich abschließend erneut eine domartige Kuppel nach oben gedrückt hat (3). Der aus Trachyt aufgebaute Dom erreicht eine Höhe von 600 bis 700 m.

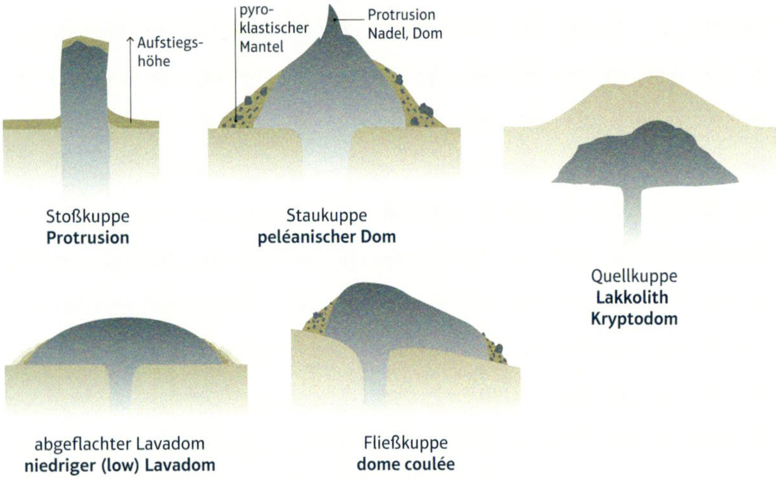

▲114 Lavadome und verwandte Formen. Eine Protrusion setzt eine nicht mehr fließfähige, bereits spröde reagierende Lava voraus. Protrusionen gehen häufig auch von Lavadomen aus, indem sie deren weitgehend starr gewordenen Kruste durchstoßen. Peléanische Dome sind nach dem Mt. Pelée auf Martinique benannt, wo der Kollaps 1902 eine ganze Stadt mit nahezu 30 000 Menschen auslöschte. Diese sind mit den weniger steilen Formen die eigentlichen Lavadome. Weniger zähflüssige Schmelzen können alle Übergänge zu Lavaströmen bilden (*coulées*, eng. *coulees*). Modifiziert und erweitert nach Blake (1990).

Lava war, wie beim Ausbruch, die eines Dacits. Noch im Juli wurde dieser Dom durch eine explosive Eruption zerstört, daraufhin begann sich aber, über dem Schlot ein neuer Dom zu bilden. Aber auch dieser wurde nach knapp zwei Monaten durch einen heftigeren Ausbruch zerstört. Nur Stunden später wurde wieder ein neuer anwachsender Dom sichtbar. Dessen Wachstum setzte sich weitgehend ungestört bis in das Jahr 1986 fort, in dem er eine Höhe von über 200 m erreicht hatte. In einer weiteren – bisher letzten – aktiven Phase entstand neben diesem Dom noch ein weiterer, sodass nun zwei Dome im Krater zu finden sind, ohne dass sie diesen auch nur annähernd wieder aufzufüllen vermögen.

Die Dome am Mt. St. Helens haben das Wissen über das Wachstum solcher Formen erheblich vorangebracht. Ihre Position in einer gravitativ wenig gefährdeten Lage innerhalb des flachen Kraterbodens, ausbleibende explosive Zerstörungen oder Instabilitäten, wie sie durch unregelmäßige Wachstumsschübe ausgelöst werden könnten, haben es ermöglicht, dass diese beiden Formen zumindest bis zur nächsten großen Eruption Bestand haben könnten. Die Entwicklung am Mt. St. Helens darf nicht davon ablenken, dass Dome sehr gefährliche Vulkanformen sein können. Aus explodierenden Lavadomen können gewaltige *Surges* und als Glutwolken (*nuées ardentes*) bezeichnete pyroklastische Ströme abgehen, vor allem dann, wenn sie unter Überdruck stehen (Eruption vom Pelée-Typus) oder wenn sie einfach aufgrund fortschreitenden Wachstums zunehmend instabiler werden (Eruption vom Merapi-Typus).

Bedingungen für die Entstehung eines Lavadoms sind erstens eine Lava, die so zähflüssig ist, dass sie nach ihrem Austritt nicht mehr verläuft, und zweitens ein an Gasen so armes Magma, dass keine magmatische Fragmentierung mehr stattfinden kann. Der Gasgehalt eines solchen Magmas reicht gerade noch aus, um den Auftrieb aus der Magmenkammer aufrechtzuhalten. So wird verständlich, dass Lavadome erst dann entstehen können, wenn der Gasdruck in einer vorangehenden – typischerweise plinianischen – Eruption schon abgebaut wurde.

Lavadome können nach ihrer Form weiter unterteilt werden in **Dome** sensu strictu (oft auch nach dem Mt. Pelée auf Martinique als peléanische Dome bezeichnet) oder in als Feststein herausgeschobene **Protrusionen.** Weniger zähflüssige Formen können tendenziell stärker verlaufen und (Dom-)**Coulées** bilden, also Formen, die ein Übergang zu Lavaströmen sind. Unter der Oberfläche eindringende, domartige Gebilde werden als **Kryptodome** bezeichnet. Wir folgen hier den international gebräuchlichen Bezeichnungen, die auch im deutschen Sprachgebrauch zunehmend die traditionellen Begriffe wie Staukuppe, Stoßkuppe und Quellkuppe ersetzen.

Alle zähflüssigen, zur Bildung von Domen geeigneten Laven setzen Differentiationsprozesse in einer Magmenkammer voraus. Da Dome unfragmentierte Lavaaustritte voraussetzen, muss der Gasgehalt relativ gering sein. Dome entstehen daher oft, nachdem der gasreiche Teil des Magmas bereits eruptiert ist – in der Regel in Form plinianischer Eruptionen bzw. pyroklastischer Ströme. Für die jungen Lavadome in der Osteifel sind solche explosiven Vorgängerereignisse durch die Ausbrüche im Riedener und Wehrer Kessel dokumentiert (Schorenberg, Burgberg, etwas weiter entfernt der Schellkopf und Olbrück).

Dome und verwandte Formen sind im Siebengebirge häufig. Der unmittelbar am Rhein gelegene, gut exponierte **Drachenfels** wird häufig als Beispiel genannt. Der Platznahme der Dome bzw. Kryptodome gingen dort ebenfalls heftige Eruptionen voraus, die zur Abla-

▲115 Drachenfels (links) und Wolkenburg (rechts), zwei markante Vulkanberge im Siebengebirge. Die Lava war beim Ausbruch so zähflüssig, dass sie sich als kuppelartige Masse über dem Förderschlot sammelte. Das geschah allerdings nicht an der Geländeoberfläche, sondern zumindest im Fall des Drachenfels in einer zuvor entstandenen, mindestens 200 m mächtigen Lage vulkanischer Aschen. Trotz ihrer Entstehung vor ungefähr 25 Millionen Jahren sind die Formen noch gut erhalten.

▲117 Geländeansicht des Trachyts mit eingeregelten Feldspäten. Einige Kristalle sind zur Verdeutlichung rot markiert. Nahe der Drachenfelsaussichtsterrasse (Aufnahme 2010).

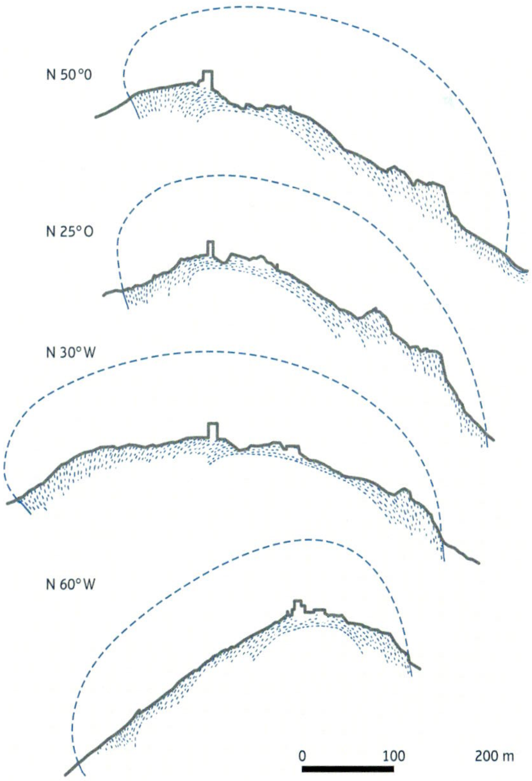

◀116 Die Einregelung der Feldspäte wurde von Cloos & Cloos (1927a) als Grundlage für die Rekonstruktion der Kuppel des Drachenfels genommen.

▲ 118 Die Milseburg ist ein Lavadom in der nördlichen Rhön. Auch wenn der Gipfel mit 835 m ü. NN und weit über der umgebenden Landschaft liegt, kann eine ursprüngliche Platznahme als Kryptodom nicht ausgeschlossen werden.

gerung einer mindestens 200 m mächtigen Abfolge aus überwiegend feinkörnigen Tuffen führten.

Der Drachenfels ist aus extrem grobkristallinem Trachyt aufgebaut. Unter Geologen nimmt der Berg auch deshalb eine besondere Stellung ein, weil er von den Brüdern Hans und Ernst Cloos (1927 a/b) akribisch in seiner Internstruktur untersucht wurde und so als ein besonders gut erforschter Vertreter der Lavadome gilt. Die großen, eingeregelten K-Na-Feldspäte zeichnen eine gewölbeartige Struktur. Diese von den Cloos-Brüdern als Fließgefüge verstandene Struktur ermöglicht die Rekonstruktion der ursprünglichen Form des Drachenfels. Nach dieser Modellierung kann sein Scheitel allerdings nicht so hoch gelegen haben, als dass er über die mindestens 200 m mächtigen Tuffe hätte hinausragen können. So mussten die Cloos-Brüder am Ende feststellen: *„Aus den letzten Daten folgt, dass der Drachenfelskegel nicht unter freiem Himmel erstarrt ist […].“*

Dom oder Kryptodom?

Das Beispiel des Drachenfels führt zu der Frage, inwieweit bei geologisch älteren Vulkanformen eine Bestimmung möglich ist, ob es sich ursprünglich um einen Dom oder Kryptodom gehandelt hat. Entsprechende Interpretationen stützen sich oft mehr auf die Umgebung als auf das Objekt selbst. Die Frage ist etwa: Sind, wie im Siebengebirge, noch pyroklastische Nebengesteine erhalten, die sich aufgrund ihrer geringen Dichte wie auch ihrer geringen mechanischen Stabilität besonders für Intrusionen anbieten? Oder kann das Vorkommen deshalb keine ursprünglich an der Oberfläche sitzende Struktur gewesen sein, weil die umgebende Landschaft seit der Zeit der Eruption eine viel zu kräftige Abtragung erkennen lässt?

Form und Strukturinventar des Vorkommens selbst scheinen **keine zuverlässigen Hinweise** zu geben. Zumindest die Abkühlungsgeschichte wird für beide Fälle sehr ähnlich sein – die Orientierung der Säulenklüftung ist also kein einfacher Schlüssel zur Lösung dieser Frage. Erschwerend kommt hinzu, dass geologisch ältere Domformen oft nicht mehr vollständig vorliegen, sondern durch Verwitterung und Abtragung bereits mehr oder weniger auf Kernbereiche reduziert sein können, in denen Merkmale zu ihrer Platznahme weitgehend unkenntlich geworden sind.

Milseburg und Kesselkopf (Rhön)

Ein Teil der nördlichen Rhön ist besonders reich an domartigen Relikten. In der Regel handelt es sich um Phonolithe, ein Teil der Gesteine ist auch im benachbarten Feld der Trachyte zu verorten. Formen dieser

▲ 119 Der Sandfell-Kryptodom aus Rhyolith (hell) ist in eine Abfolge von Flutbasalten eingedrungen und hat dabei etwa 500 m Gesteinslast angehoben (Island).

▲ 120 Blick vom Fuß der Milseburg auf den Kryptodom am Kesselkopf von Rupsroth. Die rötlichen Farben an der Oberkante der Aufschlusswand stammen von den Buntsandsteinlagen am Dach des Phonoliths.

Das Siebengebirge

Foto: majonit – Fotolia.com

▲ 129 Die Lava des Hochsimmers ergoss sich über einen bereichsweise sehr unebenen Untergrund. Hier bestand das Hindernis in einem Rücken aus Devonschiefern, die links im Bild an der Basis der Lava mit einer Höhe von etwa 2 m angeschnitten sind. Die Stellung der Säulenklüftung bringt diese Unebenheit deutlich zum Ausdruck – die Fließrichtung war von links nach rechts (Steinbruchgelände „An der Ahl", Mayen, Osteifel; Aufnahme 2006).

gelaufen ist (Gönnersdorfer Lavastrom). Die Lava ist von der Autobahn Koblenz-Köln angeschnitten, sonst aber nur als überwiegend von Wald bedeckter, flacher Rücken im Gelände zu verfolgen.

Die Lava des **Ettringer Bellbergs/Bellerbergs** soll schon in der Römerzeit abgebaut worden sein. Von dem etwa 200 000 Jahre alten Schlackenkegelkomplex ist der östliche Bereich inzwischen weitgehend verschwunden. Hingegen ist der westliche Kraterrandbereich mit dem morphologisch markanten Bellberg weitgehend erhalten. Südlich vorgelagert ist noch der kleinere Schlackenkegel-Rest des **Mayener Bellbergs** (Kleiner Bellberg). Aus dieser Gruppe sind große Mengen an Lava gekommen, wovon ein kleinerer Teil nach Norden in das Winfeld geflossen ist. Der größere Mayener Lavastrom hat auf seinem Weg nach Süden den Mayener Bellberg umlaufen und das Tal der Nette erreicht.

Diese in Richtung Mayen geflossene Lava erreicht eine Mächtigkeit bis zu 20 m (Meyer 1994/2013). Die gute Verwitterungsbeständigkeit des Leuzit-Tephrits und seine poröse Textur machen ihn für viele Zwecke geeignet. Nach dem intensiven, erschöpfenden Abbau ist das Mayener Grubenfeld zurückgeblieben. Auf zurückgelassenen Pfeilergruppen stehen dort teilweise noch die für die Verladung gebrauchten Kräne. Das Gelände ist von der Straße Hausen-Ettringen bzw. der bei Ettringen als Infopunkt ausgestatteten **Ettringer Lay** aus einzusehen.

Der **Niedermendiger Lavastrom** war wegen seiner Auflage von Löss und Laacher-See-Tephra hingegen nur von oben her zu erreichen und wurde daher untertagig abgebaut. Aufgrund seiner hohen Porosität und der weitständigen Säulenklüftung war dieses Gestein insbesondere auch für Mühlsteine geeignet, sodass dieser Aufwand in Kauf genommen wurde. Die dabei entstandenen Hallen waren in der Folge begehrte Lagerräume für Brauereien, die aus diesem Grund vor allem in der ersten Hälfte des 19. Jahrhunderts in Mendig produzierten. Inzwischen hat der moderne Abbau mit großen Maschinen die Lava auch obertägig erschlossen und weite Bereiche abgebaut. Dabei wurden die Hallen oder auch schmälere Durchgänge zwischen den Hallen angeschnitten.

Die Niedermendiger Lava stammt mit größter Wahrscheinlichkeit vom nördlich des Orts gelegenen Wingertsberg-Schlackenkegel, der nach jahrzehntelangem Abbau im Steinbruchgelände nun nur noch als Rest erahnt werden kann. Unter dieser Lava liegt eine zweite, die in den Steinbrüchen östlich Niedermendig in kleinen Bereichen angeschnitten ist. Die obere, eigentliche Niedermendiger Lava ist ein Leucit-Tephrit und führt gar nicht selten große blaue Hauyn-Kristalle, die den alkalibasaltischen Charakter des Gesteins augenfällig belegen.

Der westlich Ettringen gelegene **Hochsimmer** erreicht an der höchsten Stelle seines noch gut erkennbaren, hufeisenförmig geöffneten Kraterrands eine Höhe von nahezu 588 m und bildet damit den höchsten Gipfel der Osteifel. Südwestlich des Kraters liegt der Kleine Simmer (515 m), der Rest eines eng benachbarten und vermutlich etwas älteren Kegels. Durch das Hufeisen des Hochsimmers ist ein Lavastrom ausgetreten, der „An der Ahl" oberhalb der Nette in eindrucksvoller Mächtigkeit aufgeschlossen ist. Die enge Klüftung der Säulen beschränkt die Nutzung hier allerdings auf die Gewinnung von Schotter.

Die Lava des Hochsimmers hat wie die des Ettringer Bellerbergs das Tal der Nette erreicht. Inzwischen hat die Nette sich um 80 bis 90 m unter dieses Niveau eingeschnitten, im Fall der Bellerberg-Lava hingegen nur etwa 10 m (Grafik bei Meyer 1994/2013: 396), wodurch die Hochsimmer-Lava anschaulich als die deutlich ältere belegt wird: Datierungen ergaben Alter von 410 000 ± 30 000 Jahren.

Auch in der **Westeifel** sind zahlreiche Lavaströme zu finden. Einer der größten Lavaströme der Westeifel war der des Kalem, das Vorkommen ist nun aber nahezu völlig abgebaut. Kurze Lavaströme sind von der Mosenberg-Gruppe nach Osten in das Tal der Kleinen Kyll gelaufen.

Am bemerkenswertesten ist aber die Lava, die von der Wartgesberg-Schlackenkegel-Gruppe in das Tal der Alf geflossen ist. Hier haben vermutlich Schlacken das Tal aufgestaut, sodass die oberhalb in das Tal eingetretene Lava den Talboden auch 2 km weit gegen das Gefälle der Alf aufgefüllt hat. In der Folge kam es zum Stau der Alf und der Bildung eines Sees, dessen Se-

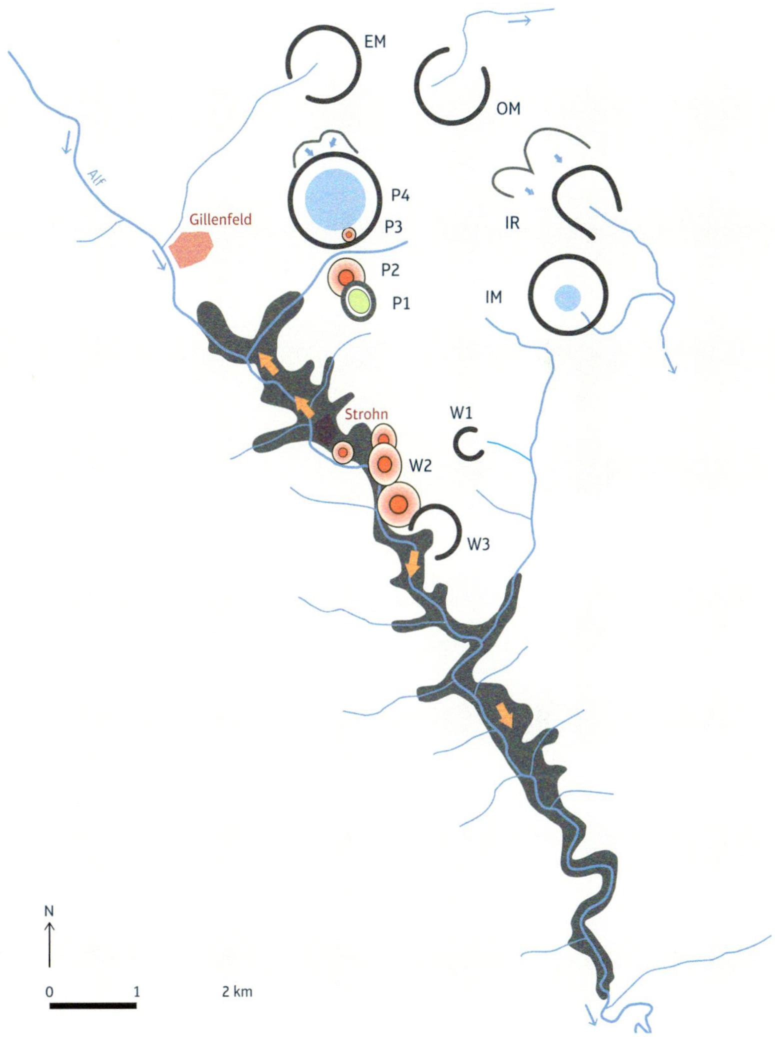

▲ 130 Von den Schlackenkegeln der Wartgesberg-Gruppe (W2) ging der längste Lavastrom der Westeifel aus. Weitere Vulkane der Wartgesberggruppe sind das Trautzberger Maar (W1) und das Sprinker Maar (W3).

Die Pulvermaargruppe besteht aus dem Strohner Maar (P1), dem kleinen Römerberg-Schlackenkegel (P2), einem weiteren kleinen Schlackenkegel am S-Rand des Pulvermaars (P3) und dem Pulvermaar (P4) selbst. Ellscheider Maar (EM), Oberwinkelmaar (OM) und Immerather Risch (IR) sind Trockenmaare, noch relativ frisch ist dagegen das Immerather Maar (IM). Verändert nach Büchel (1994).

dimente die Lava überdecken. Fährt man das Tal von Strohn nach Nord-Westen, ist nur ein breites Tal zu sehen, das nichts von diesen Ereignissen erkennen lässt – die Entdeckung erfolgte mit den Methoden der Geophysik. Die unterhalb dieses Staus in das Tal gelangte Lava ist dem Gefälle der Alf hingegen etwa 5 km nach Süden gefolgt. Geht man von der „Lavabombe" am südlichen Ortsrand von Strohn weiter nach Süd-Osten, ist die Lava in dem dort tief eingeschnittenen Tal zu sehen. Bis dahin hat sich die Alf von ihrem Unterlauf her in die als „Strohner Schweiz" bekannte Barriere aus Schlacken und Lava rückgreifend eingeschnitten. Unterhalb dieser steilen Gefällstrecke weitet sich das Tal wieder, wobei es den Rand des Sprinker Maars berührt.

Westerwald, **Vogelsberg** oder **Rhön** werden sicher zu einem großen Teil von Lavaströmen aufgebaut, gerade am Vogelsberg zeigen Aufschlüsse nicht selten mehrere übereinanderliegende Einheiten. Nur lassen sich dort Lavaströme nicht individuell in der Landschaft verfolgen – aufgrund der Stapelung und der schlechten Aufschlussverhältnisse lassen sich Vulkangesteine im Gelände in der Regel nicht in einzelne Fließeinheiten unterteilen.

Säulenstruktur

Die vertikale Säulenstruktur ist ein gutes, wenngleich nicht immer untrügliches Kennzeichen von Lavaströmen. Sie wird umso regelmäßiger sein, je ebener die Basis eines Lavastroms ist. Das wird vor allem dann der Fall sein, wenn die Lava ein Tal erreicht hat und ihm, auf einer weitgehend ebenen Talaue fließend, weiter folgen kann. Je länger ein Lavastrom bzw. je volumenreicher die geförderte Lava ist, umso wahrscheinlicher wird sich eine solche Situation einstellen.

Ein regelmäßig geklüfteter Lavastrom wird meist einen zweistöckigen Aufbau haben. Diese Gliederung resultiert aus der normalen Abkühlungsgeschichte, die einmal von der Oberfläche her, zugleich aber auch von der Basis her einsetzt. So wandern die Klüfte von beiden Seiten aufeinander zu, um sich schließlich zu treffen. Da die von unten kommende Abkühlung wegen der Isolation meist langsamer als die von der Oberfläche her eingreifende erfolgt, stoßen die beiden Säulenreihen nicht immer in der Mitte, sondern eher im unteren Drittel der Lava aufeinander. Der Kontakt zwischen den als **Untere** und **Obere Kolonnade** bezeichneten Stockwerken kann unauffällig sein, meist ist er aber deutlich

▲ 131 Zweistöckige Gliederung des Niedermendiger Lavastroms, Steinbruchgelände am südöstlichen Rand von Niedermendig (Aufnahme 2006).

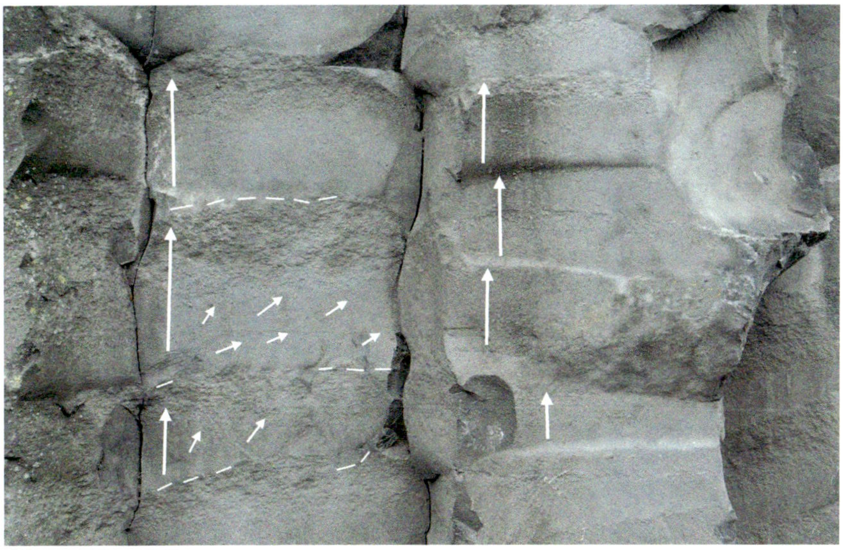

◂132 Säulen, an denen die schrittweise Öffnung der Klüfte besonders gut erkennbar ist. Es handelt sich um einen Ausschnitt aus einer Unteren Kolonnade der Lava von Royat (Chaine des Puy, Auvergne) neben der Grotte des Laveuses (Grotte der Waschfrauen). Die Klüfte folgen der sich nach oben zurückziehenden Isotherme zwischen zäher Lava und Festgestein, wobei der Aufriss immer kurz vor dem Erreichen der zähen Lava innehält. Dennoch sind hier die Abrissflächen nicht mehr glatt, sondern schon rau. Die kleinen Pfeile zeigen die Aufreißrichtung dieser Abschnitte an, die jeweils von einem Punkt oder einer Linie am kalten, unteren Ende ausgehen (Aufnahme 2007).

wahrzunehmen. Wenn die Abkühlungsrate in den beiden Stockwerken unterschiedlich ist, kann das rascher abkühlende Stockwerk – in der Regel das obere – auch schlankere Säulen haben als das untere.

Die Säulenklüftung ist das Resultat der allseitigen **Kontraktion** der Lava infolge Abkühlung und Kristallisation. Die vertikale Säulenklüftung mag auf den ersten Blick den Eindruck erwecken, die Kontraktion erfolge nur in seitlicher Richtung. Das trifft aber nicht zu – die Kontraktion verläuft auch in vertikaler Richtung. Nur öffnen sich die dabei entstehenden, horizontalen Segmente meist nicht so deutlich, auch weil sie von dem auflastenden Gewicht unterdrückt werden. In seitlicher Richtung können sich die Klüfte hingegen frei von solcher Auflast öffnen.

Die Bildung der Klüfte erfolgt nicht kontinuierlich, sondern schrittweise. An vielen Säulen können diese einzelnen Abschnitt als Segmente erkannt werden. Be-

◂133 An der Käsegrotte bei Bad Bertrich ist die vom Falkenley-Komplex kommende zweistöckige Lava erschlossen. Die Querklüfte der Unteren Kolonnade sind hier infolge Verwitterung zu durchgehenden Fugen geworden, die die Säulen in laibförmige Segmente unterteilen (Aufnahme 1991).

▲ 134 Ausschnitt der Gangwand an der Kitzkammer (Hoher Meißner, Hessische Senke). Die Säulenköpfe sind auf den Betrachter hin gerichtet. An dessen Stelle befand sich einst das kalte Nebengestein, von dem aus sich die Klüftung weitgehend horizontal in den Gang hinein entwickelt hat. Viele Säulen zeigen intern eine Unterteilung in weitere, noch schlankere Säulen – diese Klüfte haben sich aber nicht geöffnet (Aufnahme 2015).

trachten wir zum Beispiel eine Untere Kolonnade, dann folgt das Aufreißen der Klüfte einem Niveau gleicher Temperatur, das die flüssig reagierende Schmelze von der bereits zum Festgestein gewordenen, auf Zugspannungen spröde reagierenden Lava trennt. Ein schmaler Übergangsbereich wird einem zähen Brei gleichen.

Im Laufe der Abkühlung wandert dieses trennende Temperaturniveau immer weiter nach oben, hin zum heißen Inneren des Lavastroms. Ihm folgen die Klüfte, indem sie Abschnitt für Abschnitt aufreißen. Jeder Aufriss endet in dem Bereich, in dem das Festgestein an den noch zähen Brei grenzt. Erst wenn die Lage gleicher Temperatur im Zuge der Abkühlung wieder ein Stück weiter zum Kern des Lavastroms gewandert ist, kann sich hinreichend Zugspannung aufbauen, um den Aufriss des nächsten Kluftabschnitts hervorbringen zu können.

An manchen Säulen sind die einzelnen Kluftbildungsabschnitte gut erkennbar. In besonders gut erhaltenen Fällen kann sogar beobachtet werden, wie ein Kluftsegment von einer glatten Abrissfläche in eine raue übergeht: Dieser raue Abschnitt repräsentiert die Zone, in der die Lava fast noch ein Brei war – aber eben nur fast, denn dieser Bereich war bereits so verfestigt, dass er unter Spannung aufreißen konnte.

Die Klüftung ist somit ein **mächtiges Werkzeug**, mit dem die ursprüngliche Kontur einer Lavamasse in vielen Fällen zuverlässig rekonstruiert werden kann. Allerdings werden solche Interpretationen unsicherer, wenn wir nur einen kleinen Ausschnitt des ganzen Körpers vor uns haben. Vertikale Säulenklüftung kann auch in Lavadomen oder in Teilbereichen von Intrusionen mit unregelmäßiger Kontur vorkommen. Lava kann auch schichtförmige Intrusiva in Form von sogenannten Lagergängen bilden. Die Säulenklüftung wird in einem solchen Fall von der einer an der Oberfläche abgekühlten Lava nicht zu unterscheiden sein. Der Basalt am **Hohen Meißner** in der Hessischen Senke dürfte ein Beispiel dafür sein – vor allem wenn der obere Bereich des Gesteins bereits erodiert ist, lässt sich diese Frage allein aus den Strukturen des Gesteins heraus nicht mehr klären.

Umgekehrt werden steillagernde Gänge vor allem durch horizontale Säulenklüftung geprägt. Weiten sich Gänge zu mächtigeren Intrusionskörpern, wird das Strukturbild insgesamt meist komplizierter. Was aber zuverlässig bleibt, ist die mehr oder weniger horizontale Klüftung am Rand, die sich ausgehend vom kalten Nebengestein entwickelt hat. So ist es möglich, den Außenrand eines Gangs oder auch einer anders konturierten Intrusion relativ scharf festzulegen, selbst wenn der Kontakt zum Umgebungsgestein nicht mehr erhalten ist.

▲135 Der Feldstein bei Themar (Südthüringen, Heldburger Gangschar) ist der freigestellte Rest einer gangförmig angelegten Intrusion. Die schräg nach unten weisende Stellung der Säulen in der unteren Hälfte des Felsens ist Ausdruck davon, dass sich der Gang von unten nach oben erweitert hat (Aufnahme 2005).

◀136 Die Klüftung von Lavaströmen kann komplexe Formen annehmen. Große Mächtigkeiten, eine unebene Basis, die unregelmäßige Entwicklung der Isothermen – etwa aufgrund stofflicher Inhomogenitäten – und andere Gründe können dafür die Ursachen sein. Normale zweistöckige Säulenklüftung wird im Wesentlichen nur durch die bei Abkühlung entwickelten Zugspannungen bestimmt, bei komplexeren Strukturen können auch Scherkräfte beteiligt sein. Als Beispiel für ein komplexeres Kluftmuster eine Ansicht von der Hochsimmer-Lava „An der Ahl", Mayen (Osteifel, Aufnahme 2006; Bildhöhe ca. 1,80 m).

Basaltsäulen am Parkstein (Kemnather Vulkanfeld)

Teil II Vulkangebiete

8. Die deutschen Vulkanlandschaften
9. Tertiäres Hocheifel-Vulkanfeld
10. Quartäres Westeifel-Vulkanfeld
11. Quartäres Osteifel-Vulkanfeld
12. Tertiäres Siebengebirgs-Vulkanfeld
13. Tertiäres Westerwald-Vulkanfeld
14. Tertiäres Vogelsberg-Vulkanfeld
15. Tertiärer Vulkanismus der Hessischen Senke
16. Tertiärer Rhön-Vulkanismus
17. Heldburger Gangschar (Tertiär)
18. Vulkanismus im Umfeld des Eger-Rifts
19. Tertiäres Uracher Vulkanfeld
20. Tertiäres Hegau-Vulkanfeld
21. Tertiärer Kaiserstuhl-Vulkan
22. Früher Vulkanismus am Nördlichen Oberrheingraben

Foto: crimson – Fotolia.com

8 Die deutschen Vulkanlandschaften

Das Erscheinungsbild der Vulkanfelder ist in Deutschland sehr wechselhaft. Der Formenschatz wird natürlich wesentlich vom **Charakter der beteiligten Magmen** und vom Grad der Differentiation während seines Aufstiegs bestimmt. Es gibt Vulkanfelder, in denen es aus diesem Grund zur Bildung von Domen und Kryptodomen kam, oder plinianische Bimssteineruptionen haben weite Flächen mit Tephra überdeckt. Doch in anderen Bereichen fehlen solche Erscheinungen – so sind in einem der größten Vulkanfelder, der Hessischen Senke, ausschließlich primitive bis wenig differenzierte, dünnflüssige Schmelzen eruptiert.

Der Formenschatz einer vulkanisch geprägten Region wird aber nicht nur durch die Art der aus der Tiefe aufsteigenden Magmen und die Dichte der Eruptionspunkte bestimmt, sondern auch durch den **geologischen Aufbau der Kruste**, ihre tektonischen Strukturen und die weitere erdgeschichtliche Entwicklung. Zu den bedeutenden äußeren Faktoren gehört der Aufbau des obersten Abschnitts der Kruste. Hydrogeologische Eigenschaften wie hohe Porosität und gute Permeabilität begünstigen phreatomagmatische Eruptionen und damit die Entstehung von Maar-Diatrem-Vulkanen. Gerade in dem Verhältnis von magmatischen zu phreatomagmatischen Eruptionen zeigen sich von Vulkanfeld zu Vulkanfeld erhebliche Unterschiede.

Weiter scheint die **räumliche Verteilung** der Vulkanfelder unterschiedlich von den in der Kruste gegebenen tektonischen Strukturen oder den herrschenden Spannungen bestimmt worden zu sein. Das Uracher Vulkanfeld oder der Vogelsberg zeigen eine nahezu ideale kreisförmige Kontur, während – im extremen Gegensatz dazu – die Vulkane der Heldburger Gangschar ausnahmslos von Südsüdwest nach Nordnordost verlaufenden Linien folgen.

Das **Alter des Vulkanfelds** ist für das gegenwärtige Erscheinungsbild besonders bedeutsam, wenn es sich um postvulkanische Hebungsgebiete handelt. Im Zuge einer solchen Entwicklung verschiebt sich das Spektrum erhaltener Formen immer mehr zu intrusiven Relikten und weit in die Tiefe reichenden Maar-Diatremen. Doch nicht alle Vulkangebiete waren im gleichen Maß solchen Hebungen unterworfen – so sind in der Lausitz noch immer Maarkraterseesedimente aus der Tertiärzeit und Relikte von Lavadomen erhalten.

Die folgende Übersicht hat das Ziel, auf diese Besonderheiten der deutschen Vulkanlandschaften hinzuweisen. Nachdem in Teil I nur eine enge Auswahl der für bestimmte Tätigkeitsformen besonders charakteristischen Vulkane vorgestellt werden konnte, sollen hier weitere besonders bemerkenswerte Vorkommen gezeigt werden. Dennoch muss diese Zusammenstellung weit davon entfernt bleiben, alle interessanten Zeugnisse anzuführen – die Zahl der Eruptionen im deutschen Bereich der Europäischen Vulkanprovinz dürfte irgendwo zwischen 5000 bis 8000 liegen. Auch wenn die meisten vulkanischen Relikte im Zuge der Geologischen Kartierungen erfasst worden sein dürften, so ist ein großer Teil davon noch immer nicht in dem Sinn „entdeckt", dass die Struktur und damit auch die vulkanische Entstehung im Detail bekannt wären.

9 Tertiäres Hocheifel-Vulkanfeld

Das Vulkanfeld der Hocheifel umfasst an die 400 Eruptionspunkte, die räumlich wie zeitlich relativ breit gestreut sind. Die Hocheifel-Vulkane überlappen sich im Südwesten mit den jungen Vulkanen des Westeifel-Vulkanfelds. Nach Norden findet man Ausbruchstellen bis an die Ahr, im Osten kommt es wiederum zu Überlagerungen mit dem Osteifel-Vulkanfeld. Die Konzentration der Eruptionspunkte erreicht um Kelberg ihre höchste Dichte von 4,25 Eruptionspunkten/km^2 (Büchel et al. 2000). In diesem Bereich häufen sich auch Vorkommen aus differenzierten Magmen in Form von Trachyten und verwandten Gesteinen. Ansonsten dominieren allerdings Vulkane mit alkalibasaltischer Komposition: **Basanite, Alkali-Olivinbasalte und Nephelinite**.

Die radiometrischen Daten liegen zwischen 18 und 45 Millionen Jahren, wobei der Schwerpunkt der Tätigkeit sich auf den Abschnitt von 34 bis 45 Millionen Jahren zu konzentrieren scheint. Die Vulkanformen liegen in sehr unterschiedlichen Erhaltungszuständen vor, was weniger an eventuellen Altersunterschieden als an der Lage im Vulkanfeld liegt. Während im zentralen Bereich um Kelberg infolge **starker Hebungen** eine flächenhafte Abtragung von mehreren Hundert Metern angenommen wird, haben Vulkane in den randlichen Bereichen nur eine geringe Erosion erfahren. Indiz für diese unterschiedliche landschaftsgeschichtliche Entwicklung ist die unterschiedliche Erhaltung von Maar-Diatrem-Vulkanen. Im zentralen Bereich sind lediglich Diatreme oder Diatreme mit basaltischen Intrusionen erhalten, während am Rand mit dem relativ alten **Eckfelder Maar** (44,3 Millionen Jahre) sogar noch Maare mit mächtigen Kraterseesedimenten zu finden sind.

Diese unterschiedliche Hebung im Hocheifel-Vulkanfeld scheint mit einer großen magmatischen Intrusion innerhalb der Kruste im Zusammenhang zu stehen. Geophysikalische Untersuchungen ergaben unter dem als **Kelberger Hoch** bezeichneten Zentrum der Hebung Hinweise auf einen entsprechenden Körper in etwa 10 km Tiefe. Über dessen Alter kann man keine zuverlässigen Angaben machen, aber es ist wahrscheinlich, dass es sich dabei um eine erkaltete Magmenkammer handelt, deren Alter dem der Vulkane um Kelberg entspricht.

Der Formenschatz der Hocheifel-Vulkane könnte dem der heutigen Westeifel ähnlich gewesen sein – in jedem Fall scheint es viele Maare gegeben zu haben. Mehrere tief erodierte Diatreme mit Durchmessern von >600 m wurden im Bereich des Kelberger Hochs gefunden. Im nur wenig erodierten Bereich um das Eckfelder Maar sind bei Hillscheid auch Reste eines Schlackenkegels erhalten. Hinweise auf umfangreichere Lavaaustritte sind allerdings nicht bekannt. Die sich im Bereich des Kelberger Hochs häufenden Vorkommen von Trachyten und verwandten Gesteinen können daher keine oberflächlichen Austritte markieren, sondern müssen Reste von Kryptodomen oder in Diatremen liegende Intrusionen sein. Am Ortsrand von **Reimerath** wurde Trachyt als Naturstein gewonnen, Reste des ehemaligen Steinbruchs sind noch vorhanden, und das Gestein ist auch im Ort an einigen Häusern zu sehen. Die radiometrische Bestimmung ergab ein Alter von 40,8 Millionen Jahren. Ein SiO_2-ärmerer, dunklerer Verwandter des Trachyts ist am Selberg bei Quiddelbach in Form eines **Benmoreit**-Vorkommens zu finden (mit einem Alter von 30 Millionen Jahren).

Der nördlich Kelberg gelegene Basalt der **Hohen Acht** (747 m) markiert den höchsten Berg der vulkanischen Eifel. Eine andere auffällige Basaltkuppe ist der Fels unter der **Nürburg** (676 m), deren Name von dem lateinischen *mons nore* (Schwarzer Berg) kommen soll. Der **Arensberg** bei Zilsdorf (561 m) repräsentiert eine basaltische Intrusion in ein Maar-Diatrem und wurde bereits vorgestellt (siehe S. 71). Ein besonders volumenreicher Basaltkörper steht am **Höchstberg** bei Laubach im Abbau; auch hierbei handelt es sich um eine in ein Diatrem eingedrungene Lava, die nach Interpretation einen an die Oberfläche ausgetretenen Lavasee repräsentieren soll (Büchel et al. 2000).

Die Nürburg krönt den Rest eines tertiärzeitlichen Vulkans (Hocheifel)

Foto: astadtler – Fotolia.com

10 Quartäres Westeifel-Vulkanfeld

Die Westeifel ist das klassische Gebiet der **Maarvulkane**. Dennoch sind Maare hier nicht die vorherrschende Vulkanform. Von den bisher festgestellten 257 Eruptionszentren sind lediglich 98 Maare oder verwandte Vulkanformen wie Tuffringe oder Tuffkegel (Seib et al. 2013). Der dominierende Anteil wird von Schlackenkegeln gebildet. Eine solche Statistik kann der vulkanologischen Entwicklung aber nur zum Teil gerecht werden, weil gerade unter den Schlackenkegeln oft initiale Tuffringe zu finden sind und dazu auch Mischformen auftreten.

Die Aktivität im Westeifel-Vulkanfeld setzt wie in der Osteifel vor etwa 800 000 bis 700 000 Jahren mit der zu dieser Zeit beginnenden Hebung des Rheinischen Schiefergebirges ein. Der bisherige Schlusspunkt erfolgte mit der Eruption des **Ulmener Maars** vor ungefähr 10 980 Jahren (Zolitschka et al. 1995). Damit ist das Ulmener Maar gegenwärtig der jüngste bekannte Vulkan des Westeifel-Vulkanfelds und zugleich Deutschlands.

Viele Maare wurden erst in den letzten Jahrzehnten entdeckt, und es ist durchaus möglich, dass im Laufe weiterer Erkundigungen noch mehr hinzukommen. Nur die jüngsten Maare weisen noch einen Kratersee auf – den tiefsten Kratersee findet man im **Pulvermaar** mit mehr als 60 m. Alle Maare mit noch erhaltenem Kratersee scheinen nach aktueller Datenlage erst im letzten Glazial entstanden zu sein – ihr maximales Alter wäre damit 115 000 Jahre. Für einen Teil der Maare mit Kratersee sind Alter von nur wenigen Zehntausend Jahren mit verschiedenen Methoden bestätigt worden: Ulmener Maar, Pulvermaar, Holzmaar, Booser Maare sowie das jüngst wieder vernässte Eichholzmaar. Bei anderen Maaren spricht vieles ebenfalls für eine Entstehung im letzten Glazial, auch wenn hinreichend zuverlässige Datierungen gegenwärtig noch ausstehen: Meerfelder Maar, Dauner Maare (Schalkenmehrener, Weinfelder, Gemündener Maare), Immerather Maar.

Maarvulkane bleiben auch als Trockenmaare noch lange gut erkennbar, vor allem wenn sie hinreichend

▸ 137 Quartäres Westeifel-Vulkanfeld und zentraler Bereich des Tertiären Hocheifel-Vulkanfelds (THVF). Dieses Zentrum liegt im Nordosten der Kartenskizze und ist durch Trachyt-Vorkommen (17, 21) sowie tief erodierte Diatreme (20) charakterisiert. Einige Vulkane des THVF liegen weit außerhalb dieses Zentrums inmitten des Quartären Westeifel-Vulkanfelds (3, 39), so wie umgekehrt auch quartäre Vulkane im Kernbereich des THVF liegen (16, 18, 19). Die Hohe Acht liegt knapp außerhalb des Kartenbereichs ca. 6 km nordöstlich der Nürburg und repräsentiert wie diese eine tief erodierte Diatrem-Intrusion. Skizze modifiziert nach Büchel 1994.

1 Meerfelder Maar
2 Mosenberg-Gruppe mit Windsborn und Hinkelsmaar
3 Eckfelder Maar (THVF), Gruppe mit Hillscheider Vulkanen im Norden
4 Holzmaar-Gruppe mit Dürrem Maar und Hetsche-Maar
5 Wartgesberg-Gruppe mit Lavastrom im Tal der Alf
6 Bad Bertricher Vulkangruppe mit Hardt-Maar
7 Pulvermaar-Gruppe mit Römerberg und Strohner Maar
8 Immerather Maar
9 Immerather Risch (Trockenmaar)
10 Oberwinkel-Trockenmaar
11 Ellscheider Trockenmaar
12 Mürmes-Maar
13 Dauner Maar-Gruppe (Schalkenmehrener, Weinfelder und Gemündener Maare)
14 Ulmener Maar, im Norden das Maar-Relikt Jungfernweiher
15 Höchstberg (THVF)
16 Mosbrucher Trockenmaar
17 Reimerath-Trachyt
18 Booser Vulkangruppe
19 Döttinger Trockenmaar

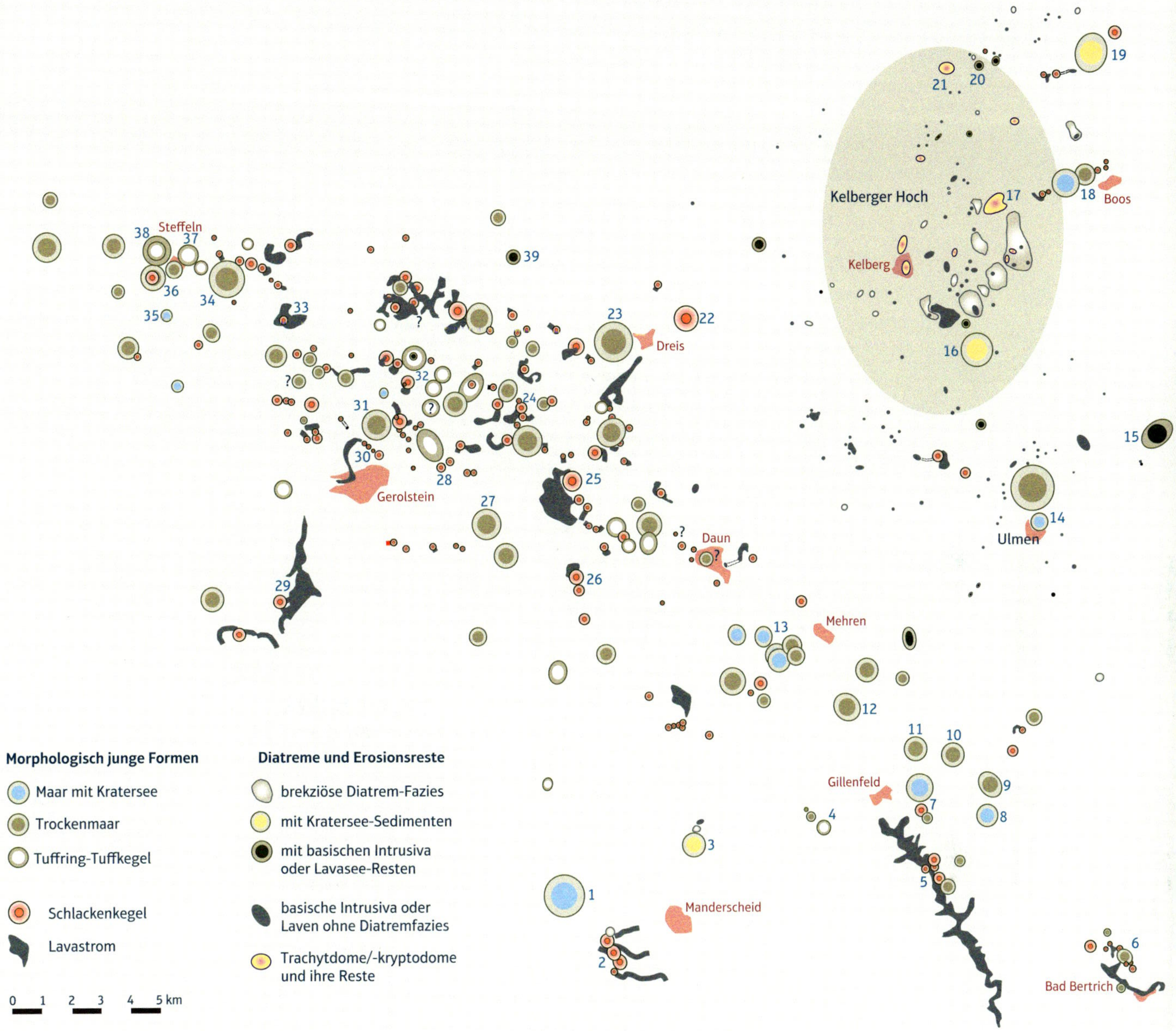

20 Nürburg (THVF)
21 Selberg mit Trachytvarietät Benmoreit (THVF)
22 Brücker Schlackenring
23 Dreiser Weiher
24 Feuerberg-Gruppe
25 Ringseitert-Gruppe
26 Nerother Kopf
27 Geeser Maar
28 Baarley
29 Kalem mit Lavastrom
30 Papenkaule, Hagelskaule und Sarresdorfer Lavastrom
31 Gerolsteiner Maar
32 Rockeskyller-Kopf-Gruppe
33 Roßbüsch
34 Aueler Maar
35 Eichholz-Maar
36 Steffelner Kopf
37 Steffelner Tuffring
38 Laach-Maar mit späterem Tuffring
39 Arensberg (THVF)

große Landschaftsformen darstellen. Gute Beispiele sind **Immerather Risch**, **Mosbrucher** und **Sprinker Maar**. Kleine Maarkrater, wie das **Hitsche-Maar**, das **Strohner Maar** („Maarchen" oder „Märchen") oder das **Dürre Maar**, werden unter natürlichen Umständen hingegen bald unkenntlich, weil ihr nur einen geringen Durchmesser aufweisender Kraterboden nicht weit unterhalb der umgebenden Landoberfläche liegt. Dieses morphologische Erhaltungsproblem haben auch Tuffringe, bei denen Teile des Walls mitunter länger erkennbar bleiben als der Kraterboden. Dies ist am **Rockeskyller-Kopf-Komplex** oder auch am Tuffring von **Steffeln** der Fall.

Nur wenige Maare sind im Westeifel-Vulkanfeld bereits so erodiert, dass das unter ehemaligen Kraterseesedimenten liegende Diatrem angeschnitten wurde oder gar eine Tendenz zur Reliefumkehr erkennbar ist. Seib et al. (2013) nennen zehn Eruptionspunkte, in denen diese Situation angetroffen wurde, allerdings liegen dafür zurzeit noch keine radiometrischen Altersdaten vor. Möglicherweise sind darunter auch Relikte des Tertiären Hocheifel-Vulkanfelds, dessen Eruptionspunkte sich mit dem der Westeifel zum Teil überschneiden.

Die meisten Maare sind nicht als isolierte Einzelformen angelegt, sondern Teil einer **Vulkangruppe**, wie etwa die Booser Maare, die Pulvermaar-Gruppe oder die Mosenberg-Gruppe mit dem **Meerfelder Maar**. Die Eruptionspunkte sind entweder linear über einem Fördergang aufgereiht oder man findet sie unregelmäßiger als Bündel um ein Zentrum gestreut (wie etwa die **Dauner Maare**). In Fällen wie den letzteren gibt es Hinweise auf eine Vergitterung von Verwerfungen (Büchel & Krawczyk 1986). Vulkangruppen können aus unterschiedlichen Vulkanformen zusammengesetzt sein. Viele Vulkangruppen der Westeifel bestehen aus Maaren und Schlackenkegeln. Das gemeinsame Vorkommen beider Formen in einer linear ausgerichteten Gruppe war in der frühen Phase der modernen Maarforschung ein gutes Argument dafür, dass es nur oberflächennahe Umgebungsbedingungen sein können, die darüber entscheiden, ob ein Ausbruch zur Entstehung eines Maars oder eines Schlackenkegels führt (Lorenz 1973).

Allerdings scheinen nicht alle Vulkane oder Vulkangruppen hinsichtlich der Zeitlichkeit oder der Homogenität der Magmen ideale „kleine" einphasige Ausbrüche zu repräsentieren. Einige Gruppen entpuppten sich beim näheren Studium als über längere Zeiträume aktive Zentren mit vulkanologisch unterschiedlichem Charakter.

Die Schlackenkegel der Westeifel erreichen eine durchschnittliche Höhe von 40 m, bei einem Basisdurchmesser von 430 m (Büchel & Mertes 1982). Diese bescheidene Größe ist offenbar charakteristisch für „kleine Vulkane", die nur eine relativ kurze Zeit aktiv sind. Etwa die Hälfte der Schlackenkegel hat auch **Lavaströme** hervorgebracht. Diese sind zumeist nur kurz und nur wenige Hundert Meter lang. Längere Lavaströme sind aus dem **Kalem**, dem **Ringseitert**, der **Falkenley** bei Bad Bertrich oder von der **Mosenberg-Gruppe** ausgegangen. Der längste Lavastrom stammt aus der **Wartgesberg-Gruppe** (siehe S. 113).

Der geologische Sockel des Westeifel-Vulkanfelds besteht wie das der Osteifel aus dem **Devon des Rheinischen Schiefergebirges**. Der zentrale Bereich des Vulkanfelds um Gerolstein fällt allerdings mit der bereits im Paläozoikum angelegten und im Mesozoikum weiter wirksamen Krustendepression, der **Eifeler Nord-Süd-Zone** oder **Eifelmulde**, zusammen. Hier sind Korallen führende, carbonatische Flachwassersedimente aus dem Mitteldevon erhalten, ein kleiner Teil davon wird zusätzlich von Sedimentgesteinen des Buntsandsteins überlagert. In der Umgebung des Roßbüsch-Schlackenkegels westlich von Niederbettingen ist darüber sogar noch Muschelkalk erhalten. Gesteine all dieser Formationen finden sich als Nebengesteinseinschlüsse in Schlackenkegeln oder als Blöcke in den phreatomagmatischen Abfolgen.

Geochemie und Mineralogie der Westeifel-Vulkane werden überwiegend von SiO_2-untersättigten Mantelschmelzen bestimmt. Die Maarvulkane des **Dreiser Weihers** wie auch das **Meerfelder Maar** sind für ihren hohen Anteil an Mantelxenolithen bekannt. Bemerkenswert ist der Einzelfall einer carbonatitischen Schmelze in der Umgebung des **Rockeskyller Kopfs** (Riley 1996). Phonolithische Schmelzen, die auf Differentiationsprozesse in Magmenkammern auf dem Niveau der Kruste verweisen, sind im Gegensatz zur Osteifel so selten, dass sie kaum der Erwähnung verdienen – Zeugnisse davon sind erneut in der Umgebung des Rockeskyller Kopfs zu finden.

Ulmener Maar

Der jüngste Vulkan Deutschlands liegt unmittelbar neben dem Zentrum der Stadt Ulmen. Im Krater des Maars liegt ein idyllischer See, um den ein Weg führt. Entlang

▲ 138 An der Cochemer Straße in Ulmen, die direkt westlich der Kirche verläuft, ist die Tephra des Ulmener Maars eindrucksvoll aufgeschlossen. Man beachte den großen Schiefergebirgsblock in der Lage B, der keine Einschlagsspuren verursacht hat. Weitere Erläuterungen im Text (Aufnahme 2015).

dieses Wegs ist an einigen Stellen die Kraterwand zu sehen, die in wenig auffälliger Weise aus den Devongesteinen des Rheinischen Schiefergebirges besteht. Die ausgesprengten Gesteine und die damit vermischten vulkanischen Anteile, die den Wall des Maars aufbauen, sind hingegen unmittelbar oberhalb der Kirche entlang der Cochemer Straße aufgeschlossen.

Auswurfmaterial aus dem Ulmener Maar wurde auch in Kraterseesedimenten einiger Maare der Westeifel gefunden: in etwa 10 km Entfernung in den Seesedimenten der Dauner Maare (ca. 5 mm) sowie mit 1,5 mm auch noch im Holzmaar und 20 km südwestlich im Meerfelder Maar. Die Jahreszeitenlamination der Seesedimente ermöglicht im Zusammenspiel mit anderen Datierungstechniken eine relativ präzise Bestimmung der Eruption um 10 980 Jahre vor heute (Seib et al. 2013).

Die **Eruption** des Ulmener Maars begann vermutlich mit Schlackenwurftätigkeit im nördlichen Bereich des Kraters – entsprechende Gesteine sind geophysikalisch und durch Kartierung nachgewiesen (Büchel 1994, Seyerth 1995 in Lorenz & Zimanowski 2000). Die Kratertiefe beträgt 71 m, der See selbst ist gegenwärtig etwa 35 m tief (ebd.).

Der **Tephrawall** ist (nach Lorenz & Zimanowski 2000) etwa 20 m mächtig, der Aufschluss hinter der Kirche an der Cochemer Straße erschließt den unteren und mittleren Bereich, ohne dass die Basis selbst zu sehen ist. Schmincke (Infotafel vor Ort) sieht die Tephraabfolge als charakteristisch für den Verlauf einer Maareruption: Die vorwiegend feinkörnigen Lagen an der Basis (Abfolge A in Abb. 138) werden von schlechter sortierten, auch große Blöcke führenden Sequenzen im mittleren Teil überlagert (B), bevor nach oben hin wieder feinkörnigere Lagen dominieren (C). Diese Gliederung entspräche einer Zunahme der Explosivität hin zum mittleren Teil sowie einer darauf folgenden Abnahme. Der Abschnitt D ist dann allerdings wieder etwas grobkörniger. Besonders eindrucksvoll ist die Sequenz B aus der hochexplosiven Phase. Auffällig sind große Blöcke aus Schiefergebirgsdevon, die offenbar nicht auf trockene Tephra, sondern auf plastisch reagierende Lagen gefallen sind, ohne deren Zusammenhang zerreißen zu können. Während solche Einschlagsdellen an vielen Stellen beobachtet werden können, sind diese aber dennoch nicht immer ausgeprägt: Ausgerechnet der größte Block aus Schiefergebirgsdevon erscheint nahezu schwerelos eingeregelt – die seitliche Druckwelle der *Base Surge* hat hier offenbar über die vertikal-ballistische Komponente dominiert.

Das Erscheinungsbild der Aufschlusswand weicht von dem der meisten anderen Maare darin ab, dass Anzeichen plastischer Deformation zu finden sind. Stellenweise sind auch Ansätze von Rutschungen zu beobachten. Die Tephra des Ulmener Maars scheint so, zumindest in Abschnitten, besonders feucht gewesen zu sein. Dazu kommt eine nachfolgende Zementierung, die zu einem relativ festen Verband der Partikel geführt hat.

Der **Chemismus der Schmelze** fällt in den Bereich der Hauyn-Melilith-Nephelinite (Mertes 1983). Die magmatischen Komponenten sind in einigen Lagen in auffälliger Konzentration zu finden, wobei die Lapillifraktion überwiegend eckig, dicht und kleiner als 1 cm zu sein scheint (eine gründliche sedimentologische Studie ist nicht bekannt). Nach Büchel (1987) deuten geophysikalische Studien auf einen basischen Körper (Schlacken oder als massive Intrusion) im Maar hin.

Im Nordnordwesten des Ulmener Maars liegt der **Jungfernweiher.** Die Senke wurde früher als Fischteich für die Burgherren genutzt, trocknete im Verlauf der folgenden Jahrhunderte aber aus, bis 1942 die Wiesen erneut unter Wasser gesetzt wurden. Entgegen früheren Annahmen handelt es sich nicht um ein im Tertiär angelegtes Maar, sondern um eine Struktur aus der Spätzeit des vorletzten Glazials, für das Altersdaten um 132 000 Jahre angenommen werden (Sirocko et al. 2013, wobei die Autoren unter Hinweis auf Schaber & Sirocko 2005 das radiometrische Alter von 132 000 Jahren für plausibel halten).

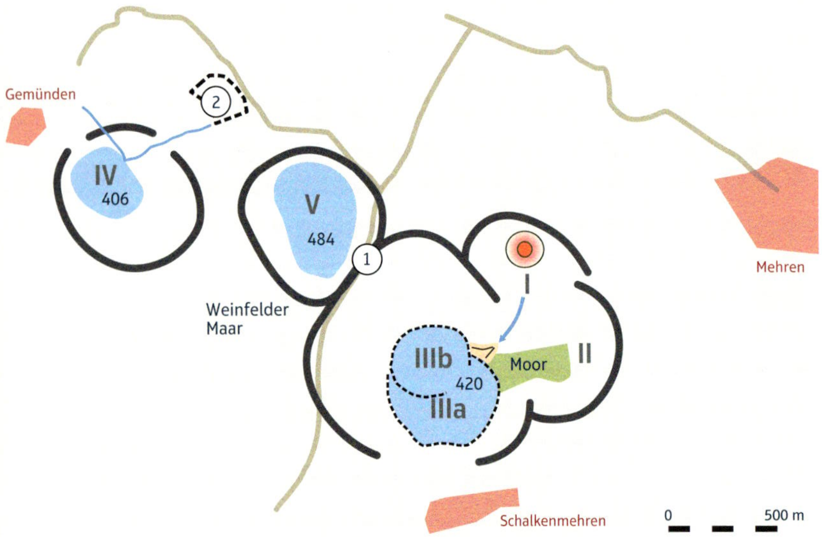

▲ 139 Skizze der Vulkangruppe südlich von Daun. Entstehungsreihenfolge (nach Büchel & Krawczyk 1986): (I) Schalkenmehrener Maar Nordost (+ Schlackenkegel) – (II) Schalkenmehrener Maar Südost – (IIIa/b) Schalkenmehrener Maar – (IV) Gemündener Maar – (V) Weinfelder Maar. 1 Aussichtspunkt, 2 Grube Mertens (ehemals).

Dauner Maare

Die als **Dauner Maare** bezeichnete Gruppe gehört zu den bekanntesten Maaren der Eifel. Schalkenmehrener, Weinfelder und Gemündener Maar sind allerdings von keinem Geländestandpunkt zusammen zu überblicken. Doch von der zwischen dem Weinfelder und Schalkenmehrener Maar verlaufenden Straße können immerhin zwei Krater gut eingesehen werden. Während das Weinfelder Maar von hier aus leicht zu umrunden ist, eröffnet sich in die Gegenrichtung ein instruktiver Blick auf das etwas weiter entfernte Schalkenmehrener Maar.

Das **Schalkenmehrener Maar** sitzt in einer Gruppe von vier sich gegenseitig überschneidenden Maarkratern. Die beiden älteren, östlichen Krater zeigen unterschiedliche Entwicklungsstadien: Während der älteste inzwischen zu einem Trockenmaar geworden ist, befindet sich der relativ jüngere der beiden mit seinem Moor gerade in der Verlandungsphase. Von den beiden älteren Maaren schreitet die Verlandung in Richtung des Sees fort, der selbst wiederum in einer aus der Überschneidung zweier Krater entstandenen Hohlform liegt.

Die aus den Seesedimenten bestimmten **pollenanalytischen Alter** (10 950 Jahre für Schalkenmehrener bzw. 10 450 Jahre für Weinfelder Maar; Straka 1975) werden von Büchel & Krawczyk (1986) lediglich als Mindestalter angesehen. Morphologische Kriterien sprechen nach diesen Autoren für ein höheres Alter, vermutlich im Bereich von 20 000 bis 30 000 Jahren, ein noch höheres Alter wird aber nicht ausgeschlossen. Die Tiefen der Kraterseen (nach Halbfass 1896) scheinen mit der angenommenen relativen Altersabfolge zu korrelieren: Der jüngste Maarsee (Weinfeld) erreicht noch 51 m, Gemünden 38 m und Schalkenmehren als der relativ

▲ 140 Blick über den Maarkomplex bei Schalkenmehren. Links neben dem Krater (IIIa/b) ist das in Verlandung begriffene Maar (II) gut zu sehen. Standpunkt an der Straße gegenüber dem Weinfelder Maar (Punkt 1).

älteste nur noch 21 m. Bemerkenswert ist die unterschiedliche Höhenlage der Maare wie die ihrer Seespiegel. Wären die Gesteine des Rheinischen Schiefergebirges hydrologisch durchlässiger, wäre der am höchsten gelegene Kratersee des Weinfelder Maars vermutlich schon lange trockengefallen. So aber scheinen die Kraterseen nicht durch einen gemeinsamen Grund- oder Kluftwasserkörper verbunden zu sein.

In der zwischen Weinfelder und Gemündener Maar gelegenen **Grube Mertens** war die phreatomagmatische Tephra noch bis in die 1990er-Jahre gut aufgeschlossen (ein Gesamtprofil findet sich in Büchel & Krawzcyk 1986). Gegenwärtig existieren keine guten Einblicke in den Aufbau der Wallablagerungen. Die Gesteine sind an SiO_2 untersättigte, verschiedene Feldspatvertreter führende Alkalibasalte. Als **Einsprenglinge** werden vor allem Klinopyroxen und Olivin beobachtet (Frechen 1976, Büchel & Krawczyk 1986). Kumulatartige Lapilli und kleine Bomben aus Pyroxeniten und Hornblenditen werden von Frechen (1971/1976) und Becker (1977) näher beschrieben. Geomagnetische Studien (Büchel & Krawczyk 1986) ergaben hohe positive Anomalien vor allem im Schalkenmehrener Maar, im Gemündener Maar sowie schwächer ausgeprägt im Weinfelder Maar – wahrscheinlich sind unter dem Seespiegel oder im oberen Bereich des Diatrems Schlackenakkumulationen oder Intrusivkörper vorhanden.

Mosenberg-Gruppe mit Meerfelder Maar

Die Mosenberg-Vulkane können mit dem Meerfelder Maar zu einer Vulkangruppe zusammengefasst werden (Lorenz & Zimanowski 2000). Die Vulkane liegen auf einer von Südosten nach Nordwesten verlaufenden Linie, wobei die zeitliche Abfolge der Eruptionen sich in dieser Richtung fortsetzte und im Nordwesten mit dem Meerfelder Maar endete. Diese Einordnung stützt sich unter anderen auf den Umstand, dass an der Basis des Tephrawalls des Meerfelder Maars eine etwa 10 cm mächtige Lage schwarzer Lapilli gefunden wurde, deren Herkunft vom Mosenberg angenommen wird. Dieser bei Deudesfeld in der **Grube Leyendecker** gelegene Aufschluss war in den letzten Jahren nicht mehr zu sehen, ist nun aber eins zu eins im Maarmuseum in Mander-

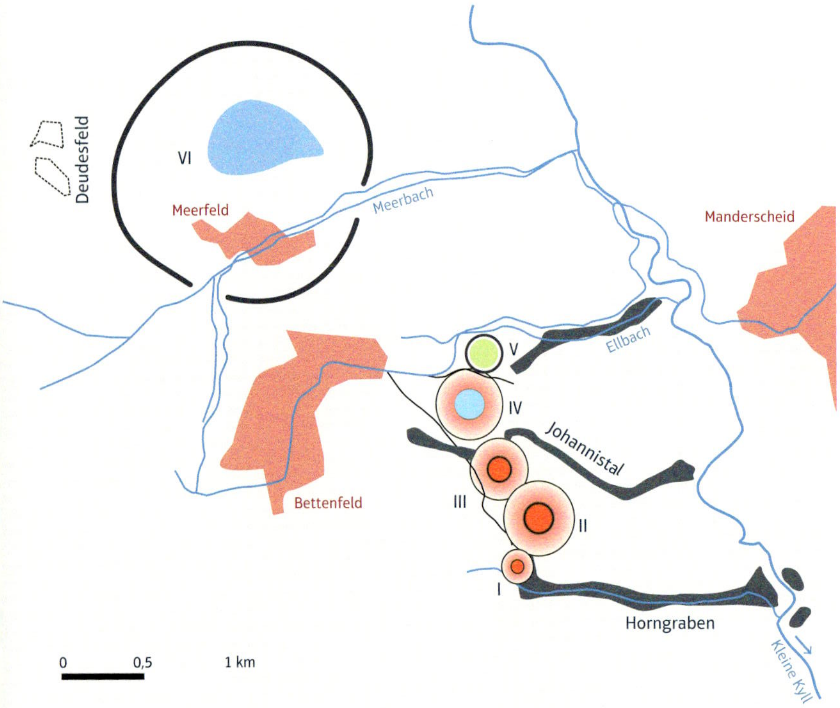

▲ 141 Skizze der Mosenberg-Gruppe mit dem Meerfelder Maar. In Reihenfolge ihrer Entstehung: I Schlackenkegel am Vulkanerlebnispark Mosenberg, II – III Mosenberg-Schlackenkegelkomplex, IV Windsborn-Vulkan, V Hinkelsmaar, VI Meerfelder Maar.

scheid ausgestellt. Die Gleichmäßigkeit dieser Tephralage zeugt von weitgehend ungestörter Erhaltung und kann somit als Beleg dafür angenommen werden, dass der Ausbruch des Meerfelder Maars dem der Mosenberg-Vulkane sehr zeitnah folgte.

Die Mosenberg-Gruppe im engeren Sinn besteht aus einer Reihe von drei nahezu gleich großen Schlackenkegeln und einem kleineren vierten, etwas von der Linie abweichenden Kegel am Südwestrand. Der im Norden gelegene **Windsborn-Vulkan** ist der am besten zu überblickende Kegel. Unmittelbar nördlich an den Windsborn-Vulkan schließt das **Hinkelsmaar** an. Das verlandete Maar kann von dem zwischen beiden Vulkanen liegenden Park- bzw. Wendeplatz gut eingesehen werden. Lorenz & Zimanowski (2000) weisen darauf hin, dass man in diesem Bereich in einem Straßenanschnitt sehen konnte, wie die den Windsborn-Schlacken aufliegende Tephra des Hinkelmaars rot oxidiert war und damit belegt ist, dass der Windsborn-Vulkan beim Ausbruch noch heiß war.

Die Schlackenkegel des Mosenbergs im eigentlichen Sinne sind wegen der Bewaldung nur zu erwandern; man trifft dabei auf ein mächtiges Schlackenagglomerat (Abb. 17). Lavaströme sind nach Osten bis hinunter ins Tal der Kleinen Kyll gelaufen. Man kann dem südlichen dieser Lavaströme entlang eines durch den Horngraben führenden Wegs bis hinunter ins Tal folgen, wo die Lava auch an einem schon lange aufgelassenen Abbau mit ihrer säuligen Absonderung zu sehen ist. An dem an der Westseite der Gruppe nach Norden zurückführenden Weg ist ein interessanter Anschnitt einer Lava zu sehen. Die Lava wird von Schlacken des Mosenbergs überdeckt, wobei der Kontakt nicht scharf erscheint – offenbar sind Schlacken auf die noch flüssige Lava gefallen.

Am Südwestrand der Mosenberg-Gruppe wurde in einer aufgelassenen Lavagrube im Jahr 2012 der **„Vulkanerlebnispark Mosenberg“** eröffnet.

Meerfelder Maar

Das größte Maar der Eifel hat einen Durchmesser von ungefähr 1700 m. Vor allem im Norden ist die Kraterwand steil, wobei sie den heutigen Kraterboden um etwa 180 m überragt. Die Kraterwände aus dem Devon des Rheinischen Schiefergebirges sind an Eingang und Ausgang des den Krater durchlaufenden Meerbach-Tals gut zu sehen. Der Bach tritt im Südwesten in den Krater ein und verlässt ihn nach Osten, um dann bald in die Kleine Kyll zu münden.

Das **Talsystem des Meerbachs** war sehr wahrscheinlich schon vor dem Ausbruch des Meerfelder Maars angelegt. Nach der Eruption muss der Lauf zeitweise unterbrochen gewesen sein. Die lockere Maartephra kann insbesondere für den von Südwesten einmündenden Abschnitt nicht lange ein Hindernis gewesen sein – mit der Auffüllung des Kraters muss dann aber auch der weitere Verlauf des Bachs hinunter zur Kleinen Kyll wieder gängig geworden sein. Dieser natürlich vorgezeichnete Abfluss wurde auch für eine Absenkung des Seewasserspiegels in den Jahren 1877 bis 1880 genutzt – eine Gedenksäule am Ausgang des Tals erinnert an diese Maßnahme, mit der mehr landwirtschaftliche Nutzfläche gewonnen werden konnte.

Geophysikalische Untersuchungen und Bohrungen haben ergeben, dass der See anfänglich etwa 100 m tief gewesen sein könnte (Lorenz & Zimanowski 2000). Ein besonders bemerkenswertes Ergebnis im Zuge dieser Untersuchungen war der Fund mariner Mikrofossilien aus dem Oligozän in den Seesedimenten. Diese Fossilien können nur durch Umlagerung aus der Nachbarschaft in das Maar gelangt sein. Sie belegen, dass die Region im Oligozän auf dem Niveau des damaligen Meeresspiegels lag und dass diese Zeugnisse zur Zeit der Maareruption noch in der nahen Umgebung vorhanden waren.

Die Tephra des Meerfelder Maars war in der Lavagrube Leyendecker in **Deudesfeld** über viele Jahre gut erschlossen. In den letzten Jahren hat sich der Abbau weiter von der Kraterkante entfernt, aber noch immer ist dort die einzige Möglichkeit gegeben, eine Ansicht von der Struktur des Walls zu bekommen. Blöcke aus Schiefergebirgsdevon sind zumeist ohne Einschlagstrichter eingelagert. Magmatische Anteile können als große Bomben (eigene Beobachtung: 20 cm) mit blumenkohlartiger Oberfläche auftreten. Im Kern dieser Bomben finden sich nicht selten Mantelxenolithe oder Nebengesteinsbruchstücke. Das Gestein ist, wie im ganzen Mosenberg-Komplex, ein **Olivin-Nephelinit** (Mertes & Schmincke 1985). Die Mantelxenolithe sind aber nur aus dem Meerfelder Maar bekannt.

Sirocko et al. (2013) kommen in ihrem auf verschiedenen Methoden gründenden Datierungsversuch (*multi-proxy dating*) zu keinem klaren Ergebnis: Ein Teil der Datierungen verweist auf ein Alter zwischen 40 000 und 50 000 Jahren, ein anderer jedoch auf etwa 75 000 bis 80 000 Jahre. Diese Diskrepanz erweckt den Verdacht, dass die Eruptionsgeschichte des Mosenberg-Systems möglicherweise komplexer war als bisher angenommen.

■ Pulvermaar

Das Pulvermaar ist der dominierende Vulkan einer Gruppe, zu der auch der **Römerberg** und das **Strohner Maar** (auch Strohner Maarchen oder Märchen) gehören. Die Eruptionsfolge lässt sich nach Lorenz & Zimanowski (2000) in der folgenden Weise rekonstruieren (siehe auch Abb. 130, S. 113):

Pulvermaar

Foto: RalfenByte – Fotolia.com

▲ 144 Der Kraterrand des Rockeskyller Kopfs an Pkt. 3 (Abb. 142). Der lehrbuchartig angeschnittene Kraterrand KR 2 ist durch die explosive Zurückverlegung eines zuvor weiter rechts gelegenen – hypothetisch als KR 1 skizzierten – Kraterrands in die hier sichtbare Position geraten. Die Diskordanz (D) markiert die Fläche, bis zu der der ursprüngliche Wall von KR 1 abgeschnitten wurde.

Die strukturelle Position der einzelnen Ansichten ist allerdings nicht einfach zu verstehen, stammen die pyroklastischen Folgen um den Rockeskyller Kopf doch von mehreren, eng benachbarten Eruptionsstellen. Wichtige Grundlagen zum Verständnis der Vulkangruppe sind daher geomagnetische Daten (Mertes 1983) und die vulkanologische Karte von Büchel, aus denen sich Hinweise auf die genauere Lage einiger vulkanischer Zentren ergeben. Eine erste Skizze zum Aufbau des Komplexes findet man bei Riley (1996), eine auf der Grundlage umfangreicher Geländearbeit weiter ausgearbeitete Darstellung bei Shaw (2012).

Der Rockeskyller-Kopf-Komplex besteht demnach aus mindestens vier Eruptionszentren. Inwieweit auch der westlich gelegene **Giesenheld-Vulkan** zur Gruppe gezählt werden kann, ist zurzeit unbestimmt (Shaw 2012). Die Ausbruchsgeschichte begann im Nordwesten mit phreatomagmatischen Eruptionen, die zum Aufbau eines Tuffrings führten (**Lammersdorf-Südost-Tuffring**). In Hinblick auf das Eruptionszentrum unterscheiden sich die Interpretationen der genannten Autoren. Der südliche Rand des Tuffrings ist am Eingang des Grubengeländes vom Abbau verschont geblieben und zeigt eine eindrucksvolle Abfolge mit einer markanten Diskordanz (Pkt. 1 bzw. Ausblick von Pkt. 2 in Abb. 142).

Auf die Zurückverlegung des Kraterrands folgen erst geschichtete, noch von einzelnen phreatomagmatischen Eruptionen zeugende Lagen. Dann setzt Schlackenwurf ein. Gut zu sehen ist, dass der Auswurf im Krater zu einer einheitlich wirkenden Masse verschweißt ist, während – links – außerhalb des Kraters die einzelnen Schweißschlacken bzw. die von ihnen gebildeten Lagen deutlich zu erkennen sind (siehe Abb. 144). Der längere Wurfweg hat hier schon in der Luft zu einer stärkeren Abkühlung geführt, sodass ein gemeinsames Verfließen nach dem Auftreffen nicht mehr möglich war. Die geneigte Oberkante der Lava im Krater zeigt, dass es sich nicht um einen Lavasee handeln kann – in diesem Fall wäre eine horizontale Oberfläche zu erwarten.

Weiter im Süden erscheint schließlich eine mächtige kompakte Lava mit grober Säulenklüftung. Dieses Vorkommen wird von den meisten Autoren als Rest eines im Krater verbliebenen Lavasees interpretiert – wobei Pkt. 3 (Abb. 142) dem Rand des Kraters und damit des Lavasees entsprechen soll. Dies widerspricht allerdings der Darstellung von Shaw (2012), der den Krater um Pkt. 3 wesentlich enger fasst. Ein solcher kleiner Krater könnte aber auch in einen größeren eingeschachtelt gewesen sein – siehe die hypothetisch eingetragene, gestrichelte Umgrenzung an Pkt. 3 in der Kartenskizze (Abb. 142).

Neben der Struktur der Vulkangruppe hat in der petrographischen Fachwelt die Komposition der Magmen besondere Aufmerksamkeit erregt, wobei insbesondere der Carbonatit aus dem Diatrem **Auf Dickel** hervorzuheben ist. Das Diatrem durchschlägt den Tuffring und sollte daher relativ jünger als der Rest des Komplexes sein. Die zeitliche Beziehung zu den anderen Zentren ist allerdings noch unklar. Dabei handelt es sich um das einzige Carbonatitvorkommen der Westeifel, wobei das Gestein in Verbindung mit Phonolithen auftritt. Daraus lässt sich auf ein enges Nebeneinander von Silikat- und Carbonatschmelzen im Herkunftsbereich der Magmen im Erdmantel schließen (Riley 1996, Riley et. al. 1999). Aus dem Umkreis des Diatrems werden Carbonatitlapilli, aber auch Einzelfunde großer Sanidinkristalle beschrieben.

Vulkane um Steffeln

Der Ort Steffeln liegt im Bereich der Eifelmulde – im Ort trifft man an mehreren Stellen auf freiliegende, kräftig rote Sandsteine aus dem Buntsandstein. Westlich des Orts verläuft eine Verwerfung, an der der Buntsandstein vertikal gegen das Devon des Schiefergebirges versetzt ist. Das **Laach-Maar** und der **Steffelner Kopf** sitzen über

▲ 145 Steffelner Kopf. Rest eines Schlackenkegels, der vertikal von zwei Gängen durchschlagen wird. Vermutlich davon ausgehend sind die im Wall erkennbaren Schweißschlacken und Lavalagen (Vulkangarten Steffeln, Aufnahme 2015).

dieser Verwerfung, die der Schmelze im oberen Bereich der Kruste offenbar den Aufstieg strukturell vorgezeichnet hat.

Die Situation am Steffelner Kopf ist relativ komplex. Der Abbau hat weite Bereiche des Schlackenkegels entfernt, sodass der für die Öffentlichkeit angelegte Rundweg in dem nun als „Vulkangarten" bezeichneten Gelände teilweise unterhalb seiner ehemaligen vulkanischen Basis verläuft. Hier trifft der Besucher – im Bereich der östlich tektonisch höheren Scholle – auf den **Buntsandstein**, der seinerseits von einer phreatomagmatisch geprägten Abfolge überlagert wird.

Diese phreatomagmatische Abfolge repräsentiert das vulkanische Geschehen noch vor dem Ausbruch des Steffelner Kopfs. Nach Büchel sind drei Abschnitte zu unterscheiden: Zuunterst liegt Tephra des im Norden eruptierten **Laach-Maars**. Diese wird von der Tephra der ersten Eruptionsphase des Steffelner Kopfs überlagert. Diese erste Phase war phreatomagmatisch und sprengte einen Maarkrater aus. Nach einer Pause, die lange genug für die Entwicklung eines Bodens war, kam es erneut zu Ausbrüchen im Laach-Maar. Der Aufbau eines **Tuffrings** zeugt von einem See im Krater des Maars. Aschen dieses Ausbruchs erreichten das Maar am Steffelner Kopf und lagerten sich im Krater wie auch an dessen Rand – auf der höheren Bruchscholle – ab.

Erst dann beginnt der Aufbau des **Steffelner-Kopf-Schlackenkegels**. Das Eruptionszentrum scheint in der westlichen, höheren Scholle gelegen zu haben. Hier sind zwei sich diagonal kreuzende Gänge zu sehen, wobei der Kreuzungsbereich zumindest in dieser Phase des Ausbruchs dem Förderzentrum entsprochen haben könnte. Von dem mächtigeren dieser beiden Gänge – dem am Nordrand des Aufschlusses angeschnittenen Gang – scheinen auch die Lava- und Schweißschlacken ausgegangen zu sein, die im oberen Bereich der Wand deutlich erkennbar angeschnitten sind.

Innerhalb der Ortschaft Steffeln sind die eindrucksvollen Reste des Steffelner Tuffringes zu sehen. Der Tuffring ist nur unvollständig erhalten – vor allem im Südwesten wurde ein beträchtlicher Teil durch den Tiefenbach erodiert. Der teilweise palagonitisierte Tuffstein wurde wie am benachbarten Tuffring des Killenbergs auch als Werkstein gewonnen.

Eichholz-Maar

Das kleine Eichholz-Maar ist im letzten Glazial entstanden. Eine Forschungsbohrung ergab ein Alter von ungefähr 15 000 bis 20 000 Jahren sowie den Befund, dass der Kratersee des Maars schon vor 9300 Jahren weitgehend verlandet war. Restliche Wasserflächen wurden Anfang des 20. Jahrhunderts trockengelegt. In etwa 12 m Tiefe konnten im Bohrkern Aschen des Laacher-See-Ausbruchs nachgewiesen werden.

Das Maar ist insofern bemerkenswert, als es das erste wieder vernässte Maar der Eifel ist. Die Thematisierung des Vulkanismus durch die Tourismuseinrichtungen haben hier in den Jahren 2007 bis 2008 eine sichtbare Bereicherung der Vulkanlandschaft Eifel erbracht. Leider wurde auf den Erhalt eines auch geologisch anschaulichen Aufschlusses verzichtet – eine Infotafel gibt allerdings reichlich Auskunft über das Maar und seine Geschichte.

Das Maar liegt in einem von Westen nach Osten verlaufenden Tal, wodurch vermutlich die relativ rasche Verfüllung des Kratersees möglich wurde. Etwa 250 m westlich des Maars liegt die eisenreiche Quelle des **Steffelner Drees**, eine der vielen Mineralquellen der Eifel. An der gefassten Quelle informiert eine Tafel über den Mineralgehalt des Wassers.

Wartgesberg-Gruppe

Die Wartgesberg-Gruppe (Abb. 130) umfasst Schlackenkegel, die entlang eines von Nordnordosten nach Südsüdwesten verlaufenden Fördergangs angeordnet sind. Die Schlackenkegel sind durch jahrzehntelangen, intensiven Abbau weitgehend aufgezehrt. Das südliche Ende der Gruppe bildet das **Sprinker Maar.**

Der westlich der Spalte gelegene **Körperich-Schlackenkegel** wie auch das östlich davon gelegene **Trautzberger Maar** werden ebenfalls als Teile der Wartgesberg-Gruppe angesehen. Das Trautzberger Maar ist ein nicht mehr besonders deutlich erkennbares Trockenmaar – sein Tephrawall wird von Schlacken der Wartgesberg-Gruppe überlagert und muss deshalb älter sein.

In dem inzwischen abgebauten nördlichen Schlackenkegel der Wartgesberg-Gruppe wurde die „größte Lavabombe" der Eifel gefunden. Die Bombe hat diese gewaltige Größe erreicht, da sie niemals über den Kraterrand hinauskatapultiert wurde, sondern wiederholt in den Krater zurückfiel und so immer weiter von Lava überzogen wurde. Im Winter 1991/92 wurde die Bombe auf eine Stahlplatte gelegt und über den Schnee an den südlichen Ortsrand von Strohn geschleppt. Eine weitere Rettungsaktion sicherte die „La-

▲ 146 Die basale Tephra des Sprinker Maars kann an der Steinbruchwand des Wartgesberg-Schlackenkegels schon von Weitem gesehen werden, wo sie die schwarzen Schlacken als auffällig helles Band überlagert (Aufnahme 1994).

vaspalten-Wand", eine über eine steile Wand laufende, im Schmelzfluss erstarrte Lava. Dieser aus dem Schlackenabbau gerettete Ausschnitt aus dem Eruptionsgeschehen ist im „Vulkanhaus Strohn" zu bewundern, wobei der Besucher nicht einmal auf authentisch wirkende Schwefelgerüche verzichten muss. Die Gesteine der Wartgesberg-Gruppe lassen sich in das Feld der **Basanite** einordnen.

11 Quartäres Osteifel-Vulkanfeld

Bimsvulkane und Lavadome

Das Vulkanfeld der Osteifel ist etwas kleiner als das der Westeifel, nicht nur in seiner Ausdehnung, sondern auch hinsichtlich der Zahl der Vulkane – Schätzungen kommen auf ungefähr 100 Eruptionspunkte. Dennoch scheint in der Osteifel relativ mehr Magma gefördert worden zu sein – allein der Ausbruch des **Laacher-See-Vulkans** hat, folgt man den Angaben von Schmincke (2013), etwa 6 km^3 dazu beigetragen. Dazu kommen die gewaltigen Ausbrüche im **Wehrer Kessel** und, noch bedeutend umfangreicher, im **Riedener Kessel** in der Zeit vor etwa 400 000 Jahren. Letztere sollen den Ausstoß des Laacher-See-Vulkans übertroffen haben. Doch sobald wir nur wenige Hunderttausend Jahre zurückgehen, sind viele Zeugnisse auch schon wieder der natürlichen Abtragung zum Opfer gefallen, sodass Kalkulationen dieser Art bedeutend unschärfer werden.

Diese großen Ausbrüche der Osteifel, dabei insbesondere auch die Eruption des **Laacher-See-Vulkans** vor ungefähr 12 900 Jahren, haben wir bereits im Detail behandelt (siehe S. 90). Im Gegensatz zur Westeifel haben sich in der Osteifel auch Magmenkammern im Bereich der höheren Kruste gebildet, in denen sich Magma sammeln und durch Absatz SiO_2-ärmerer Anteile zu Phonolith entwickeln konnte. Diese zähflüssigen Magmen sind die Grundlage für die gasreichen plinianischen Eruptionen, in denen neben Bimssteinen auch große Volumen an Aschenströmen ausgetreten sind. Aus gasarmen Phonolithschmelzen sind schließlich auch Lavadome und Kryptodome entstanden, wobei Letztere in die mächtigen Aschentuffe im Bereich des Riedener Kessels eingedrungen sind und inzwischen bereits überwiegend wieder von der Erosion freigestellt wurden. **Olbrück, Schellkopf, Riedener Hardt, Schorenberg** und **Sulzbusch** sind die bekanntesten Fälle. Ihr Charakter als Dom oder Kryptodom ist nur leider nicht anschaulich zu erfassen, da keines dieser Vorkommen als nackter und unbewaldeter Fels vor unsere Augen tritt.

Seltene Maare

Ein weiterer Unterschied zwischen den beiden quartärzeitlichen Vulkanfeldern der Eifel besteht in der Anzahl der Maare. In der Osteifel gibt es kein einziges Maar mit erhaltenem Kratersee. Auch ältere Trockenmaare sind kaum zu finden – mit dem Doppelmaar von **Hausen-Morswiesen** wurde eigentlich erst um 1990 ein Trockenmaar entdeckt, das denen der Westeifel in seiner Erscheinung vergleichbar ist. Die Entdeckung der Struktur stand im Zusammenhang mit Grundwassererschließungsmaßnahmen (Büchel 1991); sie ist inzwischen geophysikalisch wie auch durch Bohrungen schon relativ gut untersucht. Mit einem Alter von 500 000 Jahren handelt es sich um das bisher älteste datierte quartärzeitliche Eifelmaar.

Initiale Maare und Tuffringe unter Schlackenkegeln

Zeugnisse phreatomagmatischer Tätigkeit sind aber trotz des Mangels an charakteristischen Maaren auch in der Osteifel häufig – in oder unter den meisten aufgeschlossenen Schlackenkegeln wurden Maar- oder Tuffringsequenzen entdeckt. Es scheint, dass die hydrogeologischen Bedingungen überwiegend nicht geeignet waren, phreatomagmatische Aktivität so anhaltend zu unterstützen, dass dieser Eruptionsstil bis zum Ende der Magmenförderung aufrechterhalten werden konnte.

Die im Kern der Schlackenkegel auftretenden phreatomagmatischen Folgen werden zwar pauschal als „initiales Maar" bezeichnet, scheinen aber zumeist sehr oberflächennah entstanden zu sein und sich in der Folge auch nicht bedeutend weiter in die Tiefe vorgearbeitet zu haben. Hinweise dafür sind die zahlreichen Nebengesteinskomponenten aus tertiärzeitlichem Tonstein, die aus oberflächennahen bzw. auflagernden Ablagerungen oder Verwitterungsbildungen stammen. Beispiele für solche Tonkomponenten sind am **Nastberg** zu sehen, ähnliche Beobachtungen konnte man an den – heute stark reduzierten oder gar nicht mehr existierenden – Kegeln des **Herchenbergs** und der **Wannenköpfe** machen. Für einige der unter den Schlackenkegeln sitzenden phreatomagmatischen Gebilde scheint die Bezeichnung „Tuffring" treffender zu sein – ein besonders eindrucksvolles Zeugnis eines solchen initialen Tuffrings ist am **Eppelsberg** erhalten.

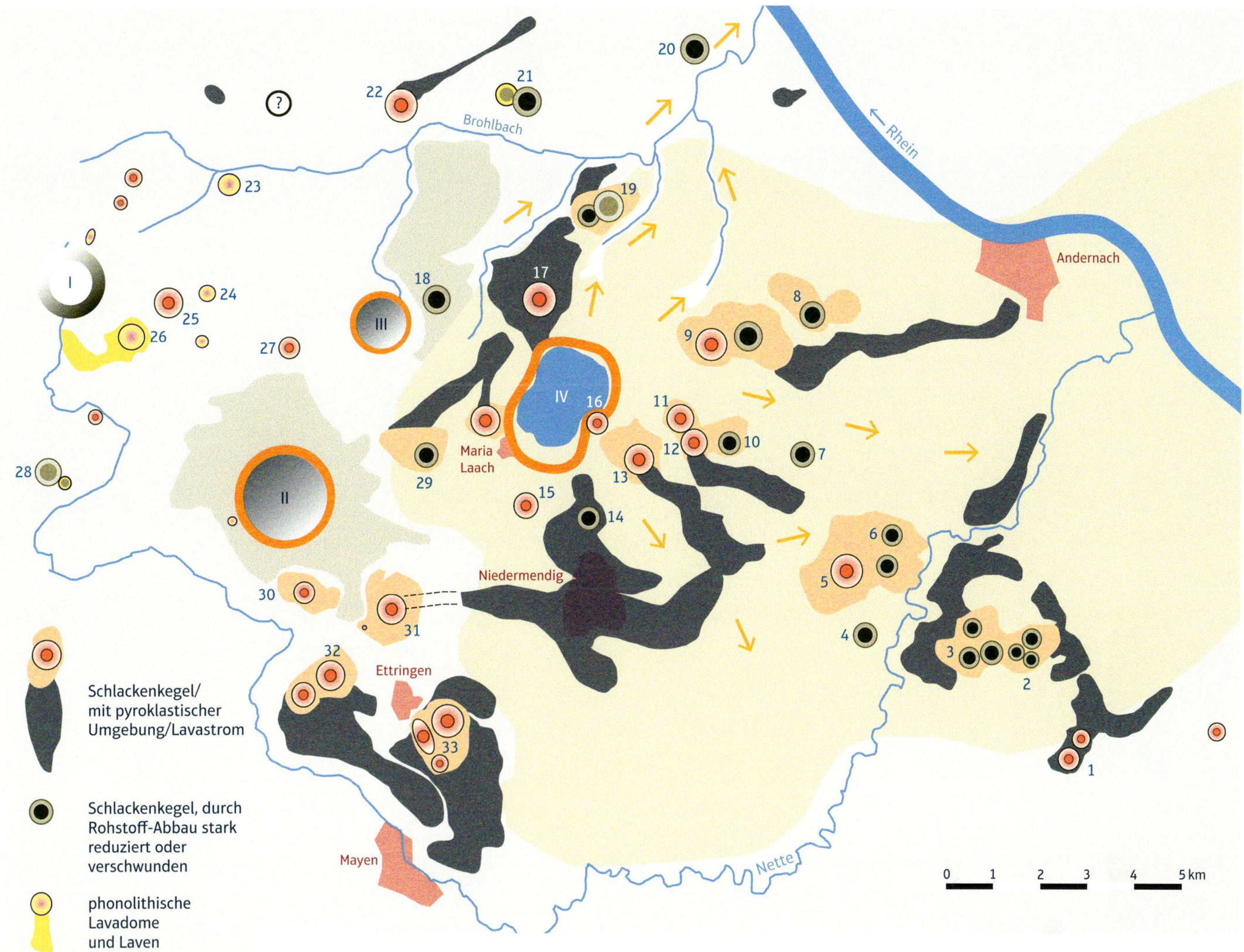

▲147 Quartäres Osteifel-Vulkanfeld. Modifiziert nach Bogaard & Schmincke (1990).

Große Phonolith-Vulkane:
I Kempenich (nur undeutliche Relikte)
II Riedener Kessel (mit mehreren kleinen Phonolith-Domen)
III Wehrer Kessel
IV Laacher-See-Vulkan

Schlackenkegel, Tuffringe, Lavadome, Maare:
1 Karmelenberg-Gruppe
2 Wannenkopf-Gruppe
3 Eiterköpfe
4 Tönchesberg
5 Korretsberg
6 Plaidter Hummerich
7 Sattelberg
8 Nastberg
9 Hummerich-Sattel-Gruppe
10 Eppelsberg
11 Heidekopf
12 Roter Berg
13 Krufter Ofen
14 Wingertsberg
15 Theilenberg
16 Alte Burg
17 Veitskopf
18 Dachsbusch
19 Kunkskopf mit Lummerfeld-Maar
20 Leilenkopf
21 Herchenberg mit phonolithischem Dümpelmaar
22 Bausenberg mit Lavastrom
23 Olbrück-Phonolithdom
24 Schellkopf
25 Schorenberg
26 Engelner Kopf
27 Meirother Kopf
28 Doppelmaar von Hausen-Morswiesen
29 Rothenberg
30 Sulzbusch
31 Hochstein
32 Hochsimmer
33 Ettringer-Bellerberg-Gruppe

▲ 148 Der Krater des Rodderberg-Vulkans – Blick über den Rhein von der Aussichtsterrasse des Drachenfels (Aufnahme 2010).

▲ 149 Durch Abbau der Pyroklastika wurde am Nordrand des Rodderbergs ein Lavagang freigestellt. Im Hintergrund ist Bad Godesberg zu sehen (Aufnahme 1994).

Rodderberg – ein Ausreißer aus der Osteifel

Nur etwa 10 km südlich von Bonn gelegen ist der Rodderberg-Vulkan weit vom Vulkanfeld der Osteifel entfernt (siehe Karte Siebengebirge, Abb. 150). Vom Ostrand des sich deutlich abzeichnenden Kraters ist der Blick über den Rhein auf das gegenüberliegende Siebengebirge spektakulär. Aber trotz der räumlichen Nähe zu diesem tertiärzeitlichen Vulkanfeld ist der Rodderberg kein Teil des Siebengebirges. Weder der Chemismus seines Magmas noch das quartärzeitliche Alter würden eine solche Zuordnung rechtfertigen.

Die hohen Anteile der **Feldspatvertreter** Leucit und Nephelin stellen die Lava des Rodderbergs in Beziehung mit den Gesteinen des Rieden-Vulkans im Osteifel-Vulkanfeld. Die vulkanische Aktivität im Riedener Kessel hatte ihren Höhepunkt vor etwa 400 000 Jahren, dann verlagerten sich die Ausbrüche in nordöstlicher Richtung hin zum Wehrer Kessel. Mit diesem Abschnitt des Osteifel-Vulkanismus steht die Entstehung des Rodderbergs wahrscheinlich im Zusammenhang.

Ein Maximalalter von etwa 500 000 Jahren ist dadurch gegeben, dass der Rodderberg den Sedimenten der Unteren Hauptterrasse des Rheins aufsitzt und damit jünger als diese sein muss. Die neueren Daten tendieren allerdings zu einer jüngeren Entstehung vor etwa 300 000 Jahren. Dieses jüngere Datum wird durch Bohrungen im Krater gestützt: Die angetroffenen Sedimente scheinen nicht mehr als nur die letzten drei Kaltzeiten zu repräsentieren. Damit würde der Ausbruch zugleich in die Zeit der stärksten Heraushebung des Schiefergebirges fallen.

In jedem Fall aber war der Rodderberg noch nicht so hoch über dem Rhein gelegen wie heute. Wenn wir den Krater von seiner postvulkanischen Sedimentfüllung befreien würden, läge der Boden des Kraters auch heute noch immer auf dem Niveau des Rheins. Allein schon dieser Umstand macht deutlich, dass es sich beim Rodderberg in erster Linie um eine aus dem Untergrund ausgesprengte Hohlform handelt. Noch tiefer – also deutlich unter dem Niveau des Rheins – muss schließlich der phreatomagmatische Reaktionsbereich gelegen haben.

Die **Eruptionsgeschichte** lässt sich in mehrere Abschnitte gliedern. Kein Zweifel besteht, dass die Tätigkeit mit der phreatomagmatischen Aussprengung des Maarkraters einsetzte. Die folgenden Abschnitte waren hingegen überwiegend magmatisch geprägt: In Aufschlüssen im Norden wie im Süden des Kraters sind entsprechende pyroklastische Lagen erhalten. In der Nordgrube werden die Lapilli- und Aschentuffe von einem Lavagang durchschlagen, der durch den Abbau der umgebenden Lockergesteine in spektakulärer Weise freigestellt wurde. Im Verlauf des Ausbruchs verlagerten sich die Eruptionen zunehmend nach Süden, wo die jüngsten pyroklastischen Bildungen relativ ältere, vermutlich aus dem großen Hauptkrater ausgeworfene Lapilli überlagern. Unter dem Krater konnten in Bohrungen Schlacken und massive Lava nachgewiesen werden, die für diese Phasen die Nähe zur Eruptionsstelle belegen.

Es gibt keine Hinweise auf längere Unterbrechungen in der Tätigkeit des Rodderberg-Vulkans – möglicherweise ist der ganze Komplex das Ergebnis einer nur wenige Wochen dauernden Eruption. Obwohl nach der initialen Maarphase erhebliche magmatische Aktivität stattfand, hat der Rodderberg seine Form als Maar bewahrt. Schlacken- und Lavaförderung sind zwar am Kraterboden nachweisbar, haben aber nicht zum Aufbau eines über den Krater hinauswachsenden Schlackenkegels geführt. Nach Ende des Ausbruchs wurde der Krater von einem See erfüllt. Der Charakter der Sedimente zeugt von einem sauerstoffarmen Milieu in dem vermutlich tiefen Gewässer. Wie die Seen anderer Maare verflachte auch das Rodderberg-Maar im Lauf der Zeit, bis es – vermutlich noch vor der letzten Kaltzeit – trockenfiel.

12 Tertiäres Siebengebirgs-Vulkanfeld

Das Siebengebirge entstand im Oligozän in einer nach Nordwesten zur Niederrheinischen Bucht hin orientierten Tiefebene. Der Rhein existierte noch nicht. Die tektonischen Konturen der Niederrheinischen Bucht und der in ihr sitzenden Kölner Bucht waren schon angelegt, das Meer rückte zeitweise bis nahe an den Bereich des späteren Siebengebirges heran. Das Klima war subtropisch bis tropisch, die Landschaft von dichter Vegetation bestimmt – die Flora und Fauna jener Zeit ist uns aus der am nördlich des Siebengebirges bei Hennef gelegenen **Fossillagerstätte Rott** bekannt. Die fossilreichen Blätterkohlen von Rott wurden in einem See abgelagert, dessen Sedimentfolge aber auch deutlich durch vulkanoklastische Komponenten geprägt

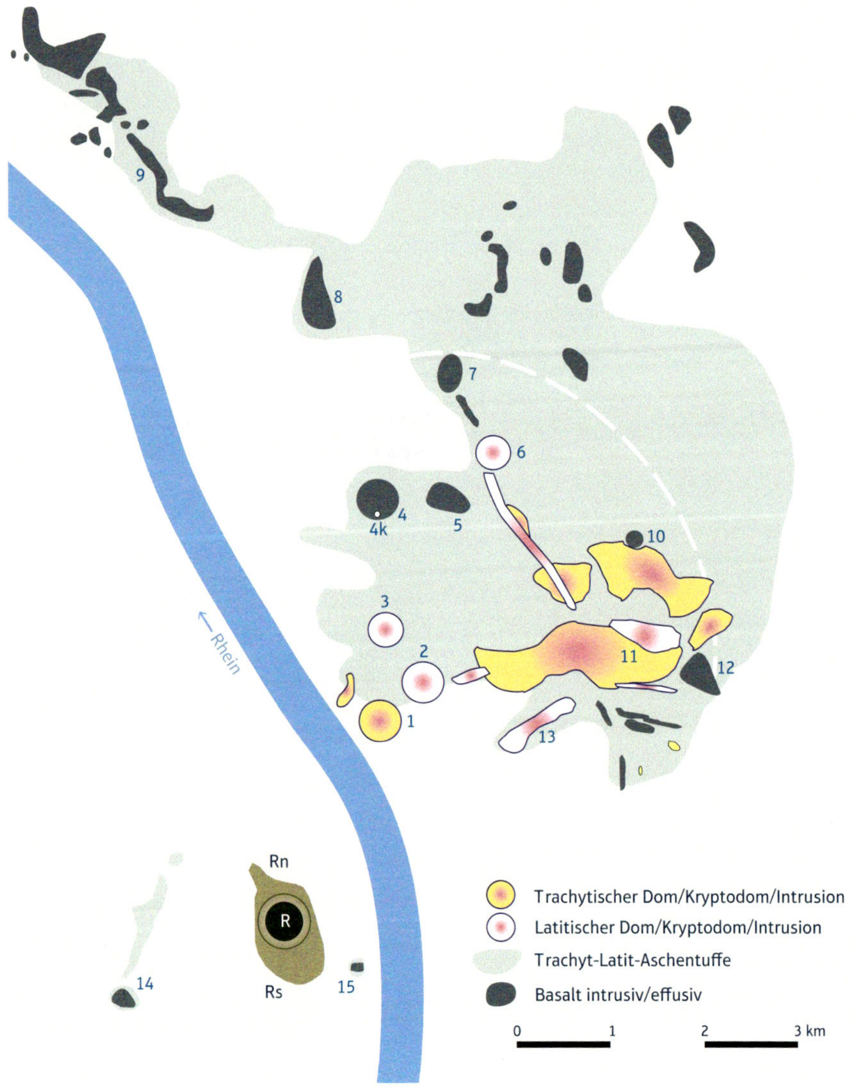

▸ 150 Skizze des zentralen Siebengebirges.

R Rodderberg-Trockenmaar (Osteifel-Vulkanfeld) mit Pyroklastika aus magmatischen Spätphasen im Norden (**Rn**) und Süden (**Rs**)
1 Drachenfels
2 Wolkenburg
3 Hirschberg
4 Petersberg
4k Basaltrosette Kutzenberg
5 Nonnenstromberg
6 Stenzelberg
7 Weilberg
8 Dollendorfer Hardt
9 Basalt von Oberkassel
10 Großer Ölberg
11 Lohrberg
12 Scherkopf
13 Breiberg
14 Dächelsberg
15 Rolandseck (Diatremintrusion?)

Das im Text erwähnte Basaltvorkommen der Erpeler Ley liegt südlich außerhalb der Karte am Rhein gegenüber Remagen.

Weiß gestrichelt: hypothetisches Ausmaß einer Siebengebirgs-Caldera.

▲ 151 Blick auf das zentrale Siebengebirge – vom Hermannsblick am Ostrand des Rodderberg-Kraters (Aufnahme 2010).

ist, die von den Ausbrüchen im Siebengebirge stammen (Mörs 1995). Die geringe Mächtigkeit der Seeablagerungen und die flache Neigung des Ufers deuten allerdings nicht darauf hin, dass es sich dabei um einen Maarkrater handeln könnte, auch wenn das wohl nicht völlig auszuschließen ist.

Nach den bisher vorliegenden radiometrischen Altersdaten begann die Aktivität vor etwa 27 bis 28 Millionen Jahren mit punktuellen Eruptionen von Alkalibasalten. Vor 25 Millionen Jahren kam es im zentralen Siebengebirge zu hochexplosiven Ausbrüchen, in denen große Volumen an Tephra gefördert wurden. Die Komposition bewegte sich im Spektrum der Trachyte und Latite. An diese pyroklastische Phase schloss sich der Austritt zäher Laven in Form von Domen und vermutlich überwiegend Kryptodomen an. Spätere, mit der Zeit nur noch vereinzelt auftretende Eruptionen förderten dann wieder Alkalibasalte (im Wesentlichen Nephelin-Basanite). Dieser späte Abschnitt zeigt eine breite räumliche wie zeitliche Streuung und reicht bis in das Jungmiozän (5,9 Millionen Jahre).

Trotz des relativ hohen geologischen Alters sind im Siebengebirge noch umfangreiche Zeugnisse der von Trachyt- und Latitmagmen geprägten Hauptphase vorhanden. Pyroklastische Ablagerungen wie Aschen- und Bimstuffe, die bis heute überwiegend keine oder nur eine schwache Zementierung erfahren haben, sind noch immer in einer Mächtigkeit von bis zu 200 m erhalten. Dieser auf den ersten Blick erstaunliche Umstand wird verständlich, wenn man die erst viel später erfolgte Heraushebung des Siebengebirges bedenkt. Wie auch schon am gegenüberliegenden Rodderberg dokumentiert, ist auch das Siebengebirge erst in den letzten Hunderttausenden von Jahren aus der Tiefe aufgestiegen, mit einer besonders intensiven Hebungsphase vor 400 000 Jahren.

Erst im Zuge dieser **jungen Hebungsgeschichte** wurden auch die massiven Vulkangesteine des Siebengebirges von Teilen der über und zwischen ihnen befindlichen pyroklastischen Ablagerungen befreit. Die mit dem Aufstieg einsetzende Erosion hat bevorzugt diese Lockergesteine entfernt, und erst dabei sind die Gipfel, die heute die markante Silhouette des Siebengebirges bestimmen, freigelegt und morphologisch deutlich geworden. So gesehen könnte das Siebengebirge trotz seines hohen vulkanischen Bildungsalters zu den jüngsten „Gebirgen“ in Deutschland gehören.

Tuffe und Intrusiva

Der **Drachenfels** ist nicht nur ein in der Landschaft relativ gut einsehbarer Repräsentant kuppelförmiger Lavamassen, sondern ein gutes Beispiel für das allgemeine Verhalten von Lavaaustritten in einer Landschaft, die von mehreren Hundert Metern pyroklastischer Lockergesteine bedeckt ist. Diese bilden für aus der Tiefe kommende Magmen aufgrund ihrer geringen Dichte wie ihrer mechanischen Instabilität relativ günstige Bedingungen zur seitlichen Ausbreitung. Je nach Viskosität der Schmelze und den konkreten lokalen Umständen wird diese sich seitlich ausbreiten, sei es in Form von Lagergängen oder mächtigeren, intrusiven Lagen oder aber auch in unregelmäßig konturierten Stöcken sowie relativ symmetrisch gebauten Kryptodomen. So können wir annehmen, dass in dieser Phase im Siebengebirge wahrscheinlich nur ein kleiner Teil der Laven die Oberfläche erreicht hat. Insbesondere die für den Kernbereich des Siebengebirges charakteristischen Trachyte und Latite werden überwiegend als Kryptodome in den Tuffen stecken geblieben sein.

Der oberste, pyroklastisch dominierte Bereich des vulkanischen Siebengebirges wird vermutlich schon bald nach seiner Bildung abgetragen worden sein – wir haben keine Zeugnisse, die uns eine genauere Aussage darüber ermöglichen, wie umfangreich Verbreitung und Mächtigkeit der pyroklastischen Lockermassen ursprünglich waren. Nach den Ausbrüchen müssen allein schon die ersten Niederschläge gewaltige Mengen an Aschen mobilisiert und in Schlammströmen fortgeführt oder zumindest umgelagert haben. Dann aber muss das Siebengebirge bald in Verhältnisse geraten sein, die eine weitere Erosion verhindert haben – möglicherweise wurde die Region sogar von Lockersedimenten überdeckt.

Bevor die junge Heraushebung die zahlreichen intrusiv entstandenen Lavakörper freigelegt hat, können also höhere, eventuell auch an der damaligen Oberfläche gebildete vulkanische Festgesteine abgetragen worden sein. Doch diese werden aber wahrscheinlich keinen großen Anteil am Aufbau dieses Vulkanfelds gehabt haben. Wir haben so gute Gründe für die Annahme, dass tatsächlich gerade erst in der jüngsten Vergangenheit der über dem Siebengebirge liegende Schleier gelüftet wurde und seine vulkanischen Strukturen uns nun offen wie nie zuvor entgegentreten.

Gibt es eine große Siebengebirgs-Caldera?

Das ursprüngliche Volumen der Trachyt- und Latittuffe kann auf ungefähr 10 km^3 kalkuliert werden. Die Entwicklung eines solchen Volumens differenzierter Schmelze setzt eine entsprechend große Magmenkammer im oberen Drittel der kontinentalen Kruste voraus. Nach – oder schon mit – der Entleerung der Magmenkammer kann es daher zum **Einbruch einer Caldera** gekommen sein.

Diese Hypothese wird durch das tiefe Niveau der Tuffe im Zentrum des Siebengebirges gestützt. Während deren Basis weiter außerhalb im Süden bei 350 m ü. NN liegt, liegt sie hier bei 110 bis 120 m. In Verbindung mit punktuell erhaltenen Tuffvorkommen außerhalb des zentralen Bereichs des Siebengebirges lässt sich nach Meyer (1988) eine elliptische Struktur konstruieren, deren Längsachse zwischen Remagen und Porz-Eil (östlich von Köln) etwa 37 km, in der Querachse bei Bad Godesberg etwa 20 km erreicht.

Ein solches Ausmaß wäre für eine Caldera allerdings gewaltig. Dimensionen dieser Art werden nur von den größten Calderen erreicht – selbst die Caldera der Campi Flegrei, aus der vor 39 000 Jahren der 200 km^3 umfassende Campanische Tuff gefördert wurde, hat nur einen Durchmesser von ungefähr 12 km. Eine realistischere Orientierung gibt zum Beispiel der **Riedener Kessel** aus dem Osteifel-Vulkanfeld, aus dem nach dem heutigen Kenntnisstand ein in der Größenordnung ähnliches Volumen wie im Siebengebirge gefördert wurde. Die dort entstandene Einbruchstruktur hat einen Durchmesser von 2 bis 3 km. Dies würde in etwa auch dem zentralen Bereich des Siebengebirges entsprechen, wie er durch das Vorkommen der großen Trachyt- und Latitkörper charakterisiert ist.

Der zuverlässige Nachweis einer Caldera könnte möglicherweise mit den Mitteln der Geophysik gelingen – bis dahin bleibt sie eine Hypothese. Hier fügt sich ganz gut ein Urteil aus jüngerer Zeit ein: „Der Erkenntnisstand über die Eruptionszentren sowie den Aufbau und Inhalt der pyroklastischen Ablagerungen reicht selbst heute nur wenig über den Stand der Forschung um die Jahrhundertwende (Laspeyres 1901) hinaus“ (Vieten 1988: 5).

Basaltische Laven

Das Konzept der Caldera schließt nicht aus, dass es innerhalb wie außerhalb ihres Bereichs auch zusätzliche, individuelle Aufstiegswege gegeben haben mag. Als ein solches exzentrisches Vorkommen wird der Trachyttuff am **Dächelsberg** angesehen. Hier wurden die Tuffe nachfolgend noch von einem Basaltkörper intrudiert. Intrusionen basaltischer Schmelze in den Tuff sind allerdings noch eindrucksvoller im zentralen Bereich des Siebengebirges am **Weilberg** dokumentiert, wo ein Besucher zugleich einen Eindruck von der Mächtigkeit der Tuffe bekommen kann. Eine Basaltintrusion steckt auch im **Großen Ölberg,** wo sie dazu beigetragen hat, dass hier nun der höchste Gipfel des Siebengebirges zu finden ist (460 m). Auch dort ist der Basalt an alten Abbauwänden freigestellt. Die basaltischen Ausbrüche haben auch massive Vorkommen bei **Oberkassel** geschaffen, die über lange Zeit im Abbau standen und heute noch als markante Wand mit vertikaler Säulenklüfung zu sehen sind.

Maare bzw. **Maar-Diatrem-Vulkane** oder **Tuffringe** sind aus dem zentralen Siebengebirge bisher nicht bekannt geworden. Aufgrund der Tieflandsituation soll-

▲ 152 Der Dächelsberg am Ortsrand von Niederbachem zeigt einen in den Trachyttuff eingedrungenen Basalt (Aufnahme 2010).

▲ 153 Im vergrößerten Ausschnitt der Abb. 152 ist zu sehen, wie sich dünne Lagen des Basalts zwischen die geschichteten Tuffe geschoben haben.

▲ 154 Am Weilberg ist die Intrusion eines Basalts mehrphasig. Die erste Intrusion unterlagert die hellen Tuffe, die im Kontaktbereich rot oxidiert sind. In einer späteren Phase wurden der ältere Basaltkörper (Basalt 1) und die Tuffe von einem vertikalen Gang (Basalt 2) durchschlagen. Schon unweit oberhalb des älteren Basalts beginnt sich der Basalt 2 seitlich tulpenförmig auszubreiten (Aufnahme 1990).

▲ 155 Der mächtige Basaltkörper der Erpeler Ley ist eine Diatremintrusion. Erst später hat sich hier der Rhein eingegraben – möglicherweise der gleichen strukturellen Anlage folgend, die schon die Aussprengung des Diatrems leitete (Aufnahme 2010).

ten die Bedingungen für phreatomagmatische Eruptionen allgemein aber nicht ungünstig gewesen sein. Die Bedingungen für die Diagnose von Maarvulkanen sind in der von mächtigen Tuffen verhüllten Landschaft allerdings schwierig. Erst außerhalb dieses zentralen Bereichs sind einige mutmaßliche Diatreme zu finden: Der am linken Rheinufer liegende Felsen unterhalb der **Rolandsburg** ist eine Basaltintrusion, die möglicherweise in einem zuvor ausgesprengten Diatrem steckt.

Noch mehr als der Felsen an der Rolandsburg ist der südlich des Siebengebirgszentrums gelegene, gewaltige Basaltkörper der **Erpeler Ley** nicht ohne eine vorangegangene phreatomagmatische Aussprengung denkbar. Der Durchmesser des gegenüber der Brückenruine von **Remagen** gelegenen Nephelin-Basanits beträgt 400 bis 450 m, seine Basis ist hingegen genauso unbekannt wie die Höhe, die die Lava ursprünglich eingenommen hat. Die Geländeoberfläche dürfte zur Zeit der Eruption jedenfalls einige 100 m höher gelegen haben. Das heutige Dach des Felsens entspricht einer relativ jungen Erosionsfläche, die mit einem Niveau von ungefähr 190 m ü. NN im Bereich der Hauptterrassen des Rheins liegt und damit einen Talboden aus einem frühen Abschnitt der jungen Hebung des Schiefergebirges repräsentiert. Reste von Rheinschotter sind auf der Höhe auch an einigen Stellen zu finden.

Das Vulkangestein der Erpeler Ley wurde auf 27 bis 28 Millionen Jahre datiert und entspricht damit der Hauptzeit der Siebengebirgsaktivität. Die Eruption geht der Anlage des Rheintals zeitlich lange voraus. Dem späteren Fluss verdanken wir aber die Freilegung dieses eindrucksvollen, durchgehend von Säulenklüftung strukturierten Basaltkörpers.

13 Tertiäres Westerwald-Vulkanfeld

Auf geologischen Übersichtskarten erscheint der Westerwald wie der kleinere Bruder des östlich davon gelegenen Vogelsbergs, neben dem er eine weitgehend kreisförmige Fläche mit einem Durchmesser von etwa 25 bis 30 km einnimmt. Bei genauerer Betrachtung zeigt sich am Südwestrand dieser gleichförmig von Basalten eingenommenen Fläche allerdings auch eine Anhäufung einzelner Punkte, die Vorkommen von Trachyten und Phonolithen markieren. Diese Gruppe kann hinsichtlich ihrer Lage von dem großen, basaltisch dominierten Bereich deutlich abgegrenzt werden, wobei sich auch hier eine kreisförmige Anlage mit einem Durchmesser von ungefähr 15 km erkennen lässt.

Tatsächlich verschränken sich im Westerwald zwei unterschiedliche Vulkangebiete, wobei der kleinere Bereich mit den differenzierten Laven nach den bisher vorliegenden Altersbestimmungen der relativ ältere ist (ca. 25 bis 30 Millionen Jahre). Der basaltische Vulkanismus erreichte sein Maximum erst in den folgenden 5 Millionen Jahren im Bereich des größeren, im Nordosten gelegenen Bereichs. Obwohl diese zwei Vulkanfelder eigentlich gut voneinander abgegrenzt werden können, ist in der Fachliteratur bisher keine entsprechende begriffliche Unterscheidung erfolgt – beide werden unter der Bezeichnung „Westerwald“ zusammengefasst.

Der heterogene Aufbau des Westerwalds wird auch in seiner landschaftlichen Gliederung deutlich. Die Täler zeichnen keine klare, um ein Zentrum orientierte radialsymmetrische Anlage, wie sie idealtypisch etwa im Bereich des benachbarten Vogelsbergs zu finden ist. Der höchste Bereich liegt exzentrisch im Norden und wird von Erhebungen wie der **Fuchskaule** (656 m) und dem **Stegskopf** (654 m) markiert. Der südwestliche Westerwald bildet dagegen eine eigene Hochlage in dem Bereich, in dem sich auch die Trachyt- und Phonolithdome konzentrieren. Diese um den **Beulstein** gelegene Landschaft liegt allerdings unter dem Niveau der Höhen im Norden.

Im Westerwald begannen die Eruptionen im südwestlichen Vulkanfeld. Ausgehend von geochemisch primitiven Magmen (Basanite) bildeten sich Differentiate, die über Hawaiite und Mugearite zu den erwähnen Trachyten führten. Die Trachyte bilden heute überwiegend domartige Formen, wobei in den meisten Fällen unklar ist, ob diese an der Oberfläche oder intrusiv entstanden sind. Die Konturen dieser domartigen Gesteinsvorkommen zeichnen sich in den meisten Fällen auch in der Landschaft deutlich ab. Der im Südwesten des **Beulsteins** gelegene **Malberg** (422 m) bildet eine solche herausgestellte Landmarke. Bemerkenswert sind Vorkommen von trachytischen Tuffen, die zumindest einen großen plinianischen Ausbruch mit Bimssteinauswurf und die Ausbreitung pyroklastischer Ströme belegen. Lokal – etwa um den **Sengelberg** – sind diese Pyroklastika mit einer Mächtigkeit bis zu 40 m erhalten.

Die Trachyte wurden an vielen Stellen als Naturwerkstein abgebaut, aber bis auf einen aktiven Steinbruch sind meist nur noch verwachsene Relikte zu finden. Die Trachyttuffe hingegen waren als Rohstoff für den Backofenbau interessant – neben **Wirges** war **Gershasen** (heute Ortsteil von Westerburg) ein Zentrum im Westerwald, neben den großen Zentren in der Osteifel (Bell), Westeifel (Pelm) und dem Siebengebirge (Königswinter).

Das Maar am Stöffel bei Enspel

Zur Zeit der einsetzenden Aktivität war der Bereich des Westerwalds wie das benachbarte Siebengebirge eine weitgehend flache, tief liegende Landschaft. Zwischen den vulkanischen Relikten sind Seeablagerungen erhalten, deren sedimentäre Charakteristik und Fossilführung eine weitgehend verlässliche Rekonstruktion der Umgebung ermöglichen. Ein Teil dieser Seen dürfte durch phreatomagmatische Tätigkeit entstanden sein. Nachgewiesen und gut erforscht ist ein solcher Maarkratersee am Stöffel bei Enspel.

Das Maar von Enspel zeigt einige bemerkenswerte **Besonderheiten**. Seine Entstehung vor etwa 25 Millionen Jahren kann auf eine Eruption trachytischer Schmelze zurückgeführt werden – ein Umstand, der erneut unterstreicht, dass Maare nicht durch den Chemismus des Magmas, sondern im Kontakt mit Wasser entstehen. Die Sedimentation im Kratersee war noch

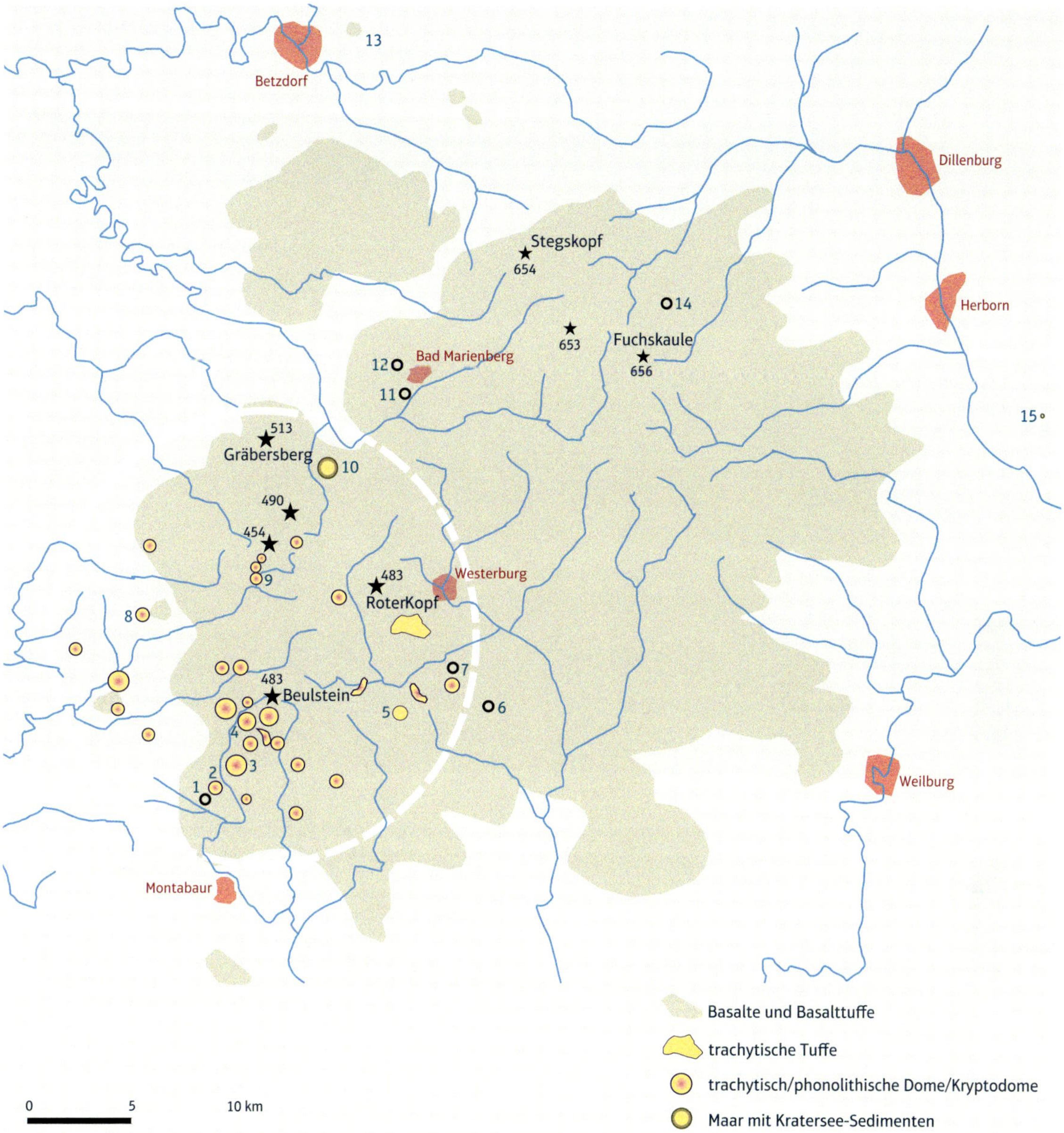

▲156 Skizze Vulkanfeld Westerwald.

1 altes Schwimmbad Wirges aufgelassener Steinbruch am Südwesthang des Hülsbergs
2 Hülsberg
3 Malberg
4 Steinbruch am Breitenberg nördlich Ötzingen
5 Sengelberg
6 Dorndorf
7 Kranstein
8 Steinbruch am Bittersberg
9 Trachytbruch Wölferlingen
10 Stöffel-Park, Enspel
11 Basaltpark Wolfstein
12 Großer Wolfstein
13 Druidenstein
14 Ketzerstein
15 Koppe-Basaltsäulen

★ Gipfel
○ Punkte außerhalb vulkanischer Eruptionszentren

▲ 157 Der Kontakt zwischen dem Basalt (oben) und den Kraterseesedimenten des Stöffelmaars (unten). Lagen mit höheren organischen Anteilen wurden infolge der Überlagerung durch den heißen Basalt kontaktmetamorph überprägt und durch Inkohlung dunkler. Links Dr. Michael Wuttke (Mainz) (Aufnahme 2005).

nicht abgeschlossen, als der Krater mit Basalt gefüllt wurde. Nach Analyse der etwa 150 m mächtigen Seesedimente kann man abschätzen, dass der Basaltzufluss ungefähr 230 000 Jahre nach dem Beginn der Sedimentation erfolgte.

Der Basalt kam – und das ist die zweite Besonderheit – von einer außerhalb des Kraters gelegenen Eruption. Die Lava konnte in den Maarkrater fließen und die Seesedimente unter sich begraben. Letztlich wurde der gesamte Krater durch diese etwa 100 m mächtige Basaltmasse plombiert. Erst durch den im Basalt angelegten Steinbruch wurden schließlich die Basis des Basalts und damit die darunterliegenden Maarkraterseesedimente freigelegt.

Die Masse der Lava muss in kürzester Zeit mit großem Volumen in den See gelaufen sein und so die Entstehung von Basaltkissenlava oder hyaloklastischen Brekzien weitgehend unterdrückt haben. Die Seesedimente sind bis etwa 50 cm unter der Basaltbasis thermisch überprägt, was besonders bei den Lagen deutlich wird, die aufgrund ihres hohen Gehalts an organischem Kohlenstoff nun kräftig schwarz erscheinen. Durch die **Lava-Auflast** wurde die Setzung der Seesedimente verstärkt, ist aber heute noch nicht abgeschlossen. Allerdings sind die Setzungsbeträge im Zentrum des Sees wegen der dort größeren Sedimentmächtigkeiten am stärksten, sodass die Kontaktfläche zwischen Basalt und Maarsedimenten zur Mitte hin nach unten durchgebogen ist.

Eine 1996 niedergebrachte Forschungsbohrung hat die Sedimente erstmals durchteuft und die darunter gelegenen phreatomagmatischen Diatrembrekzien erreicht. In den obersten 100 m werden die Brekzien von Trachyt- und Nebengesteinskomponenten aufgebaut, weiter zur Tiefe hin verschwinden die Trachyte zugunsten einer ausschließlich von Nebengesteinsbruchstücken bestimmten Fazies.

Das **Fossilspektrum** der Kraterseesedimente ist relativ artenarm. Erstaunlich sind die zahlreichen Funde von Kaulquappen unterschiedlicher Amphibien. Die Ikone von Enspel ist allerdings eine Maus – kein gewöhnlicher Vorläufer, sondern ein fliegender Vertreter dieser Tiergruppe. Die Stöffel- oder **Enspel-Maus** war ein Gleitflieger, zugleich ist sie die bisher älteste bekannte Vertreterin dieser als Eomyiden zusammengefassten Gruppe fliegender Nagetiere, die es allerdings nicht geschafft hat, bis in die Gegenwart zu überleben. Die Fossillagerstätte ist im Stöffelpark für die Öffentlichkeit zugänglich.

Weitere Punkte

Aus der jüngeren, das nordöstliche Vulkanfeld des Westerwalds aufbauenden vulkanischen Abfolge sind keine fortgeschrittenen differenzierten Magmen bekannt. Das Spektrum wird hier von **Alkalibasalten** bestimmt. Starke Verwitterung, periglaziale Gleitprozesse und ungünstige Aufschlussverhältnisse erschweren die Kartierung wie die Rekonstruktion der vulkanologischen Verhältnisse allerdings beträchtlich. Pyroklastische Bildungen könnten lokal offenbar beträchtliche Mächtigkeiten erreichen. Große Basaltvorkommen, die in der Regel Diatremintrusionen oder in Kratern eingekesselte Lavaseen repräsentieren dürften, sind in einigen Steinbrüchen erschlossen (z. B. **Dorndorf**). Bis weit in den Randbereich des Westerwalds sind Felsbildungen zu finden, die als Reste von Lavaströmen oder Intrusionen zu interpretieren sind. Der **Druidenstein** nordöstlich von Betzdorf zählt sicher zu den spektakulärsten. **Kranstein**, **Ketzerstein**, **Koppe** und **Großer Wolfstein** sind weitere markante Beispiele.

14 Tertiäres Vogelsberg-Vulkanfeld

Der Vogelsberg ist das größte Vulkangebiet Mitteleuropas. Die von vulkanischen Gesteinen eingenommene kreisförmige Fläche hat einen Durchmesser von ungefähr 56 km. Eine Bohrung im Zentrum des Vogelsbergs (1996) erreichte nach 660 m noch immer nicht die vulkanische Basis – mithilfe der Geophysik kann dort eine etwa 800 m mächtige Folge aus Vulkangesteinen angenommen werden. Schätzungen zum vulkanischen Gesamtvolumen bewegen sich in einer Größenordnung von mindestens 500 km^3. Das ist viel, auch im Vergleich mit anderen großen Vulkanen der Erde.

Die **Laki-Eruption** in Island (1783 – 1785) lieferte mit 15 km^3 den volumenreichsten Lavastrom in historischer Zeit. Dieser Betrag entspricht in etwa auch der Größenordnung vieler Schildvulkane, wie sie auf Island zu finden sind (z. B. dem Skaldbreiður). Man könnte also mehr als 30 solcher Schildvulkane übereinanderlegen, um die Dimension des Vogelsbergs zu erreichen. Erst wenn wir nach Hawaii zu dem gegenwärtig produktivsten Hot Spot der Erde gehen, wird der Vogelsberg übertroffen – dann aber auch gleich deutlich: Der Mauna Loa hat in einer Zeit von etwa 1 Million Jahren etwa 80 000 km^3 gefördert.

Doch solche Vergleiche verstellen die Sicht auf die Natur des Vogelsbergs. Es handelt sich nicht um einen einzelnen Vulkan mit einem definierten Eruptionszentrum, sondern um ein Vulkanfeld, also ein Gebiet mit zahlreichen, räumlich gestreuten Eruptionspunkten. Dem steht nicht entgegen, dass die Produktivität im zentralen Bereich größer als an den Rändern war und am Ende durch Anhäufung und Stapelung von Lavaströmen und pyroklastischem Material eine Form entstand, die einem einzelnen Schildvulkan ähnlich ist. Dieses Bild wird durch die radialsymmetrische Anlage des **Entwässerungssystems** unterstützt: Vom zentralen, höchstgelegenen Bereich um den Taufstein (773 m ü. NN) ziehen die Gewässer sternförmig in alle Richtungen hinunter.

Es gibt somit auch keine Zeugnisse eines großen, zentralen Kraters. Stattdessen trifft man, zumeist zufällig in Steinbrüchen angeschnitten, immer wieder auf Reste von Schlackenkegeln. Die Lavaströme, die in den Aufschlüssen angetroffen werden, zeigen wenig Ähnlichkeit mit Laven, wie man sie von charakteristischen Schildvulkanen kennt. Schildvulkanlaven sind oft sehr dünnflüssig und daher als Pahoehoe-Ströme (Laven mit Stricklavaoberflächen) entwickelt. Beträchtliche Anteile der austretenden Lava verlaufen aber gar nicht unter freiem Himmel, sondern unter einer isolierenden Decke bereits abgekühlter Laven, und nicht selten auch in Lavatunneln. Auf diese Weise hat ein großer intrakontinentaler Schildvulkan wie der **Undara** in Queensland (Australien) bis zu 160 km lange Lavaströme gefördert – die längsten, die auf der Erde bekannt sind. Dabei

▸ 158 Skizze Vogelsberg mit Untermain-Trapp.

1 Dietesheim
2 Büdingen, Wilder Stein
3 Glauberg
4 Ortenberg-Bergheim Steinbruch Rodenberg
5 Ortenberg, Steinbruch Gaulsberg
6 Häuserhof, Trachyt
7 Nidda-Oberwiddersheim, Steinbruch
8 Nidda-Michelnau, Natursteinabbau in Schlackenkegelkonglomerat
9 Hungen-Langd, Kraterrand mit Lavafüllung
10 ehemalige Bauxitgrube „Eiserne Hose"
11 Laubach-Gonterskirchen, Steinbruch, Mantelxenolithe
12 Rabenau-Londorf, Steinbruch am Kahlenberg
13 Homberg (Ohm), Nieder-Ofleiden Steinbruch, phreatomagmatische Brekzien
14 Amöneburg
15 Alsfeld-Eifa
16 Schwalmtal-Brauerschwend, Steinbruch

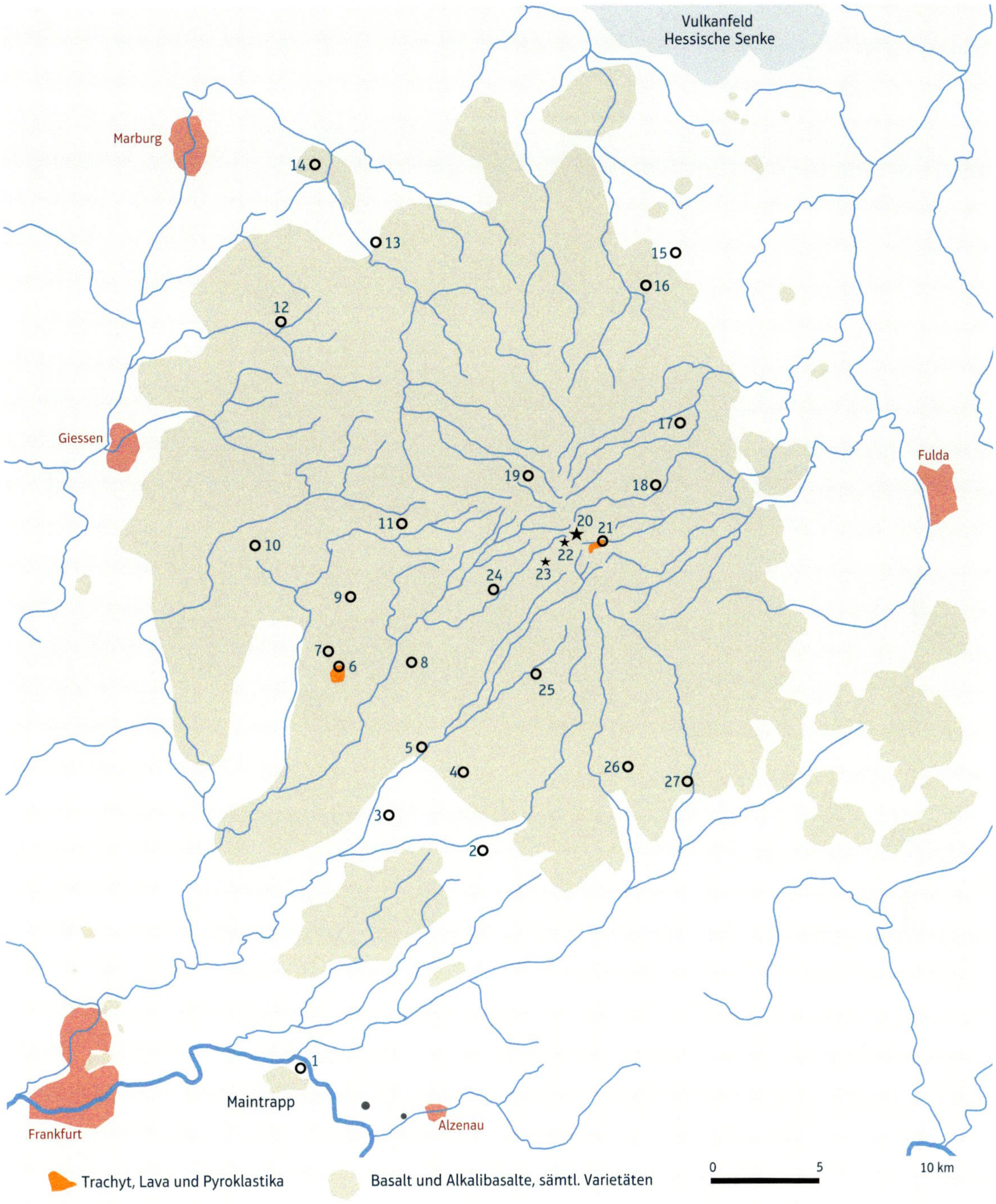

17 Lauterbach-Frischborn, ehemaliger Steinbruch am Hasenköpfel
18 Herbstein, Steinbruch
19 Ulrichstein-Kölzenhain
20 Taufstein, höchster Punkt des Vogelsbergs (Bismarckturm)
21 Flösser Schneise, Trachyt
22 Hoherodskopf, 763 m
23 Bilstein, 665 m
24 Schotten-Wingertshausen, ehemaliger Steinbruch (mittlerer Steinbruch)
25 Gedern, Steinbruch, sieben Lavaströme übereinander
26 Birstein, Felsgruppe „Wildes Weibsbild"
27 Bad Soden-Kerbersdorf
★ Gipfel

▲ 159 Abfolge mehrerer geringmächtiger Lavaströme im Steinbruch Gedern – ein charakteristisches Bild aus dem Vulkankomplex Vogelsberg (Aufnahme 2005).

hat der 200 000 Jahre alte Vulkan insgesamt aber nur ein Volumen von etwa 23 km^3 hervorgebracht.

Der Vogelsberg hingegen ist überwiegend das Ergebnis nicht weniger langer, sondern vieler kurzer Lavaströme. Ein Werk „kleiner Vulkane", die aber in ungewöhnlicher Häufung Großes zustande gebracht haben – und das in einer relativ kurzen Zeit von vermutlich nur 2 Millionen Jahren. Nach neueren radiometrischen Daten konzentrierte sich die Tätigkeit des Vulkans auf die Zeit vor 18,2 bis 16,3 Millionen Jahren.

Alle Daten sprechen dafür, dass die vulkanische Abfolge ihre größte Mächtigkeit im Zentrum hat. Zugleich scheint ihre Basis dort auch am tiefsten zu liegen. Wenn die in der Nähe des 773 m hohen Gipfels niedergebrachte Forschungsbohrung nach 660 m die Basis nicht erreicht hat, dann bedeutet das, dass diese Basis nahe am Meeresspiegelniveau oder gar darunter liegt. Auch wenn tektonische Zerstückelung und Absenkungsbewegungen bereits vor dem Beginn der vulkanischen Aktivität nachgewiesen werden können, muss eine wesentliche Komponente dieser Krustendepression auf die Auflast des Vulkangebäudes selbst zurückgeführt werden. Mehr als 660 m, vermutlich sogar 800 m Vulkangestein mit einer angenommenen durchschnittlichen Dichte von etwa 2,6 g/cm würden etwa einer Auflast von 2 km Eis entsprechen – Vergleiche mit Skandinavien zeigen, dass die Kruste unter solchen Bedingungen um mehrere Hundert Meter nach unten gedrückt wird. Dass der spröde Bereich der oberen Kruste diese Absenkung entlang tektonisch vorgezeichneter Strukturen vollzieht, ist dabei kaum verwunderlich.

Die unter dem Vulkangebäude liegende Kruste besteht im Westen aus dem Paläozoikum des Rheinischen Schiefergebirges, im Zentrum und Osten aus dem Mesozoikum des Deckgebirges. Letzteres war beim Einsetzen des Vulkanismus bereits überwiegend bis auf den

Buntsandstein hinunter erodiert. In einigen Bereichen findet man unter den Vulkangesteinen allerdings auch tertiärzeitliche Sedimente und Verwitterungsbildungen. Die Aktivität am Vogelsberg und die unmittelbar folgende postvulkanische Zeit fallen mit einer klimatischen Entwicklung zusammen, die von hohen Temperaturen und Feuchtigkeit geprägt war. Diese für die Verwitterung von Gesteinen günstigen Verhältnisse sind am Vogelsberg an vielen Stellen zu beobachten. Zwischen den Lavaströmen finden sich in der Regel durch Hämatit rot gefärbte Verwitterungsbildungen. Durch Auslaugung der Kationen und Silikate kam es stellenweise sogar zur Bildung von Bauxit, also Verwitterungsrückständen, die im Wesentlichen aus Aluminiumhydroxiden bestehen – an der **Eisernen Hose** nahe Lich wurde das Aluminiumerz in der ersten Hälfte des letzten Jahrhunderts sogar abgebaut.

Trotz jüngerer Umlagerungs- und Abtragungsprozesse vor allem im kaltzeitlichen Klima des Pleistozäns sind die tertiärzeitlichen Verwitterungsrückstände noch vielfach erhalten. Zusammen überziehen sie weitflächig die Vulkangesteine, was eine von der Oberfläche ausgehende Kartierung erschwert. Zugleich sind von Punkt zu Punkt unterschiedliche Niveaus des Vulkangebäudes angeschnitten. So erscheint der Vogelsberg – wie der benachbarte Westerwald – in geologischen Karten notgedrungen als einheitliches Gebilde aus weitgehend gleichartigen Vulkangesteinen und oberflächlichen Verwitterungsbildungen.

▲ 160 Einer der spektakulärsten basaltischen Intrusionskörper ist am Rodenberg bei Ortenburg-Bergheim aufgeschlossen. Die Schmelze ist in eine pyroklastische Abfolge eingedrungen, randlich bestehen auch Kontakte zum Buntsandstein (Aufnahme 2005).

Die Gesteine

Neben künstlichen Aufschlüssen in Steinbrüchen haben insbesondere Bohrungen das Bild vom Vogelsberg erhellt. Die bis auf wenige Ausnahmen dominierenden Basalte lassen sich bei genauerer Betrachtung in eine Reihe unterschiedlicher Typen unterscheiden. Im Gegensatz zu anderen deutschen Vulkangebieten finden sich hier auch bemerkenswerte Anteile von nicht alkalischen Basalten in Form von **Tholeiit-Basalt**. Dieser Basalt ist jenem ähnlich, der an Mittelozeanischen Rücken

◄ 161 Der Rest eines tertiärzeitlichen Schlackenkegels bei Nidda-Michelnau. Die fladenförmigen Schlacken sind in der feinkörnigeren Grundmasse gut zu erkennen. Die Rillen stammen vom Abbau des Gesteins (Aufnahme 2005).

▸ 162 Das bekannte Geotop bei Hungen-Langd zeigt den Rand einer Basaltmasse. Sie überlagert eine etwa 3 m mächtige phreatomagmatische Abfolge, was auf eine vorangehende Aussprengung hindeutet (Aufnahme 2005).

gefördert wird. Für seine Entstehung sind im Erdmantel relativ höhere Aufschmelzungsgrade als zur Bildung alkalibasaltischer Magmen erforderlich. Unter diesen repräsentieren **Basanite** den am wenigsten differenzierten Magmentyp.

Stärker differenzierte Gesteine in Form von Trachyten waren von der Oberfläche bisher nur von wenigen Punkten bekannt. Auch hier existieren geochemische Übergänge, die über Latite, Hawaiite und Shoshonite zu den ursprünglichen basaltischen Ausgangsschmelzen überleiten. Ein nahezu 100 m mächtiger Trachytkörper wurde in der Bohrung Sichenhausen-Eschwald (2007) angetroffen und als Randbereich eines Lavadoms interpretiert. Weiter wurden pyroklastische Lagen mit auf *Base Surges* hindeutenden Strukturen erfasst, die möglicherweise von einem kollabierenden Trachytdom ausgingen. Auch eines der an der Oberfläche zugänglichen Trachytvorkommen (Flösser Schneise) wurde erst noch in jüngerer Vergangenheit als pyroklastisches Produkt erkannt (Nesbor & Wonk 2004).

Aufschlüsse

Es gibt mehrere Steinbrüche, in denen übereinandergelagerte Lavaströme zu sehen sind – ein Bild, das vermutlich in hohem Maß für den Aufbau des Vulkans repräsentativ ist. Daneben findet man häufig Reste von Schlackenkegeln, wobei es sich aber offenbar überwiegend um kleinere Formen gehandelt zu haben scheint. Der eindrucksvollste Aufschluss in einem Schlackenkegel findet sich in **Michelnau**, wo die Gesteine in einem Steinbruch gewonnen wurden. Pyroklastische Folgen in Form von Lapilli-*fall-out* sind ebenfalls nachgewiesen – in der Bohrung „Vogelsberg 1996" wird mehr als die Hälfte der 656 m von pyroklastischem Material, inklusive sekundär umgelagerter Vulkanite, aufgebaut.

In Aufschlüssen findet man auch Zeugnisse von phreatomagmatischen Prozessen. In einem Steinbruch in **Nieder-Ofleiden** wurde neben einer phreatomagmatisch geprägten pyroklastischen Abfolge auch Kissenlava gefunden. Diese soll von einer Lava stammen, die in einen Maarkratersee gelaufen ist. In dem bekannten

Geotop bei **Hungen-Langd** scheint ein phreatomagmatisch ausgesprengter Krater erhalten zu sein, der anschließend von Lava ausgefüllt wurde. Neben den Lavaströmen gibt es jedoch auch eine beträchtliche Zahl von intrusiven Lavakörpern. Zumindest ein Teil davon ist sicher in zuvor phreatomagmatisch ausgesprengte Diatreme eingedrungen – vermutlich repräsentiert der von Buntsandstein umgebene Basalt am **Gaulsberg** bei Ortenburg eine solche Situation. Es kann angenommen werden, dass sich in der vulkanischen Abfolge zahlreiche solcher intrusiven Lavakörper oder auch nachträglich in Maarkrater gelaufene Laven befinden. Auch durch magmatische Fragmentierung entstandene Aschen- und Lapillituffe sind ideale Umgebungen für intrusive Vulkanite, so am **Rodenberg** bei Ortenburg-Bergheim.

Zahlreiche Felsfreistellungen sind Reste von Lavaströmen oder Intrusiva, mitunter zeigen sie skurrile oder bemerkenswerte Formen, die in der regionalen Sagenwelt aufgegriffen wurden. Zum Rande des Vogelsbergs dünnen die vulkanischen Abfolgen aus. Dort, wo ihre Basis von den Flüssen unterschnitten wird, bilden erosionsresistente Lavamassen zeugenbergartige Plateaus, die für die frühgeschichtliche Siedlungsgeschichte Bedeutung hatten – die Keltenfestung am **Glauberg** oder die **Amöneburg** bei Marburg sind gute Beispiele.

Maintrapp

Südlich des Vogelsbergs gibt es am Untermain im Raum Alzenau-Hanau-Frankfurt Reste von Lavaströmen oder -decken, die aufgrund ihres Entstehungsalters (16,3 Millionen Jahre) und ihrer chemischen Komposition mit dem Vogelsberg in Verbindung gebracht werden. Da in der Nähe bisher kein mögliches Eruptionszentrum gefunden werden konnte, wurde auch die Vorstellung geäußert, die Laven könnten direkt vom Vogelsberg gekommen sein. Diese traditionell als **Maintrapp** oder **Untermaintrapp**, neuerdings auch als **Mainbasalt-Formation** bezeichneten Vulkanite sind überwiegend in Tieflagen des postvulkanisch tektonisch abgesenkten Hanau-Seligenstädter Beckens zu finden und überwiegend von jüngeren Sedimenten überdeckt. Die ehemaligen Steinbrüche bei **Dietesheim** ermöglichen einen guten Einblick in den Aufbau der Lava, auch wenn die tieferen Bereiche seit dem Ende des Abbaus im Wasser stehen.

▸ 164 Die Helfensteine am Dörnberg nordwestlich von Kassel: eine Gruppe von Intrusionen in phreatomagmatischen Tuffen (Aufnahme 1999).

chender pyroklastischer Gesteine dokumentiert. Maarvulkanismus ist durch die aus tieferen Bereichen stammenden Nebengesteinskomponenten nachzuweisen. Dazu kommen umfangreiche Zeugnisse von Tuffringen. Zwar ist an keiner Stelle ein Tuffring morphologisch erhalten, doch das Erscheinungsbild der Tephra lässt keine andere Deutung zu. Das Gestein zeigt die für Tuffringwälle charakteristische, feingeschichtete Abfolge aus nebengesteinsarmen Lapilli- und Aschentuffen. In vielen dieser Tuffsteine ist der Feinkornanteil zudem in **Palagonit** umgewandelt (Steindlberger 2003). Die am Herkules oberhalb von Kassel verbauten Tuffsteine stammen aus dem unmittelbar benachbarten Habichtswald.

Der Dörnberg – nördlich der gleichnamigen Ortschaft – hat im Aufbau viele Ähnlichkeiten mit dem südlich gelegenen Habichtswald. Allerdings erlaubt die hier weitgehend unbewaldete Höhe einen offenen Blick auf die von intrusiven Basaltkörpern markant konturierte Landschaft. Der Sockel des Bergs besteht aus Unterem Muschelkalk, dessen Basis nahe dem Talgrund an einem scharfen Hangknick an die Tone des Oberen Buntsandsteins (Röt) grenzt. Auf dem Muschelkalk sind in unregelmäßiger Mächtigkeit tertiärzeitliche Sedimente erhalten. Erst darüber folgen die Vulkanite, die eine geschlossene Tuffdecke bilden. Die Tuffe werden wiederum von den gangförmig angelegten Basaltstöcken der **Helfensteine** durchschlagen. Die Helfensteine bilden keinen zusammenhängenden Intrusivkomplex, sondern mehrere einzelne Intrusionskörper. Bei aufmerksamer Begehung können die zwischen den Basaltkörpern erhaltenen Tuffe beobachtet werden.

Westsüdwestlich der Helfensteine hat man von der Plateaukante einen Blick auf die Felsgruppe der **Wichtelkirche**, die im oberen Bereich eines nach Westen hinunterziehenden Tals freigestellt ist. Hier ist eine von Rösing (1969) wiedergegebene Beobachtung bemerkenswert: Der zu Limburgit erstarrte Basalt der Wichtelkirche ist als Intrusion in einem von „Brockentuff" erfüllten Diatrem angelegt, hat sich aber – was nur selten der Fall ist – aus diesem Lockergestein bis etwa 25 m in das Nebengestein aus Unterem Muschelkalk hineingezwängt.

Im Habichtswald und seiner Umgebung sprechen nur vereinzelte Hinweise für die Existenz „trocken" entstandener Schlackenkegel (Rösing 1969). Der Vulkanismus der Hessischen Senke scheint somit tatsächlich im Wesentlichen phreatomagmatisch geprägt gewesen zu sein.

Felsberg, Maden und Scharfeneck

Bemerkenswerte Basaltkörper finden sich im Raum südlich von Kassel, wo der Burgfelsen von **Felsberg**, der Stein bei **Maden** und das **Scharfeneck** auch wegen ihrer Säulenklüftung schon in früher Zeit Aufmerksamkeit erregten. Nachdem Nicolas Desmarest (1768) in der berühmten französischen „Encyclopédie" geschildert hatte, wie in Säulen geklüfteter Basalt sich entlang von Lavaströmen bis hinauf zum Ursprung an Schlackenkegeln verfolgen ließ, hat Rudolf Erich Raspe (1771, 1776) diese Vorlage aufgegriffen und in mehreren, auch international verbreiteten Publikationen auf die hessischen Basaltfelsen aufmerksam gemacht.

An allen drei Felsgruppen ist erkennbar, dass zu den Rändern hin horizontale Säulenklüftung entwickelt ist. Dies belegt, dass es sich in jedem Fall um gangartig eingedrungene Laven handelt, die sich seitlich weiter ausgedehnt haben. Möglicherweise können die Intrusionen auch sukzessiv in mehreren Schüben erfolgt sein.

Posteruptive Freistellung

Auch wenn schon während der vulkanischen Aktivität lokal erosive Verhältnisse nachzuweisen sind, setzte die eigentliche Tiefenerosion im Allgemeinen erst nach deren Ende vor etwa 8 bis 5 Millionen Jahren ein. Verbunden mit einer Anhebung der Landschaft wurde das Niveau der tertiärzeitlichen Sedimente wie das der in und auf ihnen lagernden Vulkangesteine in der Folge von den sich in die Tiefe arbeitenden Flüssen um mehrere Hunderte Meter unterschnitten. Basaltdecken, Intrusionen und andere vulkanische Relikte wurden zu Höhen, während die von massivem Vulkangestein freien Bereiche bevorzugt ausgeräumt wurden.

Die heutige Landschaft zeigt so in einigen Bereichen ein bemerkenswertes Relief. Um den vulkanischen Habichtswald westlich Kassel ergibt sich zwischen dessen höchstem Gipfel, dem **Hohen Gras** (615 m), und dem heutigen Talboden der Fulda bei Kassel (140 m) eine Differenz von mindestens 475 m. Am **Hohen Meißner** beträgt die Unterschneidung zwischen der **Kasseler Kuppe** (753 m) und den Talgründen der nahen Umgebung (250 m) mindestens 500 m. Dieser Betrag würde sich noch weiter erhöhen, wenn man die Erosionsbasis in weiterer Entfernung vom Hohen Meißner, etwa das Tal der Werra bei Eschwege, bei ca. 160 m ü. NN als Referenz für die postvulkanische Tiefenerosion heranähme. Dort trifft man an der Blauen Kuppe auf einen entsprechend tief erodierten Vulkan.

Hoher Meißner

Der Basalt des Meißner repräsentiert einen der größten zusammenhängenden Basaltkörper der Hessischen Senke und ganz Deutschlands. Die von Norden nach Süden streichende Längsachse des Rückens erreicht 5 km, im Querprofil sind es an der breitesten Stelle 2 km. Sein höchster Punkt, die **Kasseler Kuppe**, liegt 753 m ü. NN. Die Mächtigkeit des Basalts erreicht an einigen Stellen mehr als 100 m (Hentschel 1978). Es gibt keine verlässlichen Aussagen darüber, ob und in welchem Maß seine Mächtigkeit ursprünglich vielleicht noch größer war. Auf dem Rücken, also über dem Basalt, sind einige Schleier „postbasaltischer Sedimente" erhalten, aber – wie an

▲ 165 Der Burgfelsen von Felsberg wurde bereits von Raspe 1771 europaweit bekannt gemacht. Die Säulenklüftung belegt den intrusiven Charakter des Basalts (Aufnahme 2015).

16 Tertiärer Rhön-Vulkanismus

Wie keine andere Vulkanlandschaft in Deutschland ermöglicht die Rhön ihren Besuchern die Erfahrung von Weite und Überblick. Viele Höhen sind frei von Wald oder erlauben zumindest an vielen Stellen Ausblicke in eine Landschaft, in der das Nebeneinander groß- und kleinräumiger vulkanischer Strukturen für Abwechslung und mitunter auch Überraschungen sorgt. Schon wenige Stunden auf der um die **Wasserkuppe** gelegenen Hochfläche führen zu vielen interessanten Berührungen mit verschiedenen vulkanischen

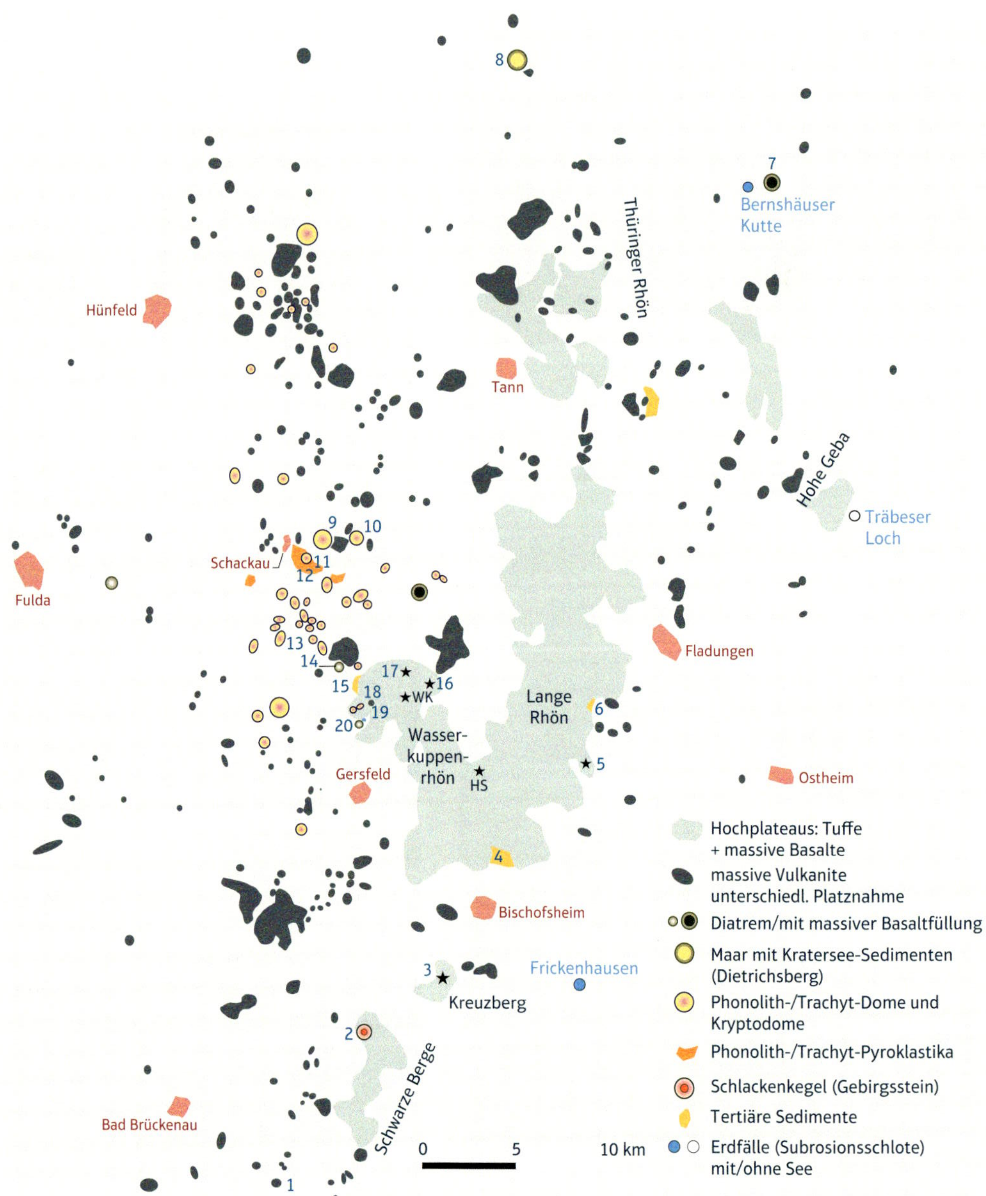

▸ **169** Kartenskizze Rhön.

1 Lindenstumpf
2 Gebirgsstein
3 Kreuzberg
4 Bauersberg
5 Gangolfsberg
6 Tertiärsedimente von Rüdenschwinden
7 Stopfelskuppe
8 Dietrichsberg
9 Milseburg
10 Rupsroth: Kesselkopf
11 Großer Ziegenkopf
12 Schackau: pyroklastische Ströme, Ignimbrite
13 Steinwand
14 Sauköppel-Diatrem
15 Sieblos (Tertiäre Fossillagestätte)
16 Schafstein (Blockmeere)
17 Abtsroder Kuppe
18 Lerchenküppel
19 Pferdskopf
20 Diatrem am Guckai-See
WK Wasserkuppe
HS Heidelstein

▲ 170 Die Abtsroder Kuppe am Nordrand der Wasserkuppenrhön – ein freigelegter Intrusionskörper mit ungewöhnlichem Kluftmuster (Aufnahme 2001).

Formen und Gesteinen, zugleich geht der Blick in die weite Landschaft der Kuppenrhön, in deren Zentrum der Lavadom der **Milseburg** die weithin auffälligste Gestalt ist. Von den Hochflächen der nördlichen Langen Rhön oder der Hohen Geba öffnen sich hingegen Ausblicke nach Osten und Norden, wo die vor dem Thüringer Wald gelegenen Gleichberge schon das benachbarte Vulkanfeld der Heldburger Gangschar markieren.

Doch die Vorstellung, man würde hier auf ursprünglich hoch aufragenden vulkanischen Bergen stehen, ist auch in der Rhön unzutreffend. Wie viele andere Vulkangebiete ist die Rhön eine Region, die erst in der jüngsten Vergangenheit eine starke Anhebung erfahren hat. Die Hebungsachse verläuft in Richtung Südwesten zum Spessart hin, sodass in der geologischen Literatur von der **Rhön-Spessart-Schwelle** gesprochen wird. Die Kruste soll sich in diesem Bereich bis zu 800 m aufgewölbt haben. Die Heraushebung wird wie in der Hessischen Senke durch heute hoch gelegene tertiärzeitliche Sedimente dokumentiert. Ein gut einzusehendes Beispiel solcher angehobener Tieflandsablagerungen gibt der **Bauersberg** oberhalb Bischofsheim, wo der ehemalige Braunkohlenabbau in einem Lehrpfad erschlossen ist.

Eine der bekanntesten Fossillagerstätten der tertiärzeitlichen Rhön liegt bei **Sieblos** unterhalb der Wasserkuppe. Eine Auswahl der spektakulären Funde ist im Sieblos-Museum in Poppenhausen zu sehen. Die fein laminierten Tonsteine, in denen diese Fossilien gefunden wurden, sind den Ablagerungen von Maarkraterseen sehr ähnlich. Doch in der Rhön gibt es eine alternative Entstehungsmöglichkeit für isolierte, tiefe Kraterseen: In der Tiefe liegende Salze aus der Zechsteinperiode können unterirdisch ausgelaugt werden, sodass dadurch bis an die Oberfläche durchschlagende Einbrüche ausgelöst werden können. Dieser als **Subrosion** bezeichnete Prozess kann Formen schaffen, die morphologisch von Maarkratern kaum zu unterscheiden sind: Der Frickenhäuser See oder auch die Bernshäuser Kutte sind auf dieses Weise entstanden. Eine Bohrung durch die Sedimente von Sieblos hat keine hinreichend deutlichen Hinweise auf eine vulkanische Entstehung ergeben, abgesehen davon, dass deren Alter mit etwa 35 Millionen Jahren weit vor dem bisher bekannten Einsetzen des Rhönvulkanismus vor etwa 26 Millionen Jahren liegt. So dürfte der ehemalige See von Sieblos nicht in einem Maar, sondern wahrscheinlich auch in einem Subrosionsschlot gelegen haben.

Die Hauptzeit des Rhön-Vulkanismus wird in die Zeit vor 26 bis 16 Millionen Jahren gestellt. Die Magmen umfassen ein weites Spektrum vom primitiven basaltischen Charakter bis hin zu differenzierten Phonolithen und Trachyten. Letztere konzentrieren sich in einem Bereich nordwestlich der Wasserkuppe in der als **„Kuppenrhön"** bezeichneten Landschaft. Die meisten Formen dürften freigelegte Kryptodome sein.

Die Eruption dieser zähflüssigen Magmen verlief offenbar nicht immer ohne gasreiche, hochexplosive Phasen. Vorkommen von trachytisch-phonolithischen Tuffen sind von mehreren Stellen bekannt. Doch erst eine Anfang der 1990er-Jahre niedergebrachte Bohrung bei **Schackau** hat die enormen Mächtigkeiten solcher Tuffe ans Licht gebracht. Im Zuge syn- und posteruptiver tektonischer Verstellungen sind die Tuffe nur im Bereich abgesenkter Bruchschollen erhalten geblieben, wo sie dann aber Mächtigkeiten von bis zu 200 m einnehmen können. Ein Teil dieser Tuffe kann als Ablagerung von pyroklastischen Strömen und teilweise sogar von verschweißten Ignimbriten interpretiert werden. Im Ortsbereich von Schackau sind sogar obertägig an einigen wenigen Stellen Ignimbrite mit sogenannten „Fiamme" – also eingeregelten und kompaktierten blasigen Schmelz- oder Bimsfetzen – zu finden.

Wasserkuppenrhön

Pyroklastika, Laven und umgelagerte Vulkanite (Epiklastite) können erhebliche Mächtigkeiten und zugleich auch beträchtliche flächenhafte Ausdehnung erreichen. In der **Langen Rhön** und der **Wasserkuppenrhön** erreichen diese Akkumulationen Mächtigkeiten bis zu 300 m. Ihre geschlossene Verbreitung ist der Grund dafür, dass diese Bereiche bei der infolge der postvulkanischen Hebung einsetzenden Reliefumkehr nun zusammenhängende Rücken bilden. Die Komplexität der vulkanischen Bildungen wird dadurch erhöht, dass die weitgehend horizontalen Lagen von zahlreichen vertikalen Formen wie Diatremen, Gängen und Lavastöcken durchsetzt werden. Diese vertikalen Elemente akzentu-

▲171 Der Basaltkörper am Fliegerdenkmal der Wasserkuppe. Die Herauswitterung zahlreicher großer Mantelxenolithe hinterlässt eine löchrige Oberfläche. Im Hintergrund die Kuppenrhön mit der Milseburg (Aufnahme 2001).

◂172 Der helle Trachyt des Pferdskopfs liegt über einem mächtigen Schlackenagglomerat (Aufnahme 2001).

ieren die an sich weitgehend ebenen Rücken in Form mehr oder weniger auffälliger Kuppen.

Diese charakteristischen Züge des Rhönvulkanismus können an der Wasserkuppe in fast idealer Weise beobachtet werden. Ihr Nordrand wird von der **Abtsroder Kuppe** gebildet, einem intrusiven Körper, der an einen von Norden nach Süden verlaufenden Gang gebunden ist. Die auffällig gebogenen Kluftflächen verweisen auf die unregelmäßige Kontur der Intrusion. Zugleich führt der Alkali-Olivin-Basalt zahlreiche Xenolithe aus der tieferen Kruste, darunter auch Gneise.

Folgt man dem Rand des Plateaus nach Südosten, kommt man zur nächsten auffälligen Kuppe, auf der sich ein **Fliegerdenkmal** befindet. Die Felsgruppe ist im oberen Bereich etwas arrangiert, im Sockelbereich aber im Wesentlichen in ihrem natürlichen Zusammenhang erhalten. Der hier anstehende Alkalibasalt führt zahlreiche große Mantelxenolithe, die aufgrund ihrer Verwitterungsunbeständigkeit große Löcher hinterlassen haben. Die nächste Felsgruppe ist der **Lerchenküppel**, ebenfalls ein basaltischer Intrusionskörper, dessen Umrandung sich sehr deutlich abzeichnet. An seinem Westrand wurde eine Diatrembrekzie beobachtet, sodass es sich hier um eine Intrusion in einen kleinen Maar-Diatrem-Vulkan handeln dürfte. Ein radiometrisches Alter von 14 Millionen Jahren weist ihn als einen besonders jungen Vertreter des Rhön-Vulkanismus aus.

◂173 Trachyt- und Basaltstücke liegen unsortiert in einer feinkörnigen Grundmasse – vermutlich handelt es sich um eine Schlammstromablagerung (Lahar). Dieses Gestein liegt zwischen dem Pferdskopf-Trachyt und dem Schlackenagglomerat (Aufnahme 2001).

Blick über die Abtsroder Kuppe in die Kuppenrhön

Foto: morgem – Fotolia.com

▲ 174 Anlagerung einer Lava an einen miozänen Schlackenkegel, der dadurch vor der Erosion bewahrt wurde. Der Basalt wurde im Steinbruch bis auf einen Rest abgebaut, dahinter kommt der Schlackenkegel ans Licht. Geotop „Gebirgsstein", Schwarze Rhön (Bayern; Aufnahme 2002).

Vom Lerchenküppel sind es nur wenige Schritte zum **Pferdskopf**, dessen helles, feinkörniges Gestein deutlich wahrzunehmen ist. Blickt man an der Südflanke hinunter, sieht man unter dem Pferdskopf-Trachyt graue Schlacken- und Lapillituffe. Diese Tuffe sind Ausdruck magmatischer Fragmentierung, nach unten hin folgt massive Lava.

Zwischen dem Trachyt und den Schlackentuffen lässt sich bei aufmerksamer Beobachtung noch eine etwa 2 m mächtige Lage einer unsortierten Brekzie finden. Ihre Komponenten bestehen aus basaltischen Gesteinen, aber auch aus zahlreichen kleinen, weißen Trachytstücken. Die schlechte Sortierung sowie die feinkörnige Grundmasse sprechen für die Interpretation, dass es sich dabei um die Ablagerung eines Lahars bzw. Schlammstroms handelt.

Weitere Zeugnisse

Zwischen den domförmigen Vulkangesteinen der Kuppenrhön und den vulkanischen Hochplateaus finden sich zahlreiche, von Basalten aufgebaute Kuppen. Sofern die Anordnung der Säulenklüftung zu sehen ist, erweisen sich diese Vorkommen zumeist als gang- oder stockförmige Intrusivkörper, selbst dann, wenn sie eine so große Dimension wie am **Lindenstumpf** bei Schondra erreichen. Reine Diatreme – also Schlote ohne massiven Intrusivkörper – sind am Parkplatz am **Guckaisee** wie am **Sauköppel** bei Sieblos zu beobachten.

Aufschlüsse, an denen die Struktur der Säulenklüftung der Basalte klar für eine Platznahme als Lavastrom oder Lavadecke sprechen, sind leider kaum zu finden. Dennoch muss ein großer Teil der Vulkanite im Bereich der Hochplateaus in Form von Lavaströmen vorliegen. Am **Gebirgsstein** in der südlichen Rhön ist ein Ausschnitt eines Schlackenkegels erschlossen, der durch die spätere Anlagerung einer effusiven Lava konserviert wurde. Der Aufschluss wurde in die Gruppe der 100 schönsten Geotope Bayerns aufgenommen. Schwierig zu beurteilen sind die Verhältnisse hingegen am **Gangolfsberg**. Trotz der nahezu horizontal ausgerichteten Säulenklüftung könnte es sich um den Rest einer oberflächlich ausgetretenen Lava handeln, denn

▲ 175 Seitlich versetzter Blick auf den stark verwitterten Schlackenkegel am Gebirgsstein. Große fladenförmige Schlacken lassen sich dennoch deutlich erkennen (Aufnahme 2002).

diese liegt direkt einer dichten Schweißschlackenfolge auf. Die Säulenklüftung am unmittelbar darunter gelegenen Teufelskeller zeigt einen zweistöckigen Aufbau, wobei auch hier die Basis an eine geneigte Fläche grenzt.

Ein Maar-Diatrem konnte auch am **Dietrichsberg** in der nördlichen, thüringischen Rhön rekonstruiert werden. In dem mindestens 800 m Durchmesser erreichenden Krater sind Seesedimente erhalten, deren Fossilführung eine zeitliche Einstufung in das Untermiozän und damit in die Hauptphase des Rhön-Vulkanismus erlaubt. In die Seesedimente sind zwei Basaltkörper intrudiert, die in ihrem durch Nebengestein „verschmutzten" Randbereich als instabiler „Sonnenbrenner" ausgebildet sind. Die Situation ist ähnlich der in Hammerunterwiesental (Erzgebirge), wo ein relativ später Magmenaufstieg in den Seesedimenten hängengeblieben ist. Die Ausräumung durch den Basaltabbau hat leider keine Situation hinterlassen, in der diese Struktur anschaulich zu überblicken ist.

17 Heldburger Gangschar (Tertiär)

Im nördlichen Franken und südlichen Thüringen gibt es eine Reihe von Vulkanen, die in besonders auffälliger Weise durchweg in Nordnordost-Südsüdwest-Richtung angeordnet sind. Diese wegen ihrer Analogie mit der Ausrichtung des Oberrheingrabens auch „rheinisch" genannte Richtung kommt nicht nur in der Anordnung der einzelnen Eruptionspunkte zum Ausdruck, sondern auch in Form von Gängen, die sich, oft nur von kleineren Versätzen unterbrochen, mitunter über mehrere Kilometer verfolgen lassen.

Diese konzentrierten Vorkommen und die im Vergleich zu anderen Vulkanfeldern überdurchschnittliche Präsenz von Gängen hat schon früh zur Bezeichnung Heldburger Gangschar geführt. Namensgeber ist der **Burgberg bei Heldburg**, neben dem eine Reihe weiterer eindrucksvoller, landschaftsprägender Gipfel existiert, unter denen der **Große** und **Kleine Gleichberg** bei Römhild (Thüringen) herausragen.

Die Kernzeit der Aktivität konzentriert sich auf die Zeit vor 16 bis 14 Millionen Jahren – Straufhain, Großer Gleichberg, Bramberg in den Haßbergen, der Zeilberg bei Maroldsweisach und auch der Feldstein nördlich Themar (Thüringen) reihen sich in diese Gruppe ein. Ein jüngeres Datum existiert nur für die Heldburg

▲ 176 Blick von der Heldburg auf den Großen und Kleinen Gleichberg, rechts nahe dem Bildrand der Straufhain (Aufnahme 2006).

◂177 Kartenskizze Heldburger Gangschar.

1 Diatrem von Mechenried
2 Ostheimer Hügelhäuschen, Diatembrekzie mit mehreren kleineren Basaltintrusionen
3 Bramberg
4 Diatrem von Ueschersdorf
5 Basaltvorkommen von Schweinshaupten
6 Zeilberg bei Maroldsweisach
7 Gänge südliche Trappstadt
8 Diatreme am Höhenberg
9 Heldburg (Burgberg), Phonolith
10 Straufhain
11 Gang bei Eicha
12 Großer Gleichberg
13 Kleiner Gleichberg
14 Feldstein
15 Vulkangruppe von Oberlein-Leiter
16 Maunau/Baunach

(11 Millionen Jahre). Einige ungewöhnliche, weil weit ältere Daten ergaben 31 Millionen Jahre für die Vulkangruppe von Oberleinleiter und gar 42 Millionen Jahre für ein kleines Basaltvorkommen bei Maunau/Baunach (Ostrand der Haßberge). Diese Werte stammen von relativ alten Datierungsversuchen und sollten mit Skepsis betrachtet werden. Allein an der Heldburg selbst wird die alkalibasaltische Prägung der Gangschar von der differenzierten Schmelze eines **Phonoliths** unterbrochen.

Rauher Kulm (Kemnather Vulkanfeld)

Foto: till beck – Fotolia.com

▲181 Auch an der Oberkante des Steinbruchs Hirschentanz sind Stellen erschlossen, an denen die Lava über den Schlackenwall nach außen drängte. Das ursprüngliche Oberflächenniveau der Lava ist nicht mehr erhalten. In jedem Fall muss auch der Schlackenkegel, zumindest in seiner ursprünglichen Form, noch höher als an dieser Stelle gewesen sein (Aufnahme 2006).

niger derangiert – die noch erhaltene Mächtigkeit des Basalts von ungefähr 100 m spricht aber dagegen, dass die Lava den Wall an irgendeiner Stelle völlig durchbrochen haben könnte. Im Steinbruch ist jedoch zu beobachten, wie die Lava in unterschiedlichen Höhen über die Pyroklastika des Kraters hinweggreift. Auf dem Niveau der Bruchoberkante hat der Krater einen Durchmesser von etwa 300 m – der Schlackenkegel muss in jedem Fall zu den großen seiner Art gehört haben.

Egergraben Südwest: Aktiver Egerbecken-Westrand-Vulkanismus

Der westliche Bereich des Eger-Rifts ist ein auch gegenwärtig seismisch und vulkanisch aktiver Bereich. Hier befindet sich das **Becken von Cheb (Eger)**, das westlichste Becken des in mehrere Senkungsbereiche gegliederten Grabens. Innerhalb des Beckens, insbesondere aber auch an den Rändern, sind eine Reihe tektonischer wie auch magmatogener Aktivitäten zu verzeichnen. Der Ostrand des Eger-Beckens wird – wie mit dem Messer geschnitten – von der aktiven **Marienbader Verwerfung** begrenzt. Entlang der Verwerfung, aber auch an parallelen Strukturen, kommt es bis in den nordbayerischen Bereich (Vogtland) zu merkwürdigen **Schwarmbeben**. Im Gegensatz zu „normalen" Erdbeben, bei denen sich eine aufgestaute Spannung in der Kruste schlagartig entlädt, ziehen sich Schwarmbeben mit wechselnder, aber stets relativ geringer Intensität über Tage, manchmal auch über Monate hin.

Für die Schwarmbeben gibt es keine einfache Erklärung. Viele Geologen nehmen einen Zusammenhang mit tiefer sitzendem Magma an, wobei die Beben nicht von Magmenbewegungen, sondern von aus einer Magmenkammer entweichenden Fluiden ausgehen sollen. Diese Vorstellung von einer in der Kruste sitzenden Magmenkammer stützt sich auf die ebenfalls weit verbreiteten Kohlendioxid- und Helium-Exhalationen. Die Bedeutung der ^{3}He-Isotope liegt darin, dass sie im Gegensatz zu den um Größenordnungen häufigeren ^{4}He-Isotopen nicht aus dem radioaktiven Zerfall von Uran und Thorium stammen, sondern „kosmisches“ Helium darstellen, das bei der Entstehung der Erde mit aufgenommen wurde und noch umso konzentrierter vorhanden ist, je weniger es aus der Erde ausgegast ist. Je tiefer Schmelzen oder Gase aus dem Erdmantel kommen, desto höher wird nach diesem Modell der Anteil an ^{3}He-Isotopen sein. Das Helium lässt sich in Verbindung mit dem CO_2-Aufstieg feststellen, der im Eger-Becken in **Soos, Hartousov** und **Bublak** mit ganzen Mofettenfeldern verbunden ist.

Der junge, **quartärzeitliche Vulkanismus** steht mit dieser Aktivität im Eger-Becken in Beziehung. Allerdings sind nur wenige Eruptionspunkte dokumentiert. Diese sind am Westrand des Eger-Beckens entlang einer von Nordnordwesten nach Südsüdosten verlaufenden tektonischen Struktur aufgereiht. Diese westliche Randverwerfung steht der den Ostrand des Beckens markierenden, aktiven Marienbader Verwerfung gleichsam gegenüber. Für die hier entstandene Vulkanreihe hat sich bisher keine allgemein gebräuchliche Bezeichnung etabliert – wir nennen sie hier die **Quartären West-Egergraben Vulkane**.

Lange waren nur zwei Vulkane bekannt. Neben dem Železná hůrka (**Eisenbühl**) ist der Komorní hůrka (**Kammerbühl**) aufgrund seiner Beschreibung durch Goethe auch weit über den engeren geologischen Kreis bekannt geworden. In den letzten Jahren wurden allerdings zwei weitere Eruptionspunkte in der Nähe des Eisenbühls gefunden – das **Mýtina-Maar** auf der tschechischen Seite, und erst im letzten Jahr (2015) wurde eine südöstlich von **Neualbenreuth** entdeckte geophysikalische Anomalie durch eine Bohrung als Maarkrater bestätigt. In der als **Mýtina-Maar** bezeichneten Struktur wurden ungefähr 80 m mächtige, quartärzeitliche Kraterseesedimente erbohrt, eine genauere Alterseinstufung ist aber gegenwärtig noch nicht bekannt. Der Krater ist im Gelände als Depression erkennbar.

Im Bereich eines kreisförmigen Moors etwa 1,6 km südöstlich von Neualbenreuth ergaben sich nach geophysikalischen Untersuchungen ebenfalls Hinweise auf ein tiefes Diatrem. Die im Jahr 2015 niedergebrachte Bohrung traf auch hier auf mächtige Kraterseesedimente. Deren Bearbeitung war bei Drucklegung allerdings noch nicht abgeschlossen. Nach Auskunft von Dr. Johann Rohrmüller vom Landesamt für Umwelt (LfU) in Bayern handelt es sich in jedem Fall um ein quartärzeitliches Maar, vermutlich mit einem Alter von nur 200 000 bis 300 000 Jahren.

Komorní hůrka (Kammerbühl)

Der Kammerbühl erscheint im Gelände nur als ein bescheidener Hügel, der in der ebenen Landschaft des westlichen Egerbeckens dennoch auffällig ist. Der Vulkan ist mit dem Namen Goethes verknüpft, der die Stelle wiederholt aufgesucht und auch mit Freunden und Kollegen darüber diskutiert hat. Aus heutiger Sicht ist es kaum vorstellbar, dass überhaupt jemand an der vulkanischen Natur dieses Bergs zweifeln konnte. Die Pyroklastika – überwiegend blasige Lapilli und Schlacken – sind in der für eine magmatische Fragmentierung charakteristischen Weise entwickelt und wurden in einer großen Grube abgebaut, wo sie auch heute noch begutachtet werden können.

Die besondere wissenschaftsgeschichtliche Bedeutung dieses Vulkans liegt darin, dass dort versucht wurde, den Ursachen des Vulkans im wahrsten Sinne des Wortes auf den Grund zu gehen. Ein nach Goethes Tod (1832) von Graf von Sternberg 1834 bis 1837 vorgetriebener Stollen dokumentiert noch heute, dass die Ursache der Vulkane damals gleich unter dem Kegel vermutet wurde.

▲ 182 Im Vordergrund der Eingang des von Graf von Sternberg 1834 bis 1837 gebauten Stollens am Kammerbühl, der die geologischen Verhältnisse unter dem Basalt klären sollte. Der Basalt selbst ist rechts im Hintergrund zu sehen. Die Lava ist wahrscheinlich im Kraterinneren des Schlackenkegels verblieben (Aufnahme 2015).

▲ 183 Schwelende Braunkohlen können vor allem tonreiche Sedimentgesteine erheblich verändern und auch schlackenähnliche, blasige Gefüge erzeugen. Solche Bilder vor Augen, hat der einflussreiche Freiberger Geologe Abraham Gottlob Werner Ende des 18. Jahrhunderts vulkanische Erscheinungen allgemein auf oberflächennahe Braunkohlenbrände zurückgeführt. Dobrčice bei Bilina (Tschechien; Aufnahme 2007).

▶ 184 Loses Schlackenagglomerat an der aufgelassenen Grube am Kammerbühl (Aufnahme 2015).

Versetzen wir uns kurz zurück in die Zeit, in der die vulkanische Natur des Basalts infrage stand. **Abraham Gottlob Werner**, der Lehrer an der Freiberger Bergakademie, hatte um 1788 am Scheibenberg im Erzgebirge – wie er glaubte – unwiderlegbare Hinweise dafür gefunden, dass Basalt eine schichtartige Ausfällung aus dem Wasser sein sollte. Aber das war nur ein Aspekt des Vulkanproblems. Ein zweiter bestand darin, dass es – losgelöst von diesen als Festgesteinen vorliegenden Basalten – auch blasige Schlacken gab. Die konnten nun auch in Werners Augen nur durch die Wirkung von „Feuer“ entstehen. Doch in diesen Fällen dachte der Freiberger nicht an fragmentierte, aus der Tiefe der Erde kommende Schmelzen, sondern an durch Braunkohlenschwelbrände angeschmolzene Sedimentgesteine.

Solche durch **Schwelbrände** veränderten Sedimente sind auch im Egergraben an mehreren Stellen zu finden, und tatsächlich erscheint die Ähnlichkeit mit vulkanischen Schlacken zumindest auf den ersten Blick

▲ 185 Der Schlot des Eisenbühls lag außerhalb des linken Bildrands. Die Phase 1 ist durch den häufigen Wechsel phreatomagmatischer und magmatischer Phasen geprägt. Der Wechsel zu einer längeren magmatischen Phase (2) war mit einer explosiven Zurückverlegung des Kraterrands verknüpft: Die Druckwelle schneidet die Abfolge 1 auf der dem Krater zugewandten Seite ab (mittlerer Bildabschnitt). In weiterer Entfernung vom Krater (Vordergrund rechts) legen sich die Schlacken gleichförmig über die Abfolge 1 (Aufnahme 2006).

frappant. Wie auch immer, unter dem Kammerbühl war keine Braunkohle zu finden.

Der Schlackenkegel erscheint in seiner gegenwärtigen Form bereits stark degeneriert, selbst wenn man die durch den Abbau entstandene Reduktion des Hügels in Betracht zieht. Hinweise auf eine ursprüngliche Kraterform sind nicht mehr zu finden. Goethe hat die flache Hangneigung als Indiz für eine Ablagerung der Lapilli und Schlacken unter Wasserbedeckung interpretiert, aus moderner Sicht ist diese Gestalt einfach nur Folge fortgeschrittener Dekomposition. Nach Vergleichen mit Statistiken zur posteruptiven Entwicklung von Schlackenkegeln sollte der Kammerbühl das Alter von 500 000 Jahren mehr oder weniger überschritten haben. Aktuelle Datierungen haben zwar gestreute Ergebnisse gebracht, weisen aber im Grunde in diese Richtung. Ein Datum von 726 000 ± 59 000 Jahren (Wagner et al. 2002) kann aber angesichts des Erhaltungszustands in der Größenordnung als ebenso plausibel gelten wie die jüngst veröffentlichten 1,01 Millionen Jahre (Ulrych et al. 2013).

Entlang des über dem Stollen zum Gipfel führenden Wegs kann der Basalt beobachtet werden. Im unteren Bereich zeigt die Lava große Blasenhohlräume, oben geht sie in ein Schlackenagglutinat über. Der Basalt dürfte im Krater oder an der Flanke des Kegels ausgetreten sein – die Fördermenge war in jedem Fall so gering, dass die Lava noch während dieses Austritts erstarrt ist.

Železná hůrka (Eisenbühl)

Der Eisenbühl tritt dem Besucher in relativ frisch wirkender Weise entgegen. Das liegt sicher an dem großräumigen Aufschluss, der die Farben der Pyroklastika noch unverwittert intensiv wiedergibt und den Aufbau des Vulkans wie in einem Lehrbuch freigelegt hat. Auch hier schwanken die Altersbestimmungen erheblich zwischen 519 000 ± 51 000 Jahren (Wagner et al. 2002) und einem wesentlichen jüngeren Wert um 280 000 Jahre (Rohrmüller & Loth 2012) bzw. 430 000 Jahre (Ulrych et al. 2013). Der Vulkan liegt nur wenige hundert Meter jenseits der deutsch-tschechischen Grenze und kann so von Neualbenreuth unkompliziert zu Fuß ohne Grenzkontrolle besucht werden.

Am Eisenbühl sind mehrere auffällige Details zu erkennen. Der erste visuelle Fixpunkt ist die **Diskordanz** in der pyroklastischen Abfolge: Eine in unterschiedlich bunte Lagen gegliederte Abfolge (Phase 1) wird scharf geschnitten und an dieser Fläche von schwarzen Schlacken (Phase 2) überlagert. Diese Diskordanz ist allerdings nur an der kraterzugewandten Seite entwickelt – im etwas weiter entfernten Wall haben sich die Schlacken der Phase 2 gleichförmig und damit bedeutend weniger auffällig über die Abfolge 1 gelegt. In der ersten Phase der Eruption hat der Fragmentierungscharakter offensichtlich wiederholt zwischen phreatomagmatisch und magmatisch gewechselt. Die Phase 2 hat offenbar mit einem explosiven Ereignis begonnen und die Diskordanz an ihrer Basis verursacht.

Tertiäres Lausitz-Vulkanfeld

Mit mehr als 1000 vulkanischen Relikten – darunter etwa 500 Eruptionsstellen – gehört das Lausitz-Vulkanfeld zu den großen Vulkanfeldern in Deutschland. Seine Anlage

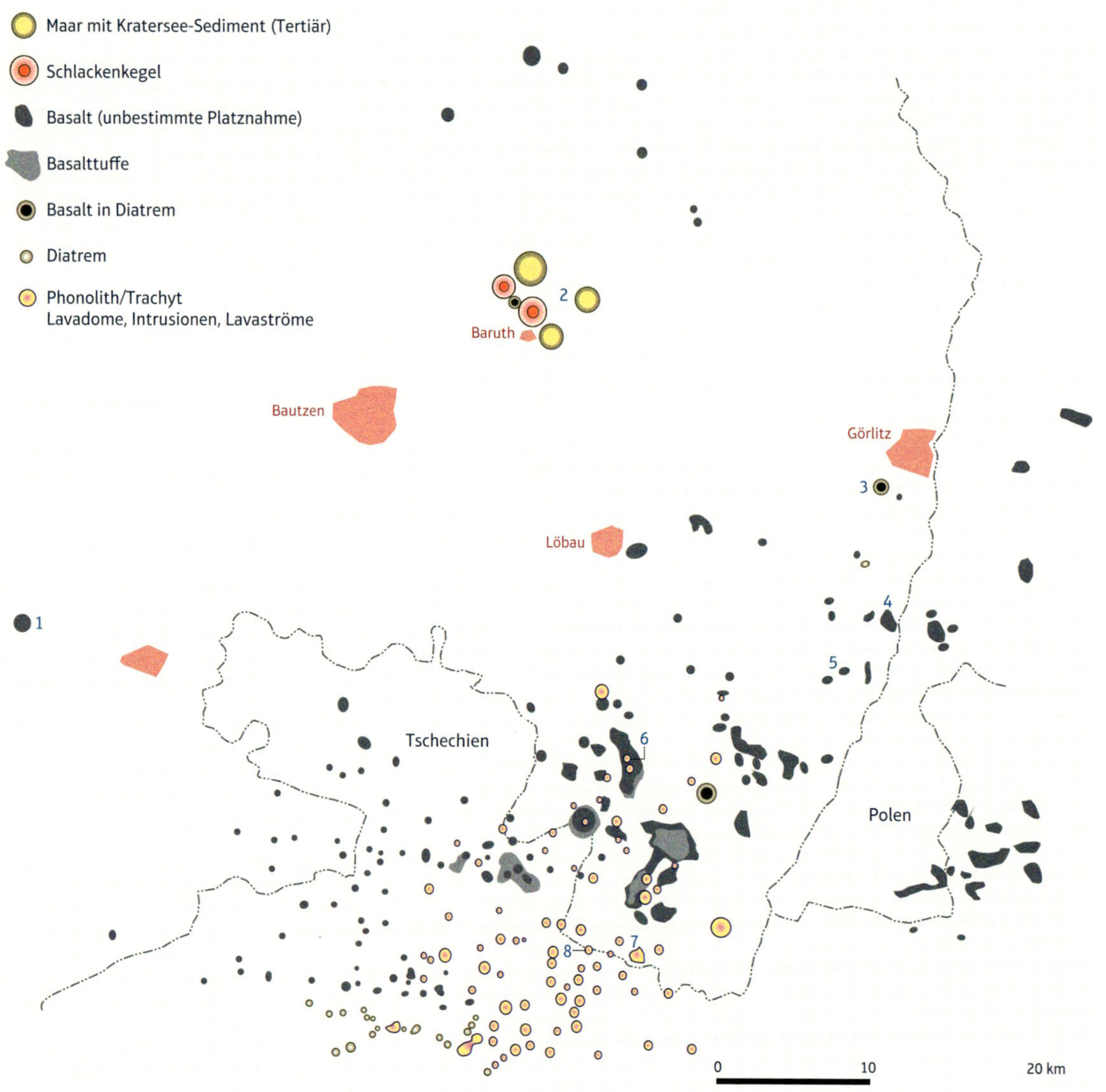

▸ **186** Kartenskizze Lausitz-Vulkanfeld. Nach GK 200 CC5550 Görlitz sowie Büchner et al. (2015).

1 Stolpen
2 Guttauer Vulkangruppe
3 Landeskrone
4 Hofeberg bei Leuba
5 Ostritzer Stadtwald-Lavastrom
6 Oberoderwitzer Spitzberg
7 Jonsdorfer Mühlsteinbrüche
8 Lausche.

▲ 187 Der Oberoderwitzer Spitzberg ist der Rest eines kleinen Phonolith-Doms. Die Säulenstellung zeigt, dass der zentrale Bereich erhalten geblieben ist, während randlichere Abschnitte links – im Gegensatz zur rechten Seite – weitgehend verloren gegangen sind.

ist eindeutig auf das Eger-Rift bezogen, auch wenn es etwas nördlich versetzt zu dessen Achse angesiedelt ist. Ein Teil des Vulkanfelds greift nach Süden nach Tschechien sowie im Osten nach Polen über. Insgesamt ist es aber klar von dem inmitten des Eger-Rifts sitzenden Böhmischen Mittelgebirge/České středohoří abzugrenzen.

Die vulkanische Kernaktivität in der Lausitz konzentriert sich auf den Zeitraum vor 34 bis 27 Millionen Jahren. Nur wenige Vulkane scheinen nach den bisherigen Datierungen aus diesem Rahmen zu fallen. Hinsichtlich der Magmen ist festzuhalten, dass auch in der Lausitz Alkalibasalte dominieren, daneben allerdings auch in erheblichem Umfang differenzierte Vulkanite wie Phonolithe und Trachyte zu finden sind. Diese differenzierten Magmen finden sich vor allem im Kernbereich des Vulkanfelds im Süden, in Richtung zur Grenze nach Tschechien.

Die neuere Forschungsgeschichte hat unter anderem auch gezeigt, dass die Vulkanlandschaft der Lausitz überwiegend noch gar nicht so tief erodiert ist, wie das tertiärzeitliche Alter es eigentlich vermuten lässt. So konnten nicht nur an vielen Stellen noch Reste von Schlackenkegeln gefunden werden, sondern auch Hinweise, dass selbst bei Lavadomen noch Reste ihrer ursprünglichen Außenränder erhalten sein könnten. Dies gilt auch für die besonders exponierten Bereiche im Bereich des **Zittauer Gebirges**, wo diese Dome den Sandsteinen der Kreide aufsitzen und mit der **Lausche** (791 m), dem **Hochwald** (749 m), dem **Jonsberg** (653 m) und dem **Buchberg** (651 m) markante Gipfel bilden. Insbesondere die am Buchberg gefundenen blasigen Trachytgesteine werden hier als Zeugnis vom Außenbereich einer vulkanischen Oberflächenform angesehen (Büchner et al. 2015). Gut zugänglich ist der vor dem Kamm gelegene **Oberoderwitzer Spitzberg**: vom ehemaligen Dom ist vermutlich nur noch der Kern erhalten geblieben.

Neu sind auch Funde phonolithischer Bimssteine. Diese wurden zwar nur in den Auswürfen eines Schlackenkegels (**Sonnenberg**) angetroffen, zusammen mit den im **Baruther Maar** gefundenen phonolithischen Aschen können diese Spuren aber als Beleg für zumindest eine große, möglicherweise gar plinianische Bimssteineruption angesehen werden.

▲ 194 Unter den Lavastromresten des Erzgebirges zeichnet sich der Basalt des Scheibenbergs durch eine besonders regelmäßige wie schlanke und hohe Säulenklüftung aus. Eine Gliederung in Obere und Untere Kolonnade ist nicht zu erkennen. Der Basalt am Scheibenberg galt gegen Ende des 18. Jahrhunderts als Beweis für eine Entstehung des Basalts aus wässriger Lösung (Aufnahme 1994).

net werden. Die regelmäßig entwickelte, vertikale Säulenklüftung belegt nicht nur ihre vulkanische Herkunft, sondern auch unmissverständlicherweise, dass es sich um Reste von Lavaströmen handelt.

Die Lavaströme waren dünnflüssig genug, um einem weiträumig angelegten Talsystem über mindestens 20 km folgen zu können. Dabei haben sie die in den Tälern vorhandenen Flusssedimente überdeckt und als Zeugnisse der tertiärzeitlichen Landschaftsgeschichte bis heute bewahrt. Anhand der Zusammensetzung der unter den Laven erhaltenen Flusssedimente kann nachgewiesen werden, dass die Gewässer auch Zuflüsse aus dem Duppauer Gebirge hatten (Suhr 2003). Zur Zeit der Ausbrüche vor etwa 30 Millionen Jahren war der Erzgebirgskamm noch nicht wie heute die Wasserscheide. In dem jenseits des Kamms gelegenen Bereich wird auch die Herkunft der Lavaströme vermutet.

Frühere Altersbestimmungen vom Pöhlberg (24,2 Millionen Jahre), Bärenstein (18,1 Millionen Jahre) und Scheibenberg (21,5 Millionen Jahre; Pfeiffer & Suhr 2008) wurden inzwischen teilweise revidiert. Aktuelle Altersdaten für den Scheibenberg bewegen sich bei 28,3 bis 32,1 Millionen Jahren (Suhr & Goth 2014). Es ist zu vermuten, dass sich auch die Altersangaben für die anderen Vorkommen noch in diese Richtung bewegen werden. Die mineralogische Ähnlichkeit der Basalte – *sensu strictu* Augit-Nephelinite – stützt die Annahme, dass es sich um zueinander zeitnahe Bildungen handeln könnte, genauso wie der Umstand, dass die Flusssedimente an ihrer Basis keine erkennbar zeitrelevanten Unterschiede aufweisen. Doch letztlich würden auch weitgehend übereinstimmende Altersdaten keinen Beweis für eine absolute Gleichzeitigkeit erbringen können.

Vor der Basaltwand des **Scheibenbergs** stehend kann man links hinunter an die Nordostseite des Bergs gehen, wo im Bereich der ehemaligen Sandgrube „An der Kanzel" ein vom Sächsischen Landesamt für Umwelt, Landwirtschaft und Geologie (LfULG) gepflegter Aufschluss Einblick in die Gesteinsfolge unterhalb des

Basalts ermöglicht. Neben der vom Basalt verursachten Rötung der Sedimente ist hier eine bis zu 3 m mächtige Lage bemerkenswert, in der sich Basaltbrocken mit Sediment vermischt finden. Diese Durchmischung wird auf eine Mobilisierung des feuchten porenwasserreichen Sediments unter dem heißen Lavastrom zurückgeführt – dabei wurde Basaltschmelze von der Basis der Lava in das turbulente Sediment gemischt und abgeschreckt.

Die Mischzone unterhalb des Basalts wurde bei der Erstbeschreibung des Scheibenbergs durch Werner (1788/89) als **Wacke** bezeichnet – ein gesteinskundlich wenig scharfer Begriff für verschiedene aus Gesteinsbruchstücken zusammengesetzte Gesteine. Der Umstand, dass der Basalt über dieser „Wacke“ und diese wiederum über den Tonen und Sanden liegt, hat Werner als Beleg für einen entstehungsgeschichtlichen Zusammenhang genommen: Weil der Basalt mit Übergängen aus den Wacken und diese wiederum aus den Sanden und Tonen hervorgehen, sollte es sich in den Augen Werners um eine einheitliche Abscheidungsfolge aus einer wässrigen Lösung handeln. Diese später als **Neptunismus** bezeichnete Interpretation zementierte das Bild von der Entstehung des Basalts auch für viele seiner Anhänger und Schüler über Jahrzehnte.

Intrusionen im Maar von Hammerunterwiesenthal

Im Steinbruch Richter bei Hammerunterwiesenthal wurde seit 1897 Phonolith abgebaut. Erst in jüngerer Zeit wurde deutlich, dass der Phonolith in Sedimente eingedrungen ist, deren Charakter sie als Bildungen eines Maarkratersees ausweist. Die Seesedimente sind im zentralen Bereich feinkörnig, laminiert, dabei carbonatisch oder auch kieselig. Zu den Rändern hin ist eine sehr grobkörnige Fazies zu finden – diese dominiert auch an der Oberkante des Vorkommens.

▲ 195 Der Steinbruch Richter bei Hammerunterwiesenthal erschließt einen großen Phonolithkörper, der in Maarkraterseesedimente eingedrungen ist. Der Kontakt zu den Sedimenten ist im Steinbruch zu sehen: gestrichelte Linie links oberhalb des Wegs (Sedimente unterhalb der Linie). Die Sedimente sind auch an der Oberkante des Aufschlusses zu sehen, wo sie in Form großer Taschen in den Phonolith eingesunken sind (Pfeile; Aufnahme 2009).

Der Hirtstein bei Satzung.

Die Bildung des Maars erfolgte vor ungefähr 31 Millionen Jahren in hochgradig metamorphen Gesteinen des Erzgebirges. In die Kraterseesedimente intrudierten zuerst kleine Volumen Leucitite und Phonotephrite und schließlich vor ungefähr 28,4 ±0,6 Millionen Jahren zwei Phonolithkörper, von denen einer in dem beschriebenen Steinbruch aufgeschlossen ist. Die zweite Phonolithe-Intrusion grenzt unmittelbar an die Maarstruktur an. In der Summe gesehen hat sich das Maar von Hammerunterwiesental in der Folge zu einem **vulkanischen Intrusivkomplex** entwickelt.

Die Kraterseesedimente bilden keine Fossillagerstätte, die mit Messel oder dem Eckfelder Maar vergleichbar wäre. Neben Pflanzenfossilien gehören dennoch immerhin zwei Salamander (*Archaeotriton basalticus*) zu den bemerkenswerten Funden. Mit einem Durchmesser von 1,7 km gehört das Maar zu den großen Vertretern dieser Vulkanform. Erstaunlich ist, dass die Seesedimente mit ihren magmatischen Intrusiva im Prinzip noch vollständig erhalten sind, die umgebende Geländeoberfläche also kaum abgetragen wurde – trotz einer Hebung des Erzgebirges auf ein Niveau von etwa 1000 m.

Hirtstein bei Satzung

Mit einer Höhe von 889,8 m ü. NN zählt der Hirtstein (vgl. Abb. 192, S. 193) zu den hoch gelegenen Aussichtspunkten im mittleren Erzgebirge. Allerdings ist hier auch die Nahperspektive spektakulär, denn die als „Palmfächer" bezeichnete Säulengruppe gehört ohne Zweifel zu den schönsten in Deutschland.

Bei dem Gestein handelt es sich um einen Augit-Nephelinit; eine K-Ar-Datierung hat einen Wert von 24,4 ±2,7 Millionen Jahren ergeben. Der Basalt repräsentiert einen kleinen Intrusionskörper, der nach der Interpretation von Suhr und Goth (2015) ein nur wenig größeres Diatrem ausfüllt. Neben dem Palmfächer ist die von einer horizontalen Klüftung bestimmte „Riesentreppe" zu sehen: Hier handelt es sich um den Anschnitt eines einst noch weiter nach oben reichenden Lavagangs.

19 Tertiäres Uracher Vulkanfeld

Das Uracher Vulkanfeld besteht aus mehr als 350 Eruptionspunkten, die nahezu ausschließlich Maar-Diatreme sind. Der größte Teil dieser Vulkane liegt auf der Hochfläche der Schwäbischen Alb inmitten der Carbonatgesteine des Weißen Juras.

Bis auf wenige Ausnahmen bestehen die Diatremfüllungen ausschließlich aus Aschen- und Lapillituffen mit mehr oder weniger umfangreichen Anteilen von Nebengesteinen. Aufgrund dieser Komposition bilden die meisten Tuffschlote der Schwäbischen Alb sogar morphologische Depressionen, in denen die verwitterten Tuffe tonmineralreiche, nur begrenzt wasserundurchlässige Substrate bilden. So trifft man auf der an sich verkarsteten Albhochfläche tatsächlich auf Feuchtstandorte und Moore – das südlich des Randecker Maars gelegene **Schopflocher Moor** ist das be-

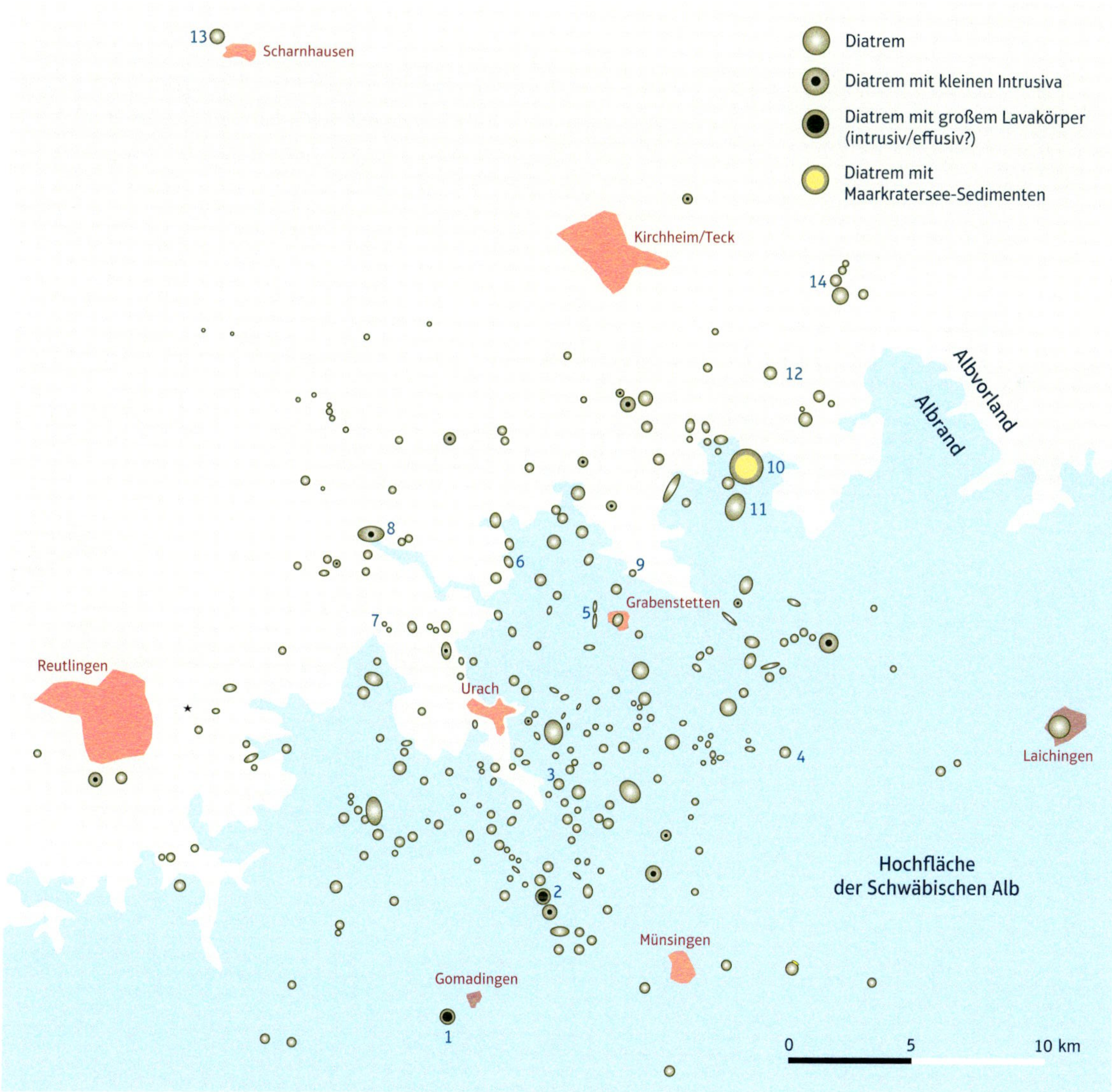

◄196 Kartenskizze Uracher Vulkanfeld. Nach Mäussnest (1978), GK200 CC 7918 Stuttgart-Süd.

1 Sternberg bei Gomadingen
2 Eisenrüttel
3 Wittlinger Steige
4 Zainingen Hüle
5 Grabenstetten-Gang
6 Neuffener Steige
7 Calverbühl
8 Jusi
9 Konradfels
10 Schopflocher Moor
11 Randecker Maar
12 Limburg
13 Scharnhausen
14 Aichelberg „Sinkschollen"

Randecker Maar (Uracher Vulkanfeld)

Foto: EinBlick–Fotolia.com

kannteste Beispiel. In der von Wasserarmut geprägten Umgebung waren diese Tuffschlote einst von erheblicher Bedeutung, indem sie den Untergrund des als **Hülen** (auch Hülben) bezeichneten, teichartigen Wasserreservoirs bildeten. Nur vor der Alb, wo Tonsteine des Unteren und Mittleren Juras die Umgebung bilden, konnten die Diatreme ein deutlich positives Relief entwickeln.

Allein an zwei Stellen, dem **Eisenrüttel** und dem **Sternberg** bei Gomadingen, sind massive Lavakörper zu finden, die als Diatremintrusionen oder Reste von Lavaseen interpretiert werden können. Daneben gibt es nur einen Gang mit massiver Lava, der ohne begleitende Tuffe auftritt (**Grabenstetten**). Aus der Perspektive des modernen, phreatomagmatischen Maarkonzepts bedeutet das, dass aufsteigende Lava an fast keiner Stelle dem heftige Eruptionen auslösenden Kontakt mit Wasser entgehen konnte. Solche ungewöhnlichen Bedingungen sind denkbar, wenn die ausgesprochen günstigen hydrologischen Eigenschaften eines Karstwassersystems betrachtet werden: Diese bilden im Idealfall ein System offen kommunizierender Röhren, in dem der Nachfluss von Wasser nur schwer zu unterbrechen ist.

Hinsichtlich des Alters der vulkanischen Aktivität herrschen noch beträchtliche Unschärfen. Bezieht man auch ältere radiometrische Daten in die Betrachtung ein, würde sich eine weite Spanne von 11 bis 30 Millionen Jahren ergeben. Neuere Daten engen die Aktivität allerdings auf einen kürzeren Zeitraum ein, wobei sich eine Kernzeit von 16 bis 17 Millionen Jahren abzeichnet.

Der Chemismus der Uracher Vulkane ist relativ einheitlich, in seiner Komposition allerdings ungewöhnlich. Mit Ausnahme des Eisenrüttels (Olivin-Nephelinit) sind alle Laven durch die Gegenwart des Minerals **Melilith** – $(Ca, Na)_2(Mg, Al)^{[4]}[Si_2O_7]$ – geprägt, weitere Minerale sind Olivin, Pyroxene und Biotit. Normale Feldspäte fehlen nahezu völlig, selbst Feldspatvertreter bilden nur untergeordnete Anteile. Da der Anteil an

▲ 197 Der Jusi ist ein großes, unmittelbar vor dem Albrand gelegenes Diatrem. Trotz seiner Nähe zum Abbrand ist der Schlot bereits vollständig in Reliefumkehr zur isolierten Kuppe geworden. Der unbewaldete Hügel ist gut zu begehen und ermöglicht nicht nur einen weiten Blick in die Landschaft, sondern auch auf den Untergrund. Während in die Tuffe zahlreiche, zumeist nur kleinere Kalkbruchstücke eingeschlossen sind, trifft man auf dem Weg zum Gipfel auch große Kalksteinschollen (Pfeile) an. Geschichtete vulkanoklastische Ablagerungen im Gipfelbereich repräsentieren nach Lorenz (1982) die gerade noch erhaltenen basalen Ablagerungen eines Kratersees (Aufnahme 1992).

Feldspäten und Feldspatvertetern in der Summe nicht einmal 10 % erreicht, kann das Gestein nicht mehr im QAPF-Diagramm klassifiziert werden. Stattdessen kommt ein gesondertes Schema für Melilith führende Gesteine zur Anwendung, woraus sich schließlich die Bezeichnung **Olivin-Melilithit** ergibt.

Der geringe SiO_2-Anteil begünstigt die Viskosität der Lava. Dies dürfte der Grund dafür sein, dass in vielen Schloten kugelige Lapilli zu finden sind. Solche Formen können durch Einwirkung der Oberflächenspannung entstehen, so wie es im Prinzip auch bei Bildung von Wassertropfen der Fall ist. Solche Lapilli sind besonders schön am **Calverbühl** zu sehen, wobei in deren Kern oft ein Olivinkristall oder kleine Kristallgruppen sitzen. Das Diatrem liegt am Ausgang des Erms-Tals gegenüber Dettingen, wo es unmittelbar vor dem Albrand als kleine Kuppe herauspräpariert ist.

Die Erforschung der Uracher Vulkane hat eine lange und auch für die Vorstellungen von der Entstehung von Maaren bedeutende Geschichte (siehe S. 47 ff.). Lorenz (1982) hat schließlich versucht, die Entstehung der Tuffschlote in Analogie zu den Eifelmaaren auf phreatomagmatische Eruptionen zurückzuführen. Davor liegen die geophysikalischen Erkundigungen von Mäussnest (1974a, b, 1978), in deren Folge die Zahl der bekannten Eruptionsstellen bedeutend erhöht wurde. In seiner Karte sind viele Eruptionsstellen mit bizarren Umrissen wiedergegeben – diese Darstellung folgt offenbar der von Cloos etablierten Vorstellung, die Schlote hätten sich bevorzugt durch die langsame Zerrüttung des Gesteins und dem „Absinken" von Schollen nach oben durchgearbeitet – dabei würden die das Gestein durchziehenden Kluftrichtungen wesentlich mehr die Kontur des Schlots bestimmen, als es bei explosiven Aussprengungen der Fall ist. In der hier wiedergegebenen vulkanologischen Kartenskizze (Abb. 196), die wesentlich auf Mäussnest gründet, wurden hingegen runde Markierungen gewählt.

Bis auf das **Randecker Maar** sind offenbar nur noch in wenigen anderen Schloten geringe Reste von Kraterseesedimenten zu finden. Das dürfte wahrscheinlich eine Folge der postvulkanischen flächenhaften Verwitterung der Albhochfläche sein. Für eine gegenseitige Kalibrierung der Eruptionsgeschichte, wie es in der Westeifel anhand der vielen Maarkraterseesedimente möglich ist, gibt es somit im Uracher Vulkanfeld keine Grundlage.

20 Tertiäres Hegau-Vulkanfeld

Der Hegau ist ein kleines Vulkanfeld in Südwestdeutschland. Der Vulkanismus erfolgte zur Zeit der Sedimentation der Oberen Süßwassermolasse (OSM) in einem vor den Alpen gelegenen Schwemmland, in dem die hydrogeologischen Verhältnisse günstige Bedingungen für phreatomagmatische Eruptionen boten. Die Sedimentation der Molasse überdauerte die vulkanisch aktive Periode, sodass die Vulkanbauten schließlich mehr oder weniger unter den klastischen Ablagerungen begraben wurden.

Die Wiederfreilegung der vulkanischen Formen begann mit der einsetzenden Hebung nach dem Ende der Molassezeit vor etwa 10 bis 8 Millionen Jahren. Besonders stark war die Erosion in den letzten Kaltzeiten, in denen der aus den Alpen heraustretende Rheingletscher an die Hegau-Vulkane heranrückte. Nach jedem Rückzug hinterließ der Gletscher eine stärker ausgeschürfte Wanne, in deren tiefstem Teil jetzt der Bodensee liegt. Die dadurch verstärkten Reliefunterschiede verstärkten die Freilegung der Hegau-Vulkane, die mit dem Bodensee und der bei guter Sicht dahinter erscheinenden Alpenfront eine spektakuläre Kulisse bilden.

Als älteste Bildung wird der **Deckentuff** angesehen, dessen radiometrisches Alter sich auf die Zeit zwischen 13 bis 14 Millionen Jahren konzentriert. Die Bezeichnung rührt von der teilweise flächenhaften Verbreitung dieses Gesteins her. Die Tuffe erreichen eine Mächtigkeit von bis zu 100 m. Unter diesem Begriff werden traditionell allerdings auch ähnliche Gesteine in „Schloten, Eruptionsspalten und Kratern“ versammelt (Schreiner 1992). Die GK 50 Hegau zeigt auch wannen- und rinnenförmige Kontakte des Deckentuffs zur Molasse, die auf das Relief zur Zeit der Ablagerung des Deckentuffs weisen.

Die Eruptionsstellen des Deckentuffs sind nicht durchweg bekannt. Ein Teil der Eruptionsstellen kann durch die Tuffe selbst verdeckt sein. Deckentuffe stammen aber auch aus den bekannten Hegau-Schloten, die durchweg als **Maar-Diatrem-Vulkane** anzusehen sind. Die Komposition des Deckentufffs ist daher nicht durchgehend gleichmäßig, sondern von Aufschluss zu Aufschluss „schwankend“ (GK 50). Dies trifft aber mehr auf das Verhältnis der magmatischen Anteile zu den Nebengesteinskomponenten zu bzw. auch auf die Komposition der Nebengesteinsfragmente selbst, die

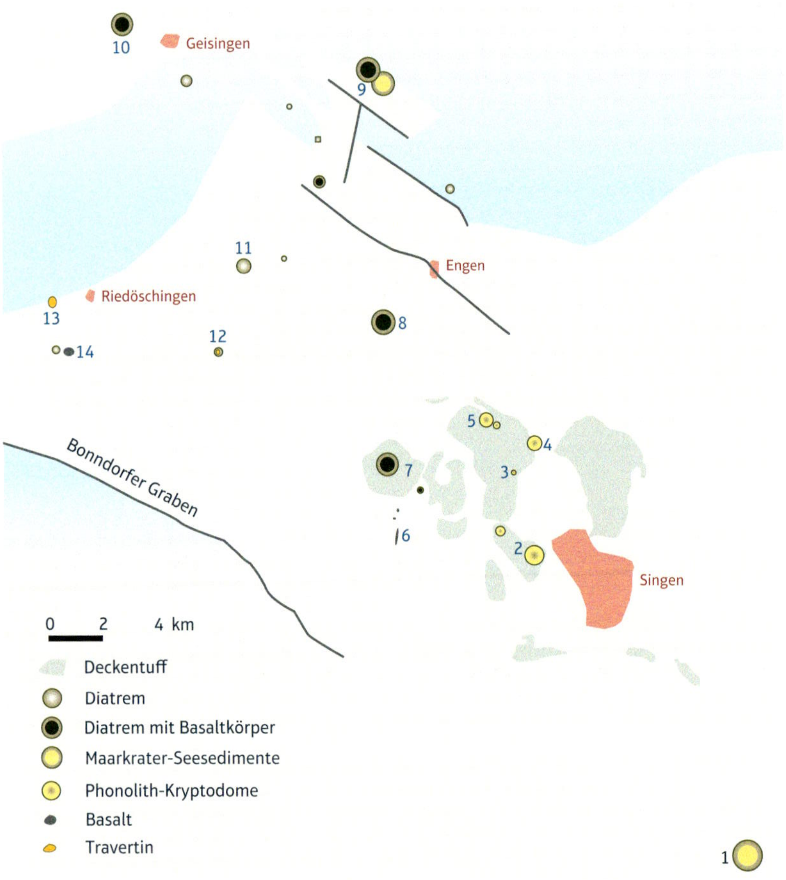

▲ 198 Kartenskizze Hegau. Modifiziert nach GK50 Hegau (Schreiner 1992, Geol. LA Baden-Württemberg).

1 Maar von Öhningen
2 Hohentwiel
3 Deckentuff östl. Duchtingen
4 Hohenkrähen
5 Mägdeberg
6 Gang bei Riedheim
7 Hohenstoffeln
8 Hohenhewen
9 Höwenegg-Gruppe
10 Wartenberg
11 Osterbühl südl. Leipferdingen
12 Wannenberg-Kalktuff
13 Riedöschingen-Travertin
14 Lavastrom-Rest Blauer Stein

▲ 199 Blick über den Hegau – ganz links ist der Bodensee zu erkennen, im Hintergrund markiert die Wolkenbank die Gipfel der helvetischen Alpen um den Säntis. Die Pfeile verweisen v. l. n. r. auf den Phonolith des Hohenkrähen, den Hohentwiel und vorne die Basaltintrusion des Hewen (Aufnahme 2000).

je nach Tiefe der phreatomagmatischen Explosionsherde unterschiedliche Formationen des unter der Molasse liegenden Mesozoikums (Jura, Trias) oder gar auch des in 1,2 bis 1,4 km Tiefe folgenden kristallinen Grundgebirges erfassten.

Die magmatischen Anteile des Deckentuffs sind hingegen relativ homogen. Ähnlich wie im Uracher Vulkanfeld sind Melilithite bzw. Olivin-Melilithite häufig, lokal wurden auch carbonatitische Gesteine beschrieben. Die geringe Viskosität der kieselsäurearmen Schmelzen hat auch im Hegau dazu geführt, dass Lapilli häufig kugelige Formen zeigen.

Die vulkanischen Gipfel des Hegaus sind jedoch nicht aus Deckentuff, sondern massiven Vulkangesteinen aufgebaut. Hier gibt es zwei unterschiedliche Typen, die in die zuvor entstandenen Maardiatreme eindrangen. Zum einen handelt es sich um basische Intrusiva – Hohenstoffeln, Höwenegg, Hohenhewen und weit

▶ 200 Die Diatrembrekzie am Osterbühl bei Leipferdingen zeigt ein steiles, nach rechts unten zum Zentrum hin orientiertes Einfallen. Die Struktur ist möglicherweise auch deshalb von erstaunlicher Regelmäßigkeit, weil sie von keinen Intrusiva gestört wird (Aufnahme 2011).

▲ 201 Der Blaue Stein bei Randen ist sehr wahrscheinlich der Rest des einzigen im Hegau bekannten Lavastroms. Die vertikale Struktur einer kleinen, aber von mächtigen Säulen geprägten Felsgruppe lässt kaum eine andere Interpretation zu (Aufnahme 2011).

im Norden der **Wartenberg** westlich von Geisingen repräsentieren dieses Typus. Zum anderen sind aber auch differenzierte Magmen phonolithischer Komposition aufgestiegen: Hohentwiel, Staufen, Hohenkrähen und Mägdeberg sind markante Zeugnisse dieser zweiten Gruppe.

Die Phonolithe ergaben in den meisten bisherigen Bestimmungen ein relativ junges Alter, wobei der Phonolith des Hohenkrähen mit 6,9 Millionen Jahren das jüngste Datum ergab (Weiskirchner 1972). Neuere Arbeiten (Schmid et al. 2014) rücken die Eruption der Vulkanite deutlich nach hinten – die Phonolithe des Hohentwiel, Gönnersbohl, Staufen, Hohenkrähen, Mägdeberg und Schwindel liegen zwischen 10,6 und 11,6 Millionen Jahren und wären somit nahezu gleich alt.

Von der phreatomagmatischen Tätigkeit zeugt nicht nur die an Nebengesteinen reiche Fazies der Deckentuffe, sondern auch die Erhaltung von Kraterseesedimenten am **Höwenegg** und in **Öhningen**. Das bei Öhningen gelegene Vorkommen ist wegen seines Fossilreichtums schon seit Jahrhunderten bekannt. Zu den Höhepunkten der Fundgeschichte gehört sicher das als *Andrias scheuchzeri* (Scheuchzers Mensch) bekannte Skelett eines Riesensalamanders – der Name rührt daher, dass der Schweizer Naturforscher Johann Jacob Scheuchzer diesen Fund im Jahr 1726 als „Beingerüst" eines bei der „Sündflut umgekommenen Sünders" weithin bekannt gemacht hatte. Die Maarsedimente vom **Höwenegg** wurden hingegen erst Mitte des 20. Jahrhunderts in mehreren Grabungskampagnen erschlossen. Zu den wichtigen Funden dieser Stelle gehören das Urpferd *Hipparion* und zahlreiche Großsäuger, wie sie für die savannenartige Landschaft jener Epoche charakteristisch waren.

Zu den bemerkenswerten vulkanischen Zeugnissen des Hegaus gehört weiter ein aus den Molassesedimenten freigewitterter, nach Nordnordosten gerichteter Gang aus Olivin-Nephelinit bei **Riedheim**. Der Aufstieg hydrothermaler Wässer ist hingegen durch mächtige Travertinablagerungen bei **Riedöschingen** dokumentiert.

21 Tertiärer Kaiserstuhl-Vulkan

Der Name des Kaiserstuhls soll von einem Besuch des späteren Kaisers Otto III. im Jahr 994 kommen, der bei Sasbach einen Gerichtstag abgehalten hat. Wie auch immer, das kleine Massiv thront im südlichen Oberrheingraben eher breit als hoch. Mit dem weitgehend zentral gelegenen Totenkopf erreicht der Kaiserstuhl zwar eine Höhe von 556 m, mit der er mehr als 370 m über dem Rhein steht – von da fällt das Gelände aber rasch auf ein tieferes Niveau ab, sodass im Ganzen der Eindruck einer schildförmigen Aufwölbung entsteht. Mit dem **Limberg bei Sasbach** und dem **Breisacher Münsterberg** sind dem Kaiserstuhl im Nordwesten bzw. Südwesten noch zwei Ausläufer angegliedert.

Die Struktur des Kaiserstuhls wird erheblich von prä-, syn- und postvulkanischer Tektonik modifiziert. So liegt das eruptive Zentrum im Randbereich eines Grabens, was dazu geführt hat, dass die vulkanische Sequenz östlich des Vulkanzentrums relativ abrupt an einen Horst aus tertiärzeitlichen Sedimenten grenzt. Postvulkanische Tektonik ist etwa am **Limberg** dokumentiert, wo ein Lavastrom mehrfach von Verwerfungen versetzt wird.

Das ursprüngliche Bild des Vulkangebäudes hat sicher mehr einem Kegel geglichen als heute. Es gibt keine präzisen Modellierungen, aber mit einigen Hundert Metern Abtragung muss in Anbetracht des geologischen Alters gerechnet werden. Während in den randlichen Bereichen bevorzugt Lavaströme und pyroklastische Sequenzen zu finden sind, wird das Zentrum überwiegend von Gesteinen gebildet, deren oft grobkörnige Textur bereits dem Charakter von Tiefengesteinen entspricht. Letztere dürften überwiegend intrusiv sein.

In den Kaltzeiten des Pleistozäns wurde am Kaiserstuhl mächtiger Löss abgelagert. Teile der Lösslandschaft wurden ab Mitte der 1960er-Jahre im Zuge von weinbaufreundlich gedachten Flurbereinigungsmaßnahmen zu einer künstlichen Großterrassenlandschaft umgestaltet. An dem Umstand, dass der überwiegende Teil der Vulkangesteine von Löss überdeckt wird, hat das allerdings nichts geändert. Natürliche Situationen, in denen ein Besucher Einblick in den Vulkanbau gewinnen kann, sind rar. Die Überlagerung mit Löss hat überdies zu einer intensiven „Verschmutzung" der dar-

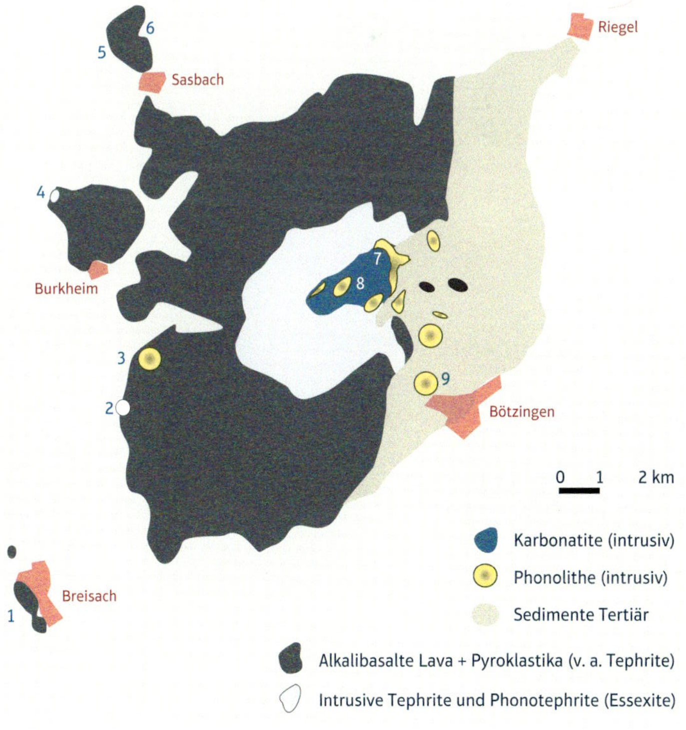

▸ **202** Kartenskizze des Kaiserstuhl-Vulkans.

Markiert:
1 Breisach, Münsterberg
2 Büchsenberg bei Achkarren
3 Kirchberg, Steinbruch südlich der Kirche von Niederrotweil (Phonolith)
4 Humberg bei Sponeck
5 Limberg Rheinseite
6 Limberg Steinbruch VII
7 Steinbrüche bei Schelingen, Carbonatit
8 Badloch, Carbonatit
9 Fohberg bei Oberschaffhausen (Steinbruch, Phonolith).

▲ 203 Der Kaiserstuhl von Westen, über die Weinberge des Elsass gesehen (Aufnahme 1991).

unterliegenden Gesteine geführt, da im Laufe der Zeit das aus dem Löss gelöste Carbonat in Klüfte und Hohlräume der Gesteine umgelagert wurde.

Nach den aktuellen radiometrischen Datierungen hat der Vulkan ein Alter von 15 bis 19 Millionen Jahren. Der Vulkan liegt in einem Bereich, in dem die Verlängerung des im Hegau ausgeprägten Bonndorfer Grabens (vgl. Abb. 198) auf die tektonischen Strukturen des Oberrheingrabens trifft. Im Untergrund konnte eine Hochlage der Kruste/Mantelgrenze in einer Tiefe von nur etwa 25 km nachgewiesen werden.

▲ 204 Am Büchsenberg bei Achkarren ist die steile Flanke eines Vulkans angeschnitten. Die Abfolge aus lavaartigen Schweißschlackenlagen und Agglomeraten zeugt von heftiger magmatischer Tätigkeit (Aufnahme 1991).

Weniger der Formenschatz als vielmehr die Gesteine sind der Grund, warum der Kaiserstuhl zu den bedeutendsten vulkanischen Zeugnissen Deutschlands zählt und auch international besondere Bedeutung hat. Der in anderen Vulkangebieten gegebene Dualismus primitiver bis wenig differenzierter Mantelschmelzen (Basalte/Alkalibasalte bis Foidite) und stark differenzierter Magmen (Phonolithe) ist zwar auch am Kaiserstuhl zu finden, doch treten hier in erheblichem Umfang weitere sehr seltene Magmenkompositionen hinzu. Am bemerkenswertesten ist dabei das Vorkommen von **Carbonatit**, also einem Gestein, das wesentliche Anteile von magmatisch entstandenem Carbonat enthält. Carbonatite haben SiO_2-Gehalte kleiner als 4 %, dafür aber Calcit-Anteile von 90 bis 95 %. Gesteine dieser Art können nicht im QAPF-Diagramm klassifiziert werden, man hat dafür ein eigens auf diesen Typus zugeschnittenes Schema entwickelt. Diese auf der Erde nur seltenen Gesteine nehmen am Kaiserstuhl im Zentrum des Vulkans beträchtlichen Raum ein.

Die Entstehung solcher carbonatreicher Schmelzen war lange ein Rätsel. In der Frühzeit der Forschungsgeschichte und bis in die 1960er-Jahre hinein wurde die

Entstehung dieser absonderlichen chemischen Komposition auf die Aufnahme von Kalk aus den sedimentären Nebengesteinen zurückgeführt. Doch die moderne Chemie hat sehr überzeugend zeigen können, dass die Carbonate aufgrund ihrer Spurenelemente und Isotopenkomposition im Wesentlichen aus dem Erdmantel stammen müssen. Dass es Vulkane mit Carbonatlava überhaupt geben kann, wusste man seit der Entdeckung des **Ol Dionyo Lengai** in Tansania, der als einziger aktiver Vulkan auf der Erde Carbonatlava hervorbringt – auch wenn es in diesem Fall nicht $CaCO_3$, sondern – fast noch exotischer – Na_2CO_3, also Soda, ist. Der Freiburger Geologe Jörg Keller hat diesen nicht leicht zugänglichen Vulkan zusammen mit Maurice Krafft besucht und aus der Nähe studiert.

Die Carbonatite am Kaiserstuhl liegen jedoch überwiegend im Kern des Vulkans als grobkristalline Intrusivgesteine vor – sie sind steckengeblieben, ohne die Oberfläche zu erreichen. Diese Gesteine sind in den ehemaligen Steinbrüchen am **Badloch** oder bei **Schelingen** zu sehen, wo sie allerdings unter Naturschutz stehen. Es war dann doch eine kleine Sensation, als Jörg Keller im Jahr 1981 tatsächlich auch den Fund von an der Oberfläche ausgeworfenen Carbonatit-Lapillituffen vermelden konnte – am Ende hat der Kaiserstuhl also doch auch wie der Ol Dionyo Lengai dünnflüssige Carbonatitlava gespuckt.

Neben den Carbonatiten existiert am Kaiserstuhl ein breites Spektrum von Gesteinskompositionen – es ist die größte Vielfalt in einem deutschen Vulkangebiet. Die Forschungsgeschichte des Kaiserstuhls war deshalb im Grunde genommen weniger vulkanologisch als petrographisch geprägt. Im Zuge dieser auf die Gesteinskunde konzentrierten Forschungsgeschichte sind eine Menge Gesteinsnamen zur Verwendung gekommen, einige haben ihren Ursprung sogar in Erstbeschreibungen am Kaiserstuhl. Selbst für einen „normalen" Geologen ist der Katalog der Namen nicht aus dem Stegreif zu überblicken. Eine zusätzliche Komplikation rührt daher, dass für Magmen ähnlicher Chemie unterschiedliche Namen gewählt werden können, je nachdem, ob es sich um ein Gestein mit grobkörnigem Tiefengesteinscharakter, ein „normales", feines kristallines Vulkangestein oder um ein Ganggestein handelt.

So wird etwa aus dem Vulkangestein **phonolithischer Tephrit** bei entsprechender Korngröße das Tiefengestein **Foid-Monzodiorit**. Wenn der Foid dabei vor allem aus Nephelin gebildet wird, kann man das Gestein auch noch **Essexit** nennen. Dieses Gestein hat im Kaiserstuhl gerade im inneren Bereich weite Verbreitung, wo es die noch weiter im Zentrum gelegenen Carbonatite umgibt. Stärker differenzierte Magmen werden im Wesentlichen durch **Phonolithe** repräsentiert. Diese sind als Dome oder wahrscheinlicher als Kryptodome in den Kaiserstuhl eingebaut. Am **Fohberg** bei Oberschaffhausen und am **Kirchberg** in Niederrotweil liegen die bekanntesten Vorkommen.

Limberg-Komplex

Limburgit ist ein weiterer besonderer Name, der zudem seinen *locus typicus* im Kaiserstuhl hat. Der **Limberg** mit der Limburg-Ruine ist Teil eines randlichen Eruptionskomplexes, der aus einer Abfolge von Lavaströmen, Pyroklastiten und Sedimenten besteht.

Die Laven am Limberg werden traditionell in drei Lavaströme, L1 bis L3, unterteilt. Der Limburgit L1 ist im westlichen, dem Rhein zugewandten Aufschluss zu sehen. Die blasige Lava ist in frischen Stücken dunkelgrau-schwarz und zeigt Säulenklüftung. Sie wird von

▲ 205 Carbonatit-Lapillituff vom Kirchberg. Carbonatitschmelzen sind bedeutend dünnflüssiger als silikatische, sodass Lapilli in der Regel runde bis tropfenförmige Gestalt haben (Foto: Jörg Keller, Univ. Freiburg).

◀ 206 Der Limburgit-Lavastrom L2 mit seinem in Blöcke aufgelöstem Gefüge. Die gelben Mergel waren offenbar noch feucht, sodass sie unter der heißen Lava L2 sehr mobil reagierten und nach oben in die Lava eindrangen. Dabei wurde diese abgeschreckt und in Blöcke fragmentiert. Rheinseite des Limbergs (Aufnahme 1991).

dem rötlichen Limburgit L2 überlagert, der durch sein blockiges Aussehen und gangartig eingedrungenes, gelbes Sediment auffällt. Dieser damit verbundene Abschreckungseffekt ist die Ursache für den hohen Glasanteil in der Grundmasse von L2, der wiederum Rosenbusch (1872) dazu veranlasste, dem Gestein den besonderen Namen **Limburgit** zu geben. Nach moderner, vereinheitlichter Literatur handelt es sich dabei um einen Nephelin-Basanit mit glasreicher Grundmasse. Das rötliche Gestein führt deutlich erkennbare Einsprenglinge aus schwarzem Augit und Olivin, der zumeist nicht mehr frisch und gelbgrün, sondern kräftig rotbraun erscheint.

Auf der gegenüberliegenden, rheinabgewandten Seite liegt der Steinbruch VII. Hier erscheint an der Basis nochmals die Limburgit-Lava L2, aber Überschüttung aus der folgenden Sedimentabfolge aus miozänzeitlichen Mergeln und Sanden verdeckt weite Teile. Die Sedimente werden im Südteil des Aufschlusses wiederum von L3 überlagert.

▲ 207 Tektonisch isoliertes Schlackenagglomerat im Steinbruch VII an der rheinabgewandten Seite des Limbergs. Die unmittelbare Umgebung besteht aus miozänen Mergeln und der Limburgit-Lava L2. An der Oberkante links ist eine mächtige Lössauflage zu erkennen (Aufnahme 1991).

22 Früher Vulkanismus am Nördlichen Oberrheingraben

Der Oberrheingraben ist eine zentrale tektonische Struktur in Mitteleuropa und damit auch des im Vorfeld der Alpen entstandenen Riftsystems. Im eigentlichen Grabenbereich dokumentiert allein der Kaiserstuhl vulkanische Aktivität – dessen Entstehung im Miozän erfolgte, allerdings erst relativ spät in der Entwicklungsgeschichte des Grabens, der seine erste intensive Ausgestaltung bereits im Oligozän erfuhr.

Dabei gilt es allerdings zu bedenken, dass vulkanische Zeugnisse aus der frühen Zeit der Oberrheingrabenbildung heute normalerweise gar nicht mehr an der Oberfläche zu sehen sein würden, sofern sie in dessen zentralem Bereich lagen. Solche Bildungen wären inzwischen unter mehreren 1000 m mächtigen Sedimenten begraben. Nun ist der Oberrheingraben eine geologisch sehr intensiv untersuchte Struktur – motiviert durch mögliche Erdöllagerstätten gibt es umfangreiche geophysikalische Daten wie auch Bohrungen. Die Dichte dieser Beprobungen dürfte so hoch sein, dass ein großer Vulkan in der Tiefe des Oberrheingrabens sicher entdeckt worden wäre. Aber tief liegende kleinere Strukturen – Maare, eventuell auch Schlackenkegel – könnten der Geophysik wie den Bohrungen durchaus entgehen.

Tatsächlich wurden in jüngster Zeit im Bereich des Grabens solche vulkanischen Zeugnisse gefunden (Lutz et al. 2013). So konnten bei Stockstadt erbohrte Sedimente als Kraterseeablagerungen bestimmt und auch datiert werden: Das im Eozän entstandene **Stockstadt-5-Maar** hatte einen Kratersee, dessen Ablagerungen in der Folge aber wieder überwiegend erodiert wurden, bevor die Scholle schließlich absank und von jung-eozänen und oligozänen Sedimenten des Grabens überdeckt wurde.

Vulkangruppe Nierstein-Astheim

Erst vor Kurzem wurden sechs tief erodierte Diatreme am Rhein nördlich Nierstein erstmals beschrieben. Die Vorkommen liegen auf Verwerfungen im zentralen Bereich des Oberrheingrabens, wo sie allerdings in einer relativ hoch gelegenen tektonischen Scholle, dem **Niersteiner Horst**, sitzen. Nach dem bisherigen Stand der Erkundungen handelt es sich um sechs Diatreme, wovon ein Teil basaltische Intrusionen aufweist.

Besonders gut untersucht wurde das **Kisselwörth-Maar-Diatrem**, das mit einem Durchmesser von 150 m bei besonders niedrigem Wasserstand des Rheins auf einer Sandinsel nahezu vollständig begehbar war (2011). Die magmatischen Anteile im Diatrem werden von Lapillituffen gebildet, die meist rundlich sind und aus Kernen von Hornblendekristallen oder Gesteinsbruchstücken aus den permzeitlichen Nebengesteinen bestehen. Eine radiometrische Datierung ergab den Wert von 55,8 Millionen Jahren.

Messel und andere Vulkane

Solche auch etwas glücklichen Entdeckungen können wenig daran ändern, dass Zeugnisse eines unmittelbar an die tektonische Entwicklung des Oberrheingrabens

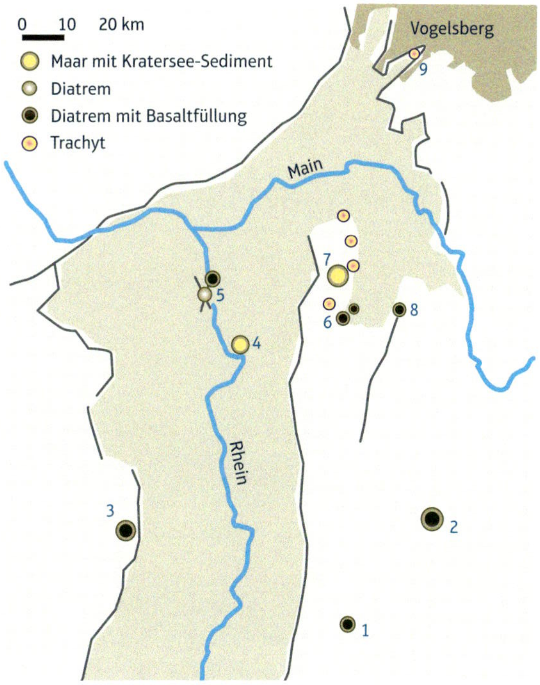

◂208 Skizze der Vulkane im nördlichen Bereich des Oberrheingrabens.

1 Steinsberg
2 Katzenbuckel
3 Forst
4 Stockstadt-5-Maar
5 Vulkangruppe Nierstein-Astheim
6 Rossberg
7 Messel
8 Otzberg
9 Bellmuth-Trachyt

▲ 209 In der als Shonkinit bezeichneten, grobkörnigen Phonolith-Varietät des Katzenbuckels sind zahlreiche große Nephelin-Kristalle zu sehen. Je nach Schnittlage haben die Kristalle rechteckige bis quadratische oder auch sechseckige Kontur.

geknüpften Vulkanismus eher im Randbereich des Grabens zu finden sind. Dabei handelt es sich nur um punktuelle Vorkommen – von Vulkanfeldern kann kaum die Rede sein. Allein im Sprendlinger Horst häufen sich einige Eruptionspunke, zu denen unter anderem auch das Maar von Messel gehört.

Weitere bekannte Vulkane sind der **Otzberg** und der **Katzenbuckel** im Odenwald und das Diatrem bei der Burg **Steinsberg** im Kraichgau. Ein linksrheinischer Vulkan ist bei **Forst** (Pfalz) zu finden. Diese randlichen Vulkane wurden früher vorwiegend ins Eozän oder Paläozän gestellt. Dieses Alter wurde zu einem Teil auch bei neueren Datierungen bestätigt, so auch im Fall von Messel. Einige Daten wurden hingegen deutlich weiter nach hinten verschoben. Für den **Katzenbuckel**, den **Sporneiche-Trachyt** im Sprendlinger Horst sowie den bereits am südlichen Rand des Vogelsbergs gelegenen **Bellmuth-Trachyt** ergaben sich Werte um 70 Millionen Jahre. Der Vulkanismus nahm damit seinen Anfang schon vor der eigentlichen tektonischen Gestaltung des Oberrheingrabens.

Katzenbuckel

Der Katzenbuckel ist ein schon lange bekannter Vulkan, dessen Erosionsrest mit 626 m ü. NN den höchsten Berg des Odenwalds bildet. Die Komposition des Vulkangesteins entspricht im Grunde der eines **Phonoliths**. Die an dunklen Mineralen reichere, grobkristalline Varietät hat der Erstbearbeiter Rosenbusch (1869) – nach der Nomenklatur für Tiefengesteine – als **Shonkinit** bezeichnet. Im QAPF-Diagramm würde es sich dabei um einen **Nephelin-Syenit** handeln. Diese Phonolith-Varietät ist ein intrusiver Nachschub in einen bereits vorangehend kristallisierten, feinkörnigen wie etwas helleren Phonolith. Eine interessante Eigenschaft des grobkör-

Der Otzberg im nördlichen Odenwald.

Der Katzenbuckel.

nigen Shonkinits ist, dass er tatsächlich eines der wenigen in Deutschland vorkommenden Gesteine ist, in denen der Feldspatvertreter Nephelin groß und deutlich ausgebildet und damit auch schon mit bloßem Auge erkennbar ist.

Das Vorkommen von Gesteinen mit Tiefengesteinscharakter könnte als Hinweis auf einen heißen, tiefen Vulkanbereich verstanden werden. Doch ohne Zweifel handelt es sich dabei um eine Intrusion in ein an sich „kühles" Maardiatrem. Der phreatomagmatische Charakter des Vulkans steht außer Zweifel – in den Krater gestürzte Schollen aus Braunem Jura (Opalinuston) belegen, dass das Geländeniveau zur Zeit des Ausbruchs etwa 600 m höher lag. Die heutige Umgebung wird hingegen von Gesteinen aus dem Grenzbereich Mittlerer/Oberer Buntsandstein gebildet. Selbst in dem gegenwärtig angeschnittenen Niveau hat das Diatrem noch einen Durchmesser von etwa 1 km.

Eine neue Datierung des Katzenbuckels hat ein Alter von 69,6 Millionen Jahren ergeben – seine Entstehung wäre somit in die Oberkreide zurückversetzt. Der Katzenbuckel gehört damit zu den ältesten Vulkanen des Europäischen Vulkangürtels.

Sachregister

fett Erwähnung in Abbildung, unterstrichen zusammenhängende Darstellung

Agglomerat *siehe Wurfschlacken*
Agglutinat *siehe Schweißschlacken*
Alkalien (Na, K) 32, 33,
Alkalibasalt 36, 37, 74, 113, 121, 129, 143, 151, 153, 156, 158, 171, 177, 189–190, 206
Alkalifeldspat 31–32, 37, **38**
Andesit 31–32, 74
Aschenstrom 85, 87, 96

B*aby Plumes* 21
Basalt 15, 16, 31–33, **36**, 37, **38**–39, 62–65, 67–73, 74, 79, 91, 94, 105, 116, 121, 142, 145–147, *in allen Vulkangebieten*
Basaltsäulen siehe *Säulenklüftung*
Basanit 31–33, 36, 68, 70, 72 111, 143, 147–148, 156, 192, 208
Base Surge 54–57, 81, 86, 91, 95, 97, 99, 128
Bims 30–33, 43, 54, 81, 84–**91**, 94–98
Biotit 37, 50, 132, 163, 200
Block, Blöcke 27, 50, 55–**56**, 58, **63**, 68–**69**, 71–72, **91**, **94**, 126,**127**–128, 131, **164**, 167
Bomben 22, 27, **29–30**, 38, 41, 50, 55, **57**–58, 69, 80–**81**, 97, 129, 131–132, 136

Caldera 88, 144,
Cancrinit 32
Carbonatit 126, 135, 203, 205, 206–207

Dacit 31–33, 102
Diamanten 38, 51
Diatrem 59, siehe *Maar–Diatrem–Vulkan*
Diatrembrekzie 63, 66, 68–73, 167, 171, 190, 203
Differentiation, magmatische D. 33, 86, 102, 120, 126
Dolerit 162
Dom, coulée 102 – peléanisch 102 – siehe auch Lavadom

Eifelplume 20
Einsprenglinge, Minerale 37, 129, 208
Eiszeit und Vulkanismus 21, 60, 94
ELSA Eifel Laminated Sediment Archive 76
Entgasung (der Erde) 22–26, 27, 30, 41, 52, 57, 80, 94,
Erdbeben 14, 26, 184
Eruptionen Anzahl 12–13, 120, 121, 124, 138, 158, 179, 188, 197
Eruptionsformen Schlackenkegel 41
Eruptionen Vorhersage 100
Eruptionssäule 12, 41, 84–85, 90, 95–98, 139
Europäische Vulkanprovinz EVP **14**, 16–21, **17**, 44, 65, 99, 101, 111, 120
Europäisches känozoisches Riftsystem ECRIS 20

Feldspat 31–33, 36, 163
Fließkuppe 102
Foide 31, 32–33, 36–38, 87, 129, 140, 200, 201, 211
Foidit 31–33, 36–38, 87, 129, 206
Fragmentierung 27, 29, 50, 56 – 58, 77, 79, 80, 84, 101, 157, 163, 167, 174, 185
Fremdgesteinseinschlüsse 38–**39**, **71**, 90, 126, 131–132, 152, **170**, 171

Gang 37, **63**, 67, 68, 69, **82**, 110, **116**, **117**, **135**–136, **140**, **146**, 160–163, 164, 171, 174, **191**, 197, 200, 202, 204, 207, 208
Fördergang 40, 43, 45, 65, **66**, 164, 178
Geysir (Kaltwasser–G.) 24, 25
Glastuff 28
Graben, Grabenbruch tekton. 20, 205, 206, 209

Hauyn 32, 36, **38**, 113, 128, 132
He/Helium 184–185
Hornblende 33, 37, 132, 209
Hot Spot 16, 21, 152

Ignimbrit 85, 96, 168, 170
Intraplattenvulkanismus 15–21, 40

Kesseltäler 60–61, 73
Kimberlit 51
Kissenlava 150, 156
Kohlen(stoff)dioxid 22–26, 27, 52, 84, 100, 180, 184–185
Kohlendioxid-Katastrophe 26
Kohlensäure 25
Kolonnade Obere/Untere 114
Korngröße, Klassifikation 27
Kornsubstanz, Klassifikation 27–28
Kratersee, Kratersee-Sedimente 26, 44–46, 47, 52, 53, 60, 73–76, 124, 128–129, 132, 136, 148–150, 168, 169, 185, 188, 190, 195–197, 200–201, 202, 204, 209
Kristalle 25, 28, 33, 36–37, **38**, 50, 99, **103**–104, 135, 162, 192, 207, 209, **210**,
Kristalltuff 28, 50
Kryptodom 87, 101–102, 104–110

Lahar 85, 99, 171, 174
Lakkolith 102
Lapilli 27, **28**, 29, 30, 41, 43, 50, 52, 57–58, 71, 74, 77, 78, 128, 129, 133, 141, 156, 174, 187, 201
Lapillituff **28**, **58**, 70, 80, **81**, 157, 174, 197, **207**, 209
Latit 31, 142–144, 156
Lava 11, 27, 32, 40–41
Lavadom 31–33, 40, 54, 87, 101–110, 120, 138–139, 188–189
Lavafontänen 41
Lavasee 65, 70, 111, 121, 125, 135, 151, 180, 190, 200
Lavaströme 32, 53, 94, **111–114**, 126, 132, 152, 180, 188, 192–**195**, 202, **204**, **205**, **208**
Leucit 32, 36, 87, 113, 140, 196
Leucitit 36, 196
Limburgit 160, 207–208
Lithosphäre-Platten 14–15

Maar siehe auch *Maar–Diatrem–Vulkane* 13, 29, 40, 45–58, **60**, 126–132, 138–141
Maar als Fossillagerstätten 62, 73–75, 148–151, 197, 204
Maar-Diatrem-Intrusionen **63**, **64–66**, 67–73, 120, 121, 124, 129, **146**–147, 157, 158, 160, 167, 171, 174, 178, 179, 188, 210–211
Maar-Diatrem-Vulkan 59, 67–73, 121, 124–125, 129, 135, 145, 148, 50, 159, 167, 168, 177–178, 179–180, 185, 188, 190, 196, 197–201, 202–**203**, 209–211,
Maar-Diatrem-Vulkan, posteruptive Entwickung 59–64
Maarkraterseen Archive der Klimageschichte 75–76
Magma primitiv, undifferenziert 33
Magmenkammer 21, 23, 26, 28, 33, 40, 86, 90, 95, 97–98, 99, 100, 102, 121, 144, 184,
Manteldiapir 21
Melilith 128, 132, 200–201, 203
Mineralwasser 25
Mittelozeanische Rücken 14
Mofetten 23, 24, 26, 180, 185

Nephelin 32, 36, 68, 70, 72, 121, 128, 131, 140, 143, 147, 194, 196, 200, 204, 208, 210, 211
Nephelinit 36, 121, 128, 131, 194, 196, 200, 204
Neptunismus 195
Nosean 32, 87

Olivin 31–33, **36**, 37, 121, 129, 131, 162, 171, 192, 200, 203, 204
Olivinbombe siehe *Fremdgesteinseinschlüsse*

Palagonit 63, 79, 80, 136, 160
Peridotit 38–**39**
Phonolith 31–33, **87–88**, 104, 109, 110, 126, 135, 138–140, 148–149, 168, 170, 177, 188–**189**, 190, **195**–196, 202–204, 205–207, 210
Photosynthese 22–23
phreatomagmatisch 27–29, 40, 45, **52–59**, 60, 66, 68, 73–74, 77–79, **80–82**, 86, 90–91, 95–97, 98–**99**, 120, 126, 129, 132, 134, 136, 138, 141, 147, 148, 156–157, 160, 167, 178, 179, 187, 200–201, 202, 211
Plagioklas 31–32, 36
Plattentektonik 13–15, 20
Plinianische Eruption 12, 43, 84–86, 94–98,
porphyrisch 37–**38**
Protrusion 102
pyroklastische Gesteine, Pyroklastika 27–31
Pyroxen 33, **36**, 37, 39, 71, 129, 132, 163, 200,
Pyroxenite 129

QAPF–Diagramm **31**–33, 37
Quarz 31–33, 36–39, 71, 163–164
Quellkuppe 102

radiometrische Datierung 11, 67, 70, 73, 74, 76, 111, 121, 128, 143, 154, 162, 171, 200, 202, 206, 209, 211
Rhyolith 31–33, 54, 105
Rift 20–21, 179, 209

Säulenklüftung **68**, **72**, 104, **108**, 109, **110**, 111, 114–117, 149, 162
Sanidin 38, 135

Schichtvulkan 15, 43, 101
Schlacke 28, **29–30**, 47, 78, 80–81, 188, 192
Schlackenkegel 13, 15, 27, 31–32, **40–45**, 52–53, 56, 64–66, 79–83, 86, 89–91, 94, 111–113, 124–126, 128, 130, 132, **135–137**, 138–139, 152, **155**, 168, **174–175**, 180, **181**, 184–**187**
Schlackenring 79, 125
Schwefeldioxid 23
Schwefelwasserstoff 23, 26
Schweißschlacken, S-Abfolge (Agglutinat) 28, 32, 40–41, **43–45**, 132, 134, 135, 136, 175, 206
Shonkinit 210
SiO_2-Gehalt 32–33,
Sinkschollen 51
Sodalith 32
Staukuppe 102
Stoßkuppe 102
strombolianische Aktivität 27, 41
Subduktionszonen 15, 21

TAS-Digramm **32**–33
Tephra 27, 50, 51, 53, 77, 86–90 – Laacher See 90–98, 112 – 120, 127–128, 130–131, 132, 133, 136, 137, 143, 160
Tephrawall, Tephraring 55, 60, 77, 127, 129, 136
Tephrit 31–32, 36, 38, 111–113, 196, 207
Tephrochronologie 76
Tholeiit (Basalt) 36, 155
Trachyt 31–33, **37**, **38**, 54, 88, **101**, **103**, 104, 121, 124–125, 142–145, 148–149, 150, 152–153, 156, 168, 170–171, 174, 188, 189, 209–210
Travertin 202, 204
Tuff 27
Tuff, lithischer 28, **29**, **31**
Tuffbrekzie 27
Tuffisierung 51, 58
Tuffkegel 40, 45, 54, 73, 78, 79
Tuffring 45, **76**–79, 124–126, **133**–134, 136, 138–139, 145, 160

Tuffschlot 50–52, 59, 62, 197–201

Vulkane, „kleine V." 40, 41, 43, 57, 79–80, 100, 111, 126, 154
Vulkane, monogenetische V. 40
Vulkanfeld, -gruppe, -reihe 40
vulkanische Festgesteine 27, 31–39
vulkanische Gase, Komposition 23
vulkanische Produktivität **15**
Vulkankegel 12–15, 78, 86

Warven 76
Wurfschlacken, W–Abfolge (Agglomerat) 28, 29, 44, 45, 130, 171, 186, 206, 208

Xenolithe siehe *Fremdgesteinseinschlüsse*

Zeittafel Vulkangebiete 11
Zentral–Europäische Vulkanprovinz 14, 16, 44, 65, 99, 101, 111, 120
Zirkon 192

Ortsverzeichnis

kursiv Kartenübersicht, **fett** Abbildungen, unterstrichen zusammenhängende Darstellung

Abtsroder Kuppe (Rhön) *168*, **169**, 171
Alf (Fluss, Lavastrom, Westeifel) 53, *113*, *125*
Alpstein b. Sontra (Hess. Senke) 163
Alsfeld-Aifa (Vogelsberg) *153*
Alte Burg (Osteifel) 91, 94, 100, *139*
Amöneburg (Vogelsberg) *153*, 157
Andernach 13, 24, 47, 111, *139*
Anzenberg (Kemnather VF) **70**, *180*
Arensberg b. Zilsdorf *11*, 71–**72**, 75, 121, *125*
Armesberg (Kemnather Vulkanfeld) *180*
Aueler Maar (Westeifel) *125*
Auf Dickel (Rockeskyll-Komplex. Westeifel) 132–135

Baarley Lavagang (Westeifel) *125*
Bad Bertrich 56, **115**, *125*, 126
Bad Gottleubas 67
Bad Pyrmont 46
Bad Soden-Kerbersdorf (Vogelsberg) *153*
Badloch (Kaiserstuhl) *205*
Bärenstein (Erzgebirge) **193**–194
Baruther Maar *188*, *190*
Bauersberg b. Bischofsheim (Rhön) 169
Bausenberg (Osteifel) 111, *139*
Bayerhof Maar (Westl. Egergraben) *180*, 181
Bellmuth-Trachyt (Oberrheingraben Nord) *209*, 210
Bernshäusener Kutte Erdfall (Rhön) 169
Bettenfeld 44
Bilstein (Vogelsberg) *153*
Birstein Felsgruppe „Wildes Weibsbild" (Vogelsberg) *153*
Bittersberg Stbr. (Westerwald) *149*
Blaue Kuppe (Hess. Senke) 158, *159*, 162–167
Blauer Stein b. Randen (Hegau VF) **204**
Booser Vulkangeruppe 52, *53*, **62**, 124, *125*, 126
Božídarský Špičák (Gottesgaber Spitzberg, Erzgebirge) 193
Bramberg (Heldburger Gangschar) *177*
Bramburg b. Adelebsen (Hess. Senke) *159*
Bransrode Stbr. (Hoher Meißner, Hess. Senke) 162
Breiberg (Siebengebirge) *142*
Breisach Münsterberg (Kaiserstuhl) *205*
Breitenberg, Stbr. (Westerwald) *149*
Brohltal (Osteifel) 96–**98**, *139*
Brücker Schlackenring (Westeifel) *125*
Bublak (Westl. Egergraben) **23**, *180*
Buchberg (Lausitz) 189
Buchenloch-Höhle (Westeifel) 132
Büchsenberg (Kaiserstuhl) *205*, 206
Büdingen (Wilder Stein / Vogelsberg) 153
Burgberg (Riedener Kessel, Osteifel) 87, 102

Calverbühl (Urach VF) *197*, 201
Campi Flegrei Caldera 144
Capelinhos (Azoren) 55
České středohoří (Egergraben, Tschechien) 179, 189
Cheb (Eger, Tschechien) 180, 184
Columbia-Plateau 16

Dächelsberg (Siebengebirge) *142*, **145**
Dachsbusch (Osteifel) **29**, **89**–90, *139*
Dauner Maare 47, 124, 125, 126, 127, 128–129
Deckentuff (Hegau VF) 202–204
Desenberg (Hess. Senke) *159*
Deudesfeld Stbr (Westeifel) 129, 131
Dietesheim (Maintrapp, Vogelsberg) *153*, 157
Dietrichsberg (Rhön) 66, *168*, 175
Dobrčice bei Bilina (Tschechien) **186**
Dollendorfer Hardt (Siebengebirge) *142*
Donnersberg (Nahe) 16
Dörnberg (Hess. Senke) *159*–**160**
Dorndorf Stbr. (Westerwald) *149*
Döttinger Trockenmaar (Westeifel) 125
Doupovské hory (Duppauer Gebirge, Egergraben, Tschechien) 179, 193
Drachenfels (Siebengebirge) 37, **38**, 102, 103–104, 140, 142–143–144
Dreiser Weiher 47, *125*, 126
Druidenstein (Westerwald) *149*
Dubrauer Horken 190, 191
Dümpelmaar (Osteifel) 86, *139*
Dürres Maar *125*, 126

Eckfelder Maar 11, 62, 74–75, 121, *124*, 196
Egerbecken, Becken von Eger/Cheb 20, 23–24, 73, 111, 179, 184–188
Egergraben, Egerrift 12, 16, 20–21, 23–26, 40, 45, 60, **63**, **67**, 179, *180*, 189, 193
Egergraben, Westlicher E. 40, 67–71, 179–188
Eicha Gang (Heldburger Gangschar) *177*
Eichholz-Maar 124, *125*, 136
Eifel 12, 13, **20**, 26, 40, 45–52, 76, 79, 86, 136
Eifeler Nord-Süd-Zone 126
Eisenberg (Guttauer VG, Lausitz VF) 190
Eisenbühl siehe Železná Hůrka (Egergraben West, Tschechien)
Eisenrüttel (Urach VF) 200
Eiserne Hose b. Lich (Vogelsberg) *153*, 155
Eiterköpfe (Osteifel) *139*
Ellscheider Trockenmaar (Westeifel) *113*, *125*
Engelner Kopf (Osteifel) *139*
Enspel-Maar (Westerwald) 62, 75, 148–151
Eppelsberg (Osteifel) **28**, 56, 78, 79–83, 138, 139
Erpeler Ley (Siebengebirge) **146**–147
Erzgebirge *10*, 11, 40, 66, 67, 175, 179, 186, 192, 193–196
Espenberg-Maare (Alaska) 57
Ettringer Bell(er)berg **42**, 112–113, *139*
Ettringer Tuff 88
Europäische Vulkanprovinz (EVP) 16–21, **17**
Europäisches känozoisches Riftsystem (ECRIS) 20–21

Falkenley (Westeifel) 115, 126
Feldstein (Themar, Heldburger Gangschar) **117**, 176, *177*
Felsberg (Hess. Senke) 158, *159*, 160–**161**
Feuerberg-Gruppe (Westeifel) *125*
Flösser Schneise (Vogelsberg) *153*, 156
Fohberg (Kaiserstuhl) 207

Forst (Maar, Oberrheingraben) **63**, 65, *209*, 210
Frickenhausen See, Erdfall (Rhön) 169

Gangolfsberg (Rhön) *168*, 174
Gaulsberg b. Ortenburg (Vogelsberg) *153*, 157
Gebirgsstein (Rhön) 45, *168*, **174–175**
Gedern, Stbr. (Vogelsberg) *153*, **154**
Geeser Trockenmaar (Westeifel) *125*
Gemündener Maar *siehe auch Dauner Maare* 47, 124, *125*, 128–129
Gerolsteiner Maar (Westeifel) *125*
Gillenfeld 47, *113*, *125*
Glauberg (Vogelsberg) *153*, 157
Glees-Tephra (Osteifel) **89**–90
Gleichberge, Großer und Kleiner G. (Heldburger Gangschar) 169, **176**, *177*–178
Gönnersbohl (Hegau VF) 204
Gönnersdorf, Gönnersdorfer Lavastrom (Osteifel) 111–112
Grabenstetten Gang (Urach VF) *197*, 200
Großer Ölberg (Siebengebirge) *142*, 143, 145
Großer Teichelberg Stbr. (Reichsforst VF) *180*, 181
Großer Wolfstein b. Bad Marienberg (Westerwald) *149*
Großer Ziegenkopf (Rhön) *168*
Guckai-See Diatrem (Rhön) *168*, 174
Gudensberg (Hess. Senke) *159*
Guttauer Vulkangruppe (Lausitz) 73, *188*, *190*

Habichtswald (Hess. Senke) 158, *159*, 160–161
Hagelskaule (Westeifel) *125*, 132
Hammerunterwiesenthal (Erzgebirge) 66, 175, *193*, **195**, 196
Hardt-Maar (Westeifel) 56, *125*
Hartousov Kohlendioxid Entgasung (Egergraben West) *180*
Hausen-Morswiesen Doppelmaar (Osteifel) 138, *139*
Häuserhof Trachyt (Vogelsberg) *153*
Hawaii 15–16, 152
Hegau VF *10*, 11, *17*, 75, 109, 202–204, 206
Heidekopf (Osteifel) *139*
Heldburg 176, *177*
Heldburger Gangschar **(VF)** 10, *11*, **36**, **39**, **58**, **64**–**65**, 67, **117**, 120, 176–178, *177*
Helfensteine (Dörnberg, Hess. Senke) **160**
Herbstein (Vogelsberg) *153*
Herchenberg (Osteifel) 56, 86, 138, *139*
Hessische Senke (VF) *10*, 11, *17*, 20, 40, 78, **116**, 158–167, *159*, 169, 178
Hetsche-Maar (auch: Hitsche-Maar) 60, *125*
Hewen (Hegau VF) *202*, **203**
Hillscheid Diatrem/Vulkangruppe (Tertiäre Hocheifel) 74, 121, *124*
Hinkelsmaar (Westeifel) 44, *125*, 130
Hirschberg (Siebengebirge) *142*
Hirschentanz Stbr. (Reichsforst VF) 45, 181–184
Hirtstein b. Satzung (Erzgebirge) **196**
Hochsimmer (Osteifel) **42**, **112**–113, **117**, *139*
Höchstberg (Laubach, Tert. Hocheifel) 121
Hochwald (Lausitz VF) 189
Hofeberg b. Leuba (Lausitz) *188*, 192
Hohe Acht (Tert. Hocheifel) 121
Hohe Geba (Rhön) 169
Hohenberg Basalthügel (Kemnather VF) *180*
Höhenberg Diatreme (Heldburger Gangschar) *177*
Hohenhewen siehe Hewen
Hohenkrähen (Hegau VF) *202*, 203–204
Hohenstoffeln (Hegau VF) 202, **203**
Hohentwiel (Hegau VF) *202*, 203–204
Hoher Hagen (Hess. Senke) *159*
Hoher Meißner (Hess. Senke) 116, 158, *159*, 161–162, 164
Hoherodskopf (Vogelsberg) *153*
Hohes Gras (Hess. Senke) 161
Holzmaar-Gruppe (Westeifel) *124*, 127
Homberg (Efze) Burgberg (Hess. Senke) *159*
Homberg (Ohm) Nieder-Ofleiden Stbr. (Vogelsberg) *153*
Höwenegg (Hegau) 75, *202*, 204
Hrossaborg Tuffring (Island) 76
Hülsberg (Westerwald) *149*
Humberg b. Sponeck (Kaiserstuhl) *205*
Hungen-Langd (Vogelsberg) *153*, **156**
Hüttenberg-Tephra 88–89–90
Hverfjall Tuffring (Island) 77

Immerather Maar *113*, 124,
Immerather Risch (Westeifel) 61, *113*, *125*, 126
Isthaberg (Hess. Senke) *159*

Jonsberg (Lausitz)
Jonsdorf Mühlsteinbrüche 189
Jungerfernweiher Ulmen (Westeifel) *125*
Jusi (Urach VF) 58, *197*, **200**

Kaiserstuhl VF *10*, 11, 37, 205–208, 209
Kalbe (Hoher Meißner, Hess. Senke) 162
Kalem (Westeifel) 113, *125*, 126
Kalvarienberg Waldeck (Kemnather VF) *180*
Karmelenberg (Osteifel) **42**–**43**, *139*
Kasseler Kuppe (Hoher Meißner) 161
Kasseler Meeressand (Hess. Senke) 158
Katzenbuckel (Oberrheingraben) 37, 67, *209*–211
Kelberg, Kelberger Hoch (Tert. Hocheifel) 121, *125*
Kemnather Vulkanfeld (Egergraben West) 63, 67, **70**, 178, 179–180
Kempenich 79, 86, *139*
Kesselkopf (Rupsroth, Rhön) **104**–**109**, *168*
Ketzerstein (Westerwald) *149*
Kirchberg (Kaiserstuhl) *205*, **207**
Kitzkammer (Hoher Meißner, Hess. Senke) **116**, *159*, 162, 164
Kleine Orgel (Lausitz VF) 191
Kleiner Kulm (Egergraben West) **63**, *180*
Kleinsaubernitz Maar (Guttauer VG, Lausitzer VF) 190
Knüllköpfchen (Hess. Senke) *159*
Knüllwald (Hess. Senke) 158, *159*
Komorni Hůrka (*Kammerbühl*, Westl. Egergraben, Tschechien) 111, *180*, 185–187
Konnsberg (Kemnather VF) *180*
Koppe Basaltsäulen (Westerwald) *149*
Korretsberg (Osteifel) *139*
Kranstein (Westerwald) *149*
Kreuzberg b. Bischofsheim (Rhön) *168*
Krufter Ofen 91, 98, 111, *139*
Kuh-Hübel (Kemnather VF) *180*
Kunkskopf (Osteifel) *139*
Kuppenrhön 109, *168*, 169, 170, 174
Kusch (Kemnather VF) *180*
Kuschberg (Kemnather VF) *180*
Kutzenberg Basaltrosette (Siebengebirge) *142*

Laach Maar (Westeifel) *125*, 135
Laacher See-Vulkan (LSV, Osteifel) **13**, 26, 33, 56, 85–86, 90–100, 136, 138, *139*
Lac Pavin (Mont Dore/Auvergne) 47, 54
Laki-Eruption (Island) 152
Lammersdorfer Tuffring *133*, **133**
Landeskrone (Lausitz) *188*
Landsburg (Hess. Senke) *159*
Laubach-Gonterskirchen Stbr. (Vogelsberg) *153*
Lausche (Lausitz VF) *188*, 189
Lausitz VF 10, 11, 60, 73, 120, 179, 188–192
Lauterbach-Frischbron, Stbr. Haselköpfel (Vogelsberg) *153*
Leilenkopf (Osteifel) *139*
Lerchenküppel (Rhön) *168*, 171, 174
Limberg b. Sasbach (Kaiserstuhl) *205*, 207, **208**
Limburg (Uracher VF) 61, *197*,
Lindenstumpf (Rhön) *168*, 174
Loesch's Nueck (Osteifel) 79
Lohrberg (Siebengebirge) *142*
Loučná-Oberwiesenthal Vulkankomplex (Erzgebirge) 193

Madener Stein *159*, 161
Mägdeberg (Hegau VF) *202*, 204
Maintrapp 11, *153*, 157
Malberg (Westerwald) *149*
Maria Laach 87, 90, *139*
Marienbader Verwerfung (Westl. Egergraben) 179, *180*, 184, 185
Maunau (Heldburger Gangschar) *177*
Mayen „An der Ahl" 112
Mayener Grubenfeld (Osteifel) **42**
Mechenried Diatrem (Heldburger Gangschar) *177*
Meerbach Fluss 130
Meerfelder Maar **29**, 44, **57**–58, 75, 125–126, 130–131
Meirother Kopf (Osteifel) *139*
Mendig 13, 90, 98, *139*
Mendiger Graben (Osteifel) 95–**96**
Messel 11, 62, 73–74, 196, *209*, 210
Michelnau bei Nidda (Vogelsberg) 45, *153*, **155**, 156
Milseburg (Rhön) 33, **104**, 105, 109, *168*, 169, **170**
Mosbrucher Trockenmaar *125*, **126**
Mosenberg (Westeifel) **29**, **44**, *113*, *125*, 126, 129–131
Mt. St. Helens (USA) 84–85, 101–102
Mürmes-Maar (Westeifel) *125*
Mýtina-Maar (Egergraben West) 73, *180*, 185
Nastberg (Osteifel) *139*
Nerother Kopf (Westeifel) *125*
Nette (Fluss) 113, *139*
Neualbenreuth Maar (Egergraben West) 73, *180*, 185, 188
Neuffener Steige (Uracher VF) **50**, *197*
Nieder-Ofleiden, Stbr. (Vogelsberg) 156
Niedermendiger Lavastrom **38**, 111–114
Nierstein-Astheim VG (Oberrheingraben Nord) *209*
Nonnenstromberg (Siebengebirge) *142*, **143**
Nürburg (Tertiäre Hocheifel) 62, 121, *125*

Oberkassel (Siebengebirge) *142*, 145
Oberleinleiter (Heldburger Gangschar) **36**, **58**, *177*, **178**
Oberoderwitzer Spitzberg (Lausitz VF) *188*, 189

Oberpfälzer Vulkanlandschaft (Westl. Egergraben) 179
Oberrheingraben Nord 209–211
Oberwiddersheim b. Nidda (Vogelsberg) *153*
Oberwinkel-Trockenmaar (Westeifel) *113*, *125*
Öhningen (Hegau) 62, 75, *202*, 204
Ol Dionyo Lengai (Tansania) 207
Ölberg (Hess. Senke) *159*
Olbrück (Osteifel) 33, 102, 138, *139*
Osteifel 24, 28, 33, 40–45, 56, 60, 78, 79–83, 84–100, 102, 124, 138, 139–141, 142, 144, 148
Osterbühl (Hegau VF) *202*, **203**
Ostheim Hügelhäuschen (Heldburger Gangschar) *177*
Ostritz Stadtwald Lavastrom *188*, 192
Otzberg (Oberrheingraben Nord) *209*, 210

Papenkaule (Westeifel) *125*, 132
Parkstein (Egergraben West, Kemnather VF) 67–70, 179, *180*
Petersberg (Siebengebirge) *142*, 143
Pferdskopf (Rhön) **37**, *168*, **171**, 174
Plaidter Hummerich (Osteifel) *139*
Pöhlberg b. Annaberg (Erzgebirge) *193*–194
Preußenkuppe (Lausitz VF) 190–191
Pulvermaar 26, **53**, **55**, **56**, 60, *113*, 124, *125*, 126, 131–132
Puy de Dome (Auvergne) **101**
Puy de la Vache (Auvergne) **30**

Rabenau-Londorf Stbr. Kahlenberg (Vogelsberg) *153*
Randecker Maar (Uracher VF) **61**, 62, 75, *197*, 201
Rauher Kulm (Kemnater VF) **70**, 179, *180*
Reichsforst-Vulkanfeld (Westl. Egergraben) 11, 111, 179, 180–181
Reimerath (Trachyt, Tert. Hocheifel) 121, *125*
Rhön (VF) *10*, 11, 33, 37, 45, 66, 104–110, 114, 168–175
Rieden, Riedener Kessel 86–88, 90, 102, 138, *139*, 140, 144
Riedener Hardt (Riedener Kessel, Osteifel) 138
Riedheim Gang (Hegau VF) *202*, 204
Riedöschingen Travertin 204
Ringseitert (Westeifel) *125*, 126
Rocher de Laval (Auvergne) **65**–**66**
Rockeskyll, Rockeskyller-Kopf-Komplex *125*, 126, 132–135, 168
Rod(d)erhöfe (Osteifel) 88
Rodderberg **140**–141, *142*, 143
Rodenberg, Stbr. (Vogelsberg) *153*, **155**
Rolandseck bzw. Rolandsburg (Siebengebirge) *142*, 147
Römerberg-Schlackenkegel (Pulvermaar-Gruppe, Westeifel) *113*, *125*, 131–132
Rosenbühl b. Waldkappel (Hess. Senke) 163
Rossberg (Oberrheingraben Nord) *209*
Roßbüsch-Schlackenkegel (Niederbettingen, Westeifel) 126
Rotenfels (Nahe, Permzeitl. Vulkanismus) 16
Rothenberg (Osteifel) **30**, 56, 91, 111, *139*
Rott (Siebengebirge) 142
Royat (Lavastrom, Auvergne) 115
Rüdenschwinden Tertiär (Rhön) *168*

Sababurg (Hess. Senke) *159*
Sandebeck (Hess. Senke) *10*, 158
Sandfell (Island) **105**, 109
Sarresdorfer Lavastrom *125*, 132
Sattelberg (Osteifel) 111, *139*
Sauköppel-Diatrem (Rhön) *168*, 174
Schackau (Rhön) *168*, 170
Schafberg (Guttauer VG, Lausitz VF) 190
Schafstein (Rhön) *168*
Schalkenmehrener Maar (siehe auch Dauner Maare) 47, 124, 128–129
Scharfenstein (Hess, Senke) *159*, 160
Scharnhausen (Uracher VF) 66, 67, *197*
Scheibenberg (Erzgebirge) *10*, 186, 193–195
Schelingen Stbr, Carbonatit (Kaiserstuhl) *205*
Schellkopf (Osteifel) 102, 138, *139*
Scherkopf (Siebengebirge) *142*
Schopflocher Moor (Urach VF) 197
Schorenberg (Osteifel) 87, 102, 138, *139*
Schotten-Wingertshausen (Vogelsberg) *153*
Schwalmtal- Brauerschwend, Stbr. (Vogelsberg) *153*
Selberg (Quiddelbach, Tert. Hocheifel) 121, *125*
Sengelberg (Westerwald) *149*
Showa-Shinzan (Japan) 101
Sichenhausen-Eschwald, Bohrg. (Vogelsberg) 156
Siebengebirge 10, 11, 38, 102–103–104, 140, 142–147
Sieblos (Rhön) *168*, 169, 170, 174
Snake River Plateau 16
Sonnenberg (Lausitz) 189
Soos (Westl. Egergraben) **23**, 26, *180*
Sporneiche-Trachyt (Oberrheingraben Nord) 210
Sprendlinger Horst 73, 210
Sprinker Maar (siehe auch Wartgesberg-Gruppe) *113*, 114, 126, 136–137
Steffeln (Westeifel) 77, 78–79, *125*, 126, 135–136
Steffelner Kopf (Westeifel) *125*, **135**–136
Steinberg b. Meensen (Hess. Senke) *159*
Steinsfurt i. Kraichgau (Oberrheingraben Nord) *209*, 210
Steinwand (Rhön) 109–**110**, *168*
Stenzelberg (Siebengebirge) *142*
Sternberg (Urach VF) *197*, 200
Stockstadt-5-Maar (Oberrheingraben Nord) *209*
Stöffelpark bei Enspel (Westerwald) *149*
Stolpen (Lausitz VF) *188*, **192**
Stopfelskuppe (Rhön) *168*
Straufhain (Heldburger Gangschar) **39**, **176**–178
Strohner Maar *113*, *125*, 126, 131–132,
Strohner Schweiz 114
Stromboli **22**, 41
Sulzbüsch (Osteifel) 138, *139*
Surtsey (Island) 45, 55, 78

Taal-Vulkan (Philippinen) 55
Taufstein (Vogelsberg) 152
Tertiäres Hocheifel-Vulkanfeld **10**, **11**, 20, 40, 62, 71–75, 121, *125*
Theilenberg (Osteifel) *139*
Thierstein (Kemnather VF) *180*
Tönchesberg (Osteifel) *139*
Totenkopf (Kaiserstuhl VF) 205
Trappstadt Gänge (Heldburger Gangschar) *177*
Trautzberger Maar (siehe auch Wartgesberg-Gruppe) 136

Ueschersdorf Diatrem (Heldburger Gangschar) *177*
Ukinrek Maare (Alaska) 55
Ulmener Maar (Westeifel) 13, 64, 124, *125*, 126–128
Ulrichstein-Kölzenhain (Vogelsberg) *153*
Undara-Schildvulkan (Australien) 152
Uracher Vulkanfeld 47, **50**, 52, 54, 58, **61**–62, 75, 120, 197–201, 203

Veitskopf (Osteifel) 91, 94, 111, *139*
Vesuv **12**, 13, **84**–86, 100
Vogelsberg (VF) *10*, 11, *17*, **20**–21, 40, 45, 114, 120, 148, 152–157, 209–210

Waldecker Schlossberg (Egergraben West, Kemnather VF) **70**–**71**, **179**, *180*
Wallenborn **24**, 26, 64
Wallenstein-Diatrem (Hess. Senke) *159*
Wannenköpfe (Osteifel) 44, 111, 138, *139*
Wartberg b. Selb (Kemnather VF) *180*
Wartenberg b. Geisingen (Hegau VF) *202*, 203
Wartgesberg-Gruppe **30**, **31**, **39**, 47, *113*, *125*, 126, 136–137
Wasserkuppe, Wasserkuppenrhön (Rhön) 37, *168*, 169, 170–174,
Wehr, Wehrer Kessel 24, 78, 86, 88–90, 102, 138, *139*, 140
Weibern, Weiberner Tuff **87**–**88**
Weilberg (Siebengebirge) *142*, 145–**146**
Weinfelder Maar – *siehe auch Dauner Maare* 124, *125*, 128–129
Westeifel *10*, 12, 20, 24, **29**–**31**, **39**, 40, 44–47, 53-60, 73, *113*, 124–137
Westerwald (Tertiär. VF) *10*, 11, 75, 90, 114, 148–151, 155
Wilhelmshöhe b. Kassel 78
Windsborn (Westeifel) **44**–**46**, *124*, 130
Wingertsberg (Osteifel) 90, **91**, **94**–**97**, **99**, 113
Wirges (Westerwald) *149*
Wittlinger Steige (Urach VF) *197*
Wölferlingen Stbr. (Westerwald) *149*
Wolkenburg (Siebengebirge) **103**, *142*

Yellowstone 15–16

Zeilberg b. Maroldsweisach (Heldburger Gangschar) **64**, 65, 176–178
Železná Hůrka (Eisenbühl, Egergraben West, Tschechien) *180*, 185, 187–188
Zinster Kuppe (Kemnather Vulkanfeld) *180*
Zittauer Gebirge (Lausitz) 189

Vulkane in Deutschland – Koordinaten

Das Buch zu den Vulkanen in Deutschland ist kein geologischer Führer und kann einen solchen auch nicht ersetzen. Dennoch wird hier eine Zusammenstellung von vulkanischen Zeugnissen und Informationseinrichtungen gegeben, um die Leser zum Besuch solcher nicht selten auch spektakulärer Orte zu motivieren. In diesem Sinn richtet sich die Zusammenstellung weniger an professionelle Geologen als an angehende oder auch schon fortgeschrittene Interessenten an der Vulkanologie.

In den letzten Jahren ist eine erhebliche Ausweitung geotouristisch erschlossener Vulkanvorkommen erfolgt, so dass solche unkompliziert zugänglichen Punkte besonders berücksichtigt wurden. In diesen Fällen können vor Ort auch weiterführender Informationstafeln erwartet werden - in den anderen wird empfohlen, sich gegebenenfalls in Bibliotheken, Infozentren oder im Internet um weitere Hintergrundinformationen zu bemühen. Weiterhin werden aber ihrer Bedeutung wegen auch Stellen genannt, die auf nicht öffentlichem zugänglichem Gelände (vor allem aufgelassene wie aktive Gruben und Steinbrüche) liegen, oder zeitlich begrenzt oder ganzjährig unter verschiedenen naturschutzrechtlichen Einschränkungen stehen. Diese Bedingungen konnten nicht im Einzelnen geprüft oder aktualisiert werden, zudem unterliegen sie mitunter kurzfristigen Änderungen. Wir weisen daher ausdrücklich darauf hin, dass es in der Verantwortung der Leser liegt, sich über die Zugänglichkeit kundig zu machen und diesen zu folgen. Auch für die grundsätzlichen Gefahren beim Betreten von geologischen Aufschlüssen – vor allem Steinschlaggefahr an Wänden oder Unfälle entlang nicht ausgetretener Pfad – hat jeder Leser selbst zu haften.
Die Punkte können in der Summe auch als .gpx- oder .kmz-Datei heruntergeladen werden und so in Google Earth oder verschiedenen Smartphone-Anwendungen genutzt werden. Die Daten finden Sie im Internet auf der Homepage des Verlags unter www.theiss.de oder auf der Internetseite der WBG unter www.wbg-wissenverbindet.de auf der Produktseite dieses Titels.

Westeifel		Breite	Länge
Birresborn Lindenquelle	Pavillon unter dem abgebauten Lavastrom des Kalem	50.193054°	6.635491°
Booser Maare Überblick	Blick über das westl. Maar, im Hintergrund Nürburg	50.310349°	7.000249°
Daun Vulkanmuseum	Leopoldstr. 9 – Geopark-Infostelle	50.198090°	6.829587°
Dauner Maare Aussicht	P zwischen den Weinfelder und Schalkenmehrener Maar	50.173262°	6.851836°
Dreiser Weiher	Trockenmaar	50.264417°	6.776934°
Eichholz Maar	wieder vernässtes Maar	50.272018°	6.565253°
Ellscheid	Wall des Trockenmaars	50.147197°	6.927096°
Gerolstein Hagelskaule	Hangeruption in verkarsteten Devon-Karbonaten	50.232642°	6.660378°
Gerolstein Naturkundemuseum	Hauptstr. 72	50.221933°	6.666947°
Gerolstein Papenkaule	Krater, Zugang von verschiedenen Seiten	50.230638°	6.664149°
Immerath Immerather Risch	Aussichtspunkt an der Kapelle im N des Trockenmaars	50.135711°	6.952161°
Manderscheid Maarmuseum	Wittlicher Str. 11	50.091781°	6.807716°
Meerfelder Maar E-Ausgang	Denkmal zur Entwässerung des Maars, Zufahrt zum P	50.097149°	6.764183°
Meerfelder Maar Wall	Deudesfeld, Grube im Wall des Maars	50.099961°	6.736249°
Mosbrucher Trockenmaar	schönes, sich deutlich abzeichnendes Trockenmaar	50.261510°	6.948986°
Mosenberg Vulkanerlebnispark	Aufschlüsse & Infos im SW der Mosenberg-Gruppe	50.076837°	6.779242°
Pelm Baarley	Stbr. mit „Lavaspalte" – Basaltgang	50.228439°	6.698777°
Pelm Lavaspalte Baarley	Infotafel am Start des „Erlebnisrundwegs"	50.233970°	6.691173°
Pulvermaar Aussicht	Aussicht von Flurstraße im N des Maars	50.137742°	6.924747°
Pulvermaar Wall	Grube im SW des Maars	50.130270°	6.918243°
Rockeskyll Rockeskyller Kopf	Eingang Vulkankomplex Rockeskyller Kopf	50.257029°	6.681995°
Steffeln Steffelner Kopf	P und Zugang zum Vulkangarten Steffelner Kopf	50.287401°	6.557932°
Steffeln Tuffring	Tuffring an der Kirche	50.287672°	6.568765°
Strohn Lavabombe	Strohn, Lavabombe O, Zugang Strohner Schweiz	50.107695°	6.926191°
Strohn Wartgesberg	Wartgesberg-Gruppe, darüber Sprinker Maar-Tephra	50.106270°	6.936487°
Strohn Sprinker Maar	vom Tal der Alf Blick in das Trockenmaar	50.100988°	6.935756°
Strohn Vulkanhaus	Hauptstraße 38	50.110064°	6.921242°
Ulmener Maar Wall	Wall des Maars an der Cochemer Straße	50.210648°	6.980062°
Wallenborn Brubbel	CO_2-Geysir	50.153920°	6.720269°
Windsborn Schlackenkegel	Schweißschlacken am SW-Rand des Kraters, Ausblick	50.084344°	6.775337°

Tertiäres Hocheifel-Vulkanfeld		Breite	Länge
Eckfelder Maar	Grabungsbereich	50.114250°	6.818616°
Nürburg	Basaltintrusion in Diatrem	50.346635°	6.953482°
Quiddelbach Selberg	Lavadom aus Benmoreit (Na-reicher Trachyandesit)	50.345059°	6.936245°
Reimerath Trachyt	aufgel. Stbr., im Ort Naturstein-Gebäude	50.305633°	6.958014°
Zilsdorf Arensberg	Basaltintrusion in Diatrem	50.288510°	6.731215°
Osteifel		Breite	Länge
Bausenberg	Schlackenkegel mit nach NE abgeflossenen Lavastrom	50.466410°	7.221564°
Dachsbusch Falte	periglaziale Falte, Bimse aus dem Wehr-Vulkan	50.429278°	7.231667°
Ettringer Lay	Ausblick in aufgel. Stbr. in Lavastrom, Infotafeln	50.347233°	7.223380°
Hochsimmer-Lava „An der Ahl“	mächtige Lava mit erschlossener Basis und Säulenklüftg.	50.343385°	7.206364°
LSV Alte Burg	prä-LSV Schlackenkegel, etwas weiter Gasaustritte	50.407787°	7.278529°
LSV Bims	Bimse, Streifenbimse aus weißen und grauen Bims	50.401402°	7.277785°
LSV pyroklastische Ströme	aufgel. Grube, Aschenströme im Wechsel mit Bims	50.379811°	7.296004°
LSV Wingertsberg	Zugang zur Wand West und Süd, LSV-Pyroklastika	50.391085°	7.273153°
Mendig Lavadome	Brauerstr. 1 (Deutsches Vulkanmuseum Mendig)	50.375675°	7.282442°
Nastberg	Zugang zum Rundweg in den Schlackenkegel	50.430258°	7.342096°
Nickenich Eppelsberg	Stbr. – Komplex aus Tuffring und SK	50.400983°	7.320310°
Niederlützingen Leilenkopf	Aussicht oberhalb des aufgel. Stbr., Rheinterrassen	50.478692°	7.308753°
Niedermendiger Lavastrom	Stbr. im Lavastrom	50.376494°	7.291839°
Ochtendung Karmelenberg	SK, P am Zugang von Süden	50.344099°	7.422046°
Plaidt Vulkanpark Infozentrum	Rauschermühle 6	50.388274°	7.402544°
Rodderberg südl. Bonn	Rundweg um den Krater, Ausblick auf Siebengebirge	50.649672°	7.189851°
Trass Brohltal	Reste der pyroklastischen Ströme	50.460157°	7.297362°
Trass Wassenach, Wolfsschlucht	Zugang i. d. Schlucht gegenüber der Abzw. nach Kell	50.448042°	7.296772°
Wehrer Kessel, Zentrum - Wehr	im Ort zahlreiche Gebäude aus Tuffring-Werksteinen	50.422168°	7.211415°
Weibern Windkaul	Weiberner Tuff - Aschenströme aus dem Rieden-Vulkan	50.414140°	7.153534°
Heldburger Gangschar		Breite	Länge
Bramberg	aufgel. Stbr. mit Diatrembrekzie und Basalt-Intrusion	50.107849°	10.635309°
Heldburg	Phonolith a. d. Auffahrt, kleine Aufschlüsse a. d. Burg	50.288827°	10.728789°
Oberleinleiter Maar	aufgel. Stbr. mit Diatrembrekzie und Basalt-Intrusion	49.884773°	11.142703°
Römhild Großer Gleichberg Gipfel	darunter aufgel. Str. in Basalt-Intrusion	50.388738°	10.591179°
Römhild Kleiner Gleichberg Gipfel	Basalt-Intrusion in Diatrem	50.410359°	10.592382°
Straufhain	Basalt mit Mantel-Xenol. hinter der Burgruine	50.340075°	10.715341°
Kemnather VF		Breite	Länge
Altensteinreuth Armesberg	Gipfel des weithin sichtbaren Basaltberges	49.890332°	11.945922°
Atzmannsberg Kuschberg	Kuppe in Diatrembrekzie	49.834955°	11.961572°
Kemnath Anzenberg	Gipfel in der Diatrembrekzie	49.868374°	11.919446°
Neustadt/Kulm Kleiner Kulm	Diatrembrekzie mit Intrusionen	49.826738°	11.831924°
Neustadt/Kulm Rauher Kulm	Gipfel der weithin sichtbaren Basaltintrusion	49.828538°	11.849989°
Parkstein Basaltwand	Basalt-Intrusion, Kontakt zur Diatrembrekzie	49.731201°	12.070443°
Parkstein Felsenkeller	Felsenkeller in der Diatrembrekzie	49.732588°	12.070084°
Parkstein Vulkanmuseum	Schlossgasse 5 – Infostelle Geopark Bayern-Böhmen	49.731947°	12.067934°
Waldeck Kalvarienberg	kleines, gut aufgeschlossenes Diatrem mit Intrusionen	49.860598°	11.952610°
Waldeck Schloßberg	Burgruine auf gut aufgeschlossener Basaltintrusion	49.858059°	11.947564°
Wunschenberg Zinster Kuppe	Blick über den Lavastrom	49.900698°	11.946789°
Reichsforst VF		Breite	Länge
Konnersreuth Hirschentanz	Stbr in Lava in Schlackenkegel	49.990743°	12.200567°
Konnersreuth Konnsbühl	aufgel. Stbr. Basaltsäulen, Blockmeer	50.012456°	12.249396°
Pechbrunn Großer Teichelberg	Stbr in Lavastrom	49.955815°	12.162431°
Selb Wartenberg	aufgel. Stbr. Basaltgang in Granit	50.176609°	12.189440°

Egerbecken W-Rand Quartär		Breite	Länge
Hartoušov Mofettenfeld	zahlreiche Gasaustritte	50.132743°	12.463748°
Komorní hůrka (Kammerbühl)	Schlackenkegelrest mit Lava, klassische Stätte	50.100658°	12.336609°
Mýtina Trockenmaar	Trockenmaar, Zugang von Neualbenreuth	49.997141°	12.437639°
Mýtina Železná hůrka (Eisenbühl)	Schlackenkegel, Zugang von Neualbenreuth	49.991523°	12.444415°
Neualbenreuth Trockenmaar	jüngst entdecktes Trockenmaar	49.971176°	12.472460°
Soos Mofettenfeld	zahlreiche Gasaustritte und Mineralausfällungen	50.147055°	12.399520°

Rhön		Breite	Länge
Bischofsheim Bauersberg	P – Blick auf Kreuzberg, Braunkohle-Schaubergwerk	50.423108°	10.022508°
Bischofsheim Kreuzberg	Blockmeer Johannisfeuer – rundum weite Aussicht	50.369287°	9.982247°
Kleinsassen Milseburg	Rest eines Doms oder Kryptodoms	50.544626°	9.897872°
Oberbach Gebirgsstein	aufgel. Stbr. in von Lava erfüllten Schlackenkegel	50.341821°	9.926013°
Poppenhausen Steinwand	Rest eines Doms oder Kryptodoms	50.522695°	9.864708°
Rupsroth Kesselkopf	Kryptodom mit Dach aus Buntsandstein	50.552868°	9.940003°
Schafstein	Gipfel, Blockhalden an der NW- und S-Flanke	50.502489°	9.975755°
Schondra Lindenstumpf	aufgel. Stbr. im Maar-Diatrem-Intrusion	50.277392°	9.860088°
Sieblos Sauköppel Diatrem	Diatrembrekzie	50.509157°	9.906220°
Urspringen Gangolfsberg	Basaltsäulen, unweit darunter Teufelskeller	50.462481°	10.086318°
WasserKR Abtsroder Kuppe	WasserKuppenRhön – Nördliches Ende	50.504410°	9.938218°
WasserKR Basaltblockstrom	Aussicht auf Blockstrom	50.497303°	9.931849°
WasserKR Fliegerdenkmal	Basalt-Schlot mit Mantel-Xenolithen	50.498057°	9.933002°
WasserKR Lerchenküppel	Basalt-Schlot	50.492498°	9.926468°
WasserKR Pferdskopf	sehr heller Trachyt, darunter Lahar und Schlacken	50.490941°	9.920719°
WasserKR unter d. Pferdskopf	Trachyt - möglicherweise Förderschlot für Pferdsk.	50.490321°	9.916867°

Siebengebirge		Breite	Länge
Drachenfels Aussichtsterrasse	in unmittelbarer Umgebung anstehender Trachyt	50.664299°	7.210194°
Erpeler Ley	Diatremintrusion	50.581861°	7.246244°
Großer Ölberg	aufgel. Stbr. unter dem Gipfel bzw. Terrasse	50.682208°	7.249631°
Heisterbach Weilberg	Basaltintrusion in Latit-Aschentuffe	50.697743°	7.219177°
Niederbachem Dächelsberg	Basaltintrusion in Trachyt-Tuffe	50.637586°	7.167139°
Oberkassel Basaltwand	Reste des Abbaus	50.714485°	7.178011°
Rolandsburg, Basalt unter der R.	vermutl. Diatrem-Intrusion	50.640053°	7.205533°
Stenzelberg	Latit, Reste des Abbaus als sogenannte „Umläufer"	50.691254°	7.225600°

Westerwald		Breite	Länge
Bad Marienberg Basaltpark	Lehrpfad in aufgel. Stbr.	50.645804°	7.939135°
Bad Marienberg Großer Wolfstein	Basaltfelsen als Reste eines Lavastroms	50.661844°	7.937415°
Enspel Stöffelpark	Tertiär- und Industrie-Erlebnispark Stöffel	50.617293°	7.888545°
Herkersdorf Druidenstein	spektakuläre Säulengruppe, vermutl. Intrusion	50.794831°	7.910068°
Hülsberg	aufgel. Stbr. Trachyt vermutl. Kryptodom	50.480988°	7.818595°
Kölschhausen Koppe	Säulenklüftung in Meiler-Stellung	50.635895°	8.373830°
Leuterod Malberg	Phonolith-Dom, Felsenmeer im Gipfelbereich	50.489727°	7.833362°
Liebenscheid Ketzerstein	bemerkenswerter Rest eines Lavastroms	50.680150°	8.107711°
Weltersburg Kranstein	halb-radiale Sälenklüftung, vermutl. Intrusion	50.529113°	7.968203°

Vogelsberg		Breite	Länge
Alsfeld-Eifa Köllenberg	aufgel. Stbr. Intrusionen in Diatrembrekzien	50.732256°	9.364556°
Amöneburg Ostwand	Säulenklüftung in Diatrem-Intrusion	50.795348°	8.922952°
Birstein Wildes Weibsbild	Reste v. Lavastroms mit Mantel-Xenolithen	50.346979°	9.304856°
Büdingen Wilder Stein	Säulenklüftung mit Wachstumsabschnitten	50.288212°	9.117939°
Dietesheimer Steinbrüche	P Zugang, aufgel. Stbr. im „Maintrapp", Rundwege	50.116319°	8.866910°
Gedern	Stbr. Abfolge vonLavaströmen	50.415190°	9.193275°
Glauberg	Basaltanschnitte am Aufgang zum Hochplateau	50.307180°	9.006493°

Hungen-Langd	aufgel. Stbr., Kraterrand-Diskordanz	50.468574°	8.957270°
Kerbersdorf Glasberg	Intrusion in Diatrembrekzie	50.335165°	9.382097°
Laubach-Gonterskirchen	Stbr. außerordentlich reich an Mantel-Xenolithen	50.521678°	9.025062°
Nidda-Michelnau	Schlackenagglomerat, als Naturstein abgebaut	50.421049°	9.038957°
Nidda-Ober-Widdersheim	Stbr. Abfolge vonLavaströmen	50.428902°	8.939020°
Ortenberg Gaulsberg	Stbr. Intrusion in Diatrem, umgeben von Buntsdst.	50.361223°	9.055476°
Ortenberg-Bergheim	Stbr. Rodenberg, Intrusion in Tuffe u. Buntsandst.	50.344014°	9.098526°
Schotten-Busenborn Bilstein	Basalt Felsklippen	50.495787°	9.202882°
Ulrichstein-Kölzenhain	Schleuningsteine, 100 m ENE die Mullsteine	50.560706°	9.177692°
Hessische Senke		Breite	Länge
Adelebsen Bramburg	vermutl. Diatrem-Intrusion	51.604139°	9.743439°
Dörnberg Helfensteine	mehrere Basalt-Intrusionen in Diatrembrekien	51.362302°	9.346720°
Dörnberg Wichtelkirche	freigestellter Basaltgang	51.359311°	9.338230°
Dransfeld Hoher Hagen	aufgel. Steinbruchgelände Lehrpfad	51.473690°	9.762045°
Eschwege Blaue Kuppe	klassische Lok., tief erodierte Diatrem-Intrusion	51.154879°	10.035264°
Felsberg	Burgfelsen, Basaltintrusion	51.135507°	9.420879°
Habichtswald Hirzstein	Basalt-Abbauwand, unweit Gang „Teufelsmauer“	51.285808°	9.374639°
Hoher Meißner Bransrode	Stbr. im Meißner-Basalt	51.232598°	9.856304°
Hoher Meißner Kalbe	ehemal. Braunkohle-Tagebau, darüber Basalt	51.212959°	9.871658°
Hoher Meißner Kitzkammer	Basaltgang am Rande des Meißner-Plateaus	51.208172°	9.836293°
Homberg (Efze) Burgberg	Basalt im oberen Bereich der Auffahrt zur Burg	51.036611°	9.405766°
Istha Isthaberg Bilstein	Felsklippen	51.317402°	9.220629°
Kassel Wilhelmshöhe Herkules	Natursteine v.a. aus phreatomagm. Tuffsteinen	51.316339°	9.392387°
Maden Madener Stein	Basaltintrusion	51.167282°	9.381111°
Sandebeck	nördlichster Vulkan Deutschlands, Intrusion	51.814720°	8.983611°
Scharfenstein	Basaltintrusion	51.192064°	9.392737°
Wallenstein Diatrem	gut erschlossenes Diatrem in der Burganlage	50.951090°	9.493800°
Warburg Desenberg	vermutl. Diatrem-Intrusion	51.500263°	9.198500°
Wolfhagen Regionalmuseum	Ritterstr. 1 – u.a. Infos zu Vulkanen der Umgebung	51.323102°	9.165818°
Lausitz		Breite	Länge
Görlitz Landeskrone	aufgel. Stbr. (Ratssteinbr.) an der N-Flanke	51.131080°	14.931900°
Guttauer VG Baruther Paläomaar	Blick auf Geländedepression, Infotafel	51.224744°	14.607132°
Guttauer VG Dubrauer Horken W	Reste der vom Schafberg stammenden Lavaströme	51.237434°	14.598427°
Guttauer VG Schafberg	Rest des Basaltabbaus ehem. Schlackenkegel	51.256884°	14.589999°
Jonsdorfer Mühlsteinbrüche	P Aufstieg zum Rundweg: Gänge, Kleine Orgel u.a	50.850184°	14.691562°
Lausche	höchste Erhebg. Lausitz, Phonolith-Lavadom	50.849068°	14.646575°
Oberoderwitzer Spitzberg	vermutl. Phonolith-Dom	50.960710°	14.690855°
Ostritzer Stadtwald	Reste eines ein Paläotal erfüllenden Lavastroms	51.019271°	14.896561°
Stolpen Burgfelsen	vermutl. Diatrem-Intrusion	51.048084°	14.083545°
Erzgebirge		Breite	Länge
Annaberg Pöhlberg	P auf dem Gipfelplateau, „Butterfässer“ im Norden	50.574184°	13.029728°
Bärenstein Basaltfelsen	Reste einer vermutl. zum Scheibenberg lauf. Lava	50.510790°	13.018575°
Hammerunterwiesenthal	Stbr. Phonolith-Intrus. in Maarkratersee-Sedimente	50.445865°	13.007412°
Satzung Hirtstein	fächerförmige Säulenstellung vermut. Intrusion	50.536430°	13.193239°
Scheibenberg Basaltwand	histor. Lokalität des Basaltstreits im 18. Jht.	50.539483°	12.922493°
Uracher VF		Breite	Länge
Aichelberg	„Sinkschollen“ im Sinne von Cloos 1941	48.634883°	9.570499°
Dettingen Calverbühl	Tuffschlot mit olivinreichen, kugeligen Lapilli	48.522511°	9.343174°
Kohlberg Jusi	zahlreiche große Kalkschollen im Diatrem	48.551343°	9.338583°
Limburg	in Reliefumkehr freigestellter Schlot vor der Alb	48.604393°	9.536135°
Neuffener Steige	klass. Lok., leider hinter einem Tor u. verwachsen	48.538063°	9.406238°

Owen Hohenbol	in Reliefumkehr freigestellter Schlot vor der Alb	48.592954°	9.465260°
Randecker Maar	Blick über den erosiv wieder freigelegten Krater	48.570277°	9.525424°
Schopfloch, N-lich des Ortes	Infozentrum Biosphärenreservat und Geopark	48.550042°	9.530848°
Schopflocher Moor	Vermoorung über Schlot, seitl. angrenzend Ponore	48.562828°	9.522249°
Zainingen Hüle	die letzte verblieben Hüle über einen Tuff schlot	48.481852°	9.547022°
Hegau		Breite	Länge
Binningen Hohenstoffeln	ehemaliger Basaltabbau am N-Gipfel	47.796627°	8.749274°
Engen Hohenhewen	Gipfel Basalt	47.835566°	8.747301°
Geisingen Wartenberg	kein zuverlässiger Aufschluss, aber Ausblick	47.924657°	8.616350°
Hohenkrähen	Gipfel Phonolith	47.798088°	8.820653°
Höwenegg	Zugang zu aufgel. Stbr.-Gelände	47.913724°	8.740005°
Leipferdingen Osterbühl	geschichtete Diatrem-Kraterfazies	47.855333°	8.681143°
Mägdeberg	Gipfel Phonolith	47.805593°	8.797729°
Öhningen Paleomaar	etwa das Zentrum des ehemaligen Maarkraters	47.671487°	8.920957°
Randen Blauer Stein	mächtige Säulengruppen Rest eines Lavastroms	47.827164°	8.598466°
Riedheim Gang	nahezu N-S verlaufender, freigestellter Gang	47.767787°	8.754036°
Rielasingen Rosenegg	Rücken aus Deckentuff , div. kleine Aufschlüsse	47.731798°	8.811410°
Singen Hohentwiel	Phonolith, Infozentrum	47.767412°	8.817783°
Wangen Museum Fischerhaus	Seeweg 1 – Fossilien aus dem Maar von Öhningen	47.660452°	8.929168°
Oberrheingraben		Breite	Länge
Forst a.d. Weinstraße	Basalt-Intrusionen in Maar-Diatreme	49.424389°	8.165613°
Katzenbuckel	aufgel. Stbr. des kreidezeitlichen Vulkans	49.469008°	9.045941°
Messel	Besucherzentrum und Grube	49.912577°	8.752397°
Nackenheim Kisselwörth-Diatrem	Maar-Diatrem	49.901412°	8.346994°
Otzberg	Diatrem-Intrusion in Reliefunkehr	49.819805°	8.911086°
Roßdorf Stbr. am Roßberg	Basalt-Intrusionen in Maar-Diatrem	49.852608°	8.771568°
Steinfurt Steinsberg Burg	Diatrem-Intrusion in Reliefunkehr	49.214456°	8.877442°
Kaiserstuhl		Breite	Länge
Breisach Münsterberg	div. Ansichten der vulkan. Abfolge	48.028827°	7.579573°
Naturzentrum Kaiserstuhl	Ihringen, Bachenstr. 42	48.043700°	7.646973°
Bötzingen Fohberg	Stbr. Phonolith, vermutl. Kryptodom	48.076873°	7.703964°
Sasbach, Limberg E-Seite	(Stbr. VII) MiozäN, Löß, Schlackenkegel-Segment	48.147152°	7.606125°
Sasbach, Limberg W-Seite	mehrere kleiner Aufschlüsse in Limburgit-Laven	48.148647°	7.601263°
Achkarren Büchsenberg	Flanke eines großen Schlackenkegels	48.071515°	7.607377°
Burg Sponeck	Essexit-Tiefengestein am Burgfelsen und Baustein	48.114049°	7.584080°
Badberg	Karbonatit - Naturschutz!	48.092778°	7.673049°
Schelingen	Karbonatit - Naturschutz!	48.103991°	7.690566°

Zitierte Literatur

„Vulkane in Deutschland" gründet wurde auf mehr als fünfhundert Publikationen von Geologen und Vulkanologen, von denen an dieser Stelle nur ein kleiner Teil genannt werden kann. Eine erweiterte, zudem nach Themen und Regionen sortierte Literaturliste finden Sie im Internet auf der Homepage des Verlags unter www.theiss.de oder auf der Internetseite der WBG unter www.wbg-wissenverbindet.de auf der Produktseite dieses Titels.

Nicht im Einzelnen zitiert wurden außerdem die vielen Geologischen Karten 1:25 000 der Geologischen Landesämter (nun zumeist „Ministerien für Umwelt etc." sowie die Geologischen Übersichtskarten von Deutschland 1:200 000 (Bundesamt für Geowissenschaften und Rohstoffe, Hannover), die als Grundlage für die regionalen Kartenskizzen unverzichtbar waren.

Agricola, Georgius (1546): De Natura Fossilium libri X. Basel.

Baales, Michael, Olaf Jöris, Martin Street, Bernhard Weninger & Julian Wiethold (2002): Impact of the Late Glacial Eruption of the Laacher See Volcano, Central Rhineland, Germany. Quaternary Research 58: 273–288.

Becker, H.J. (1977): Pyroxenites and Hornblendites from the maar-type volcanoes of the Westeifel, Federal Republic of Germany. Contributions to Mineralogy and Petrology 65: 45–52.

Begét, James E., David M. Hopkins & Steven D. Charron (1996): The largest knwon maars on earth, Seward Peninsula, Northwest Alaska. Arctic 49: 62–69.

Belousov, A., & M. Belousova (2001): Eruptive process, effects and deposits of the 1996 and the ancient basaltic phreatomagmatic eruptions in Karymskoye lake, Kamchatka, Russia. Spec. Publs. int. Ass. Sediment. 30: 35–60.

Blake, S. (1990): Viscoplastic models of lava domes. - In: J.H. Fink (ed.) (1990): Lava flows and domes. Berlin (Springer): 88–126.

Bogaard, Paul van den (1995): 40Ar/39Ar ages of sanidine phenocrysts from Laacher See Tephra (12,900 yr BP): Chronostratigraphic and petrological significance. Earth and Planetary Science Letters 133: 163–174.

Bogaard, Paul van den, & Hans-Ulrich Schmincke (1985): Laacher See Tephra: A widespread isochronous late Quaternary tephra layer in central and northern Europe. Geological Society of America Bulletin 96: 1554–1571.

Bogaard, Paul van den & Hans-Ulrich Schmincke (1990): Vulkanologische Karte der Osteifel.

Branco, Wilhelm (1892): Ein neuer Tertiär-Vulkan bei Stuttgart, zugleich ein Beweis, dass sich die Alb einst bis zur Landeshauptstadt hin ausdehnte. Tübingen.

Branco, Wilhelm (1894–1895): Schwabens 125 Vulkan-Embryonen und deren tufferfüllte Ausbruchsröhren, das größte Maargebiet der Erde. Jh. Ver. vaterl. Naturkde. Württemberg 50: 505–997 und 51: 1–337.

Büchel, G. (1987): Geophysik der Eifel Maare. 1: Erkundung neuer Maare im Vulkanfeld der Eifel mit geomagnetischen Untersuchungen. Mainzer Geowiss. Mitt. 16: 227–274.

Büchel, G. (1988): Geophysik der Eifel Maare. 2: Geomagnetische Erkundung von Trockenmaaren im Vulkanfeld der Westeifel. Mainzer Geowiss. Mitt. 17: 357–376.

Büchel, G. (1994): Vulkanologische Karte der West- und Hocheifel. Mainz (Univ. Mainz).

Büchel, G. & Evelyn Krawczyk (1986): Zur Genese der Dauner Maare im Vulkanfeld der Westeifel. Mainzer Geowiss. Mitt. 18: 219–238.

Büchel, G. & H. Mertes (1982): Die Eruptionszentren des Westeifeler Vulkanfeldes. Z. dt. geol. Ges. 133: 409–429.

Büchel, G., J.F.W. Negendank, M. Wuttke & L. Viereck-Götte (2000): Quartäre und tertiäre Maare der Eifel, Enspel (Westerwald) und Laacher See: Vulkanologie, Sedimentologie und Hydrogeologie. In: F. O. Neuffer & H. Lutz (Hrsg.): Exkursionsführer. Internationale Maartagung Daun/Vulkaneifel 17.–27. August 2000: 85–123.

Büchner, Jörg, & Tietz, Olaf (2012): Reconstruction of the Landeskrone Scoria Cone in the Lausitz Volcanic Field, Eastern Germany – Insights on a large sized monogenetic volcano, long-lasting degradation of volcanic edifices and implications for the landscape evolution. Geomorphology 151–152: 175–187.

Büchner, Jörg, Olaf Tietz, Lothar Viereck, Peter Suhr & Michael Abratis (2015): Volcanology, geochemistry and age of the Lausitz Volcanic Field. International Journal of Earth Sciences. DOI 10.1007/s00531-015-1165-3.

Calcognotto, Marion, Dennis Harries, Felix Prechtel, Svenja Rausch, Nadine Schäfer & Alexander Wetzel (2005): Petrologische Untersuchungen an der Lokation „Blaue Kuppe". Poster. Geowissenschaftliches Zentrum der Georg-August-Universität Göttingen.

Cas, R.A.F. & J.V. Wright (1987): Volcanic Successions: Modern and Ancient. London (Chapman & Hall).

Cloos, Hans (1939): Hebung – Spaltung – Vulkanismus. Geologische Rundschau 30: 637–640.

Cloos, Hans (1941): Bau und Tätigkeit von Tuffschloten. Untersuchungen an dem Schwäbischen Vulkan. Geologische Rundschau 32: 709–800.

Cloos, Hans & Ernst Cloos (1927a): Die Quellkuppe des Drachenfels am Rhein. Ihre Tektonik und Bildungsweise. Zeitschrift für Vulkanologie 11: 33–40.

Cloos, Hans & Ernst Cloos (1927b): Das Strömungsbild der Wolkenburg im Siebengebirge. Zeitschrift für Vulkanologie 11: 93–95.

Daubrée, Gabriel Auguste (1891): Recherches epérimentales sur le role possible des gaz a hautes températures, doués de très fortes pressions er animés d'un mouvement fort rapide, dans divers phénoménes geologiques. Bull. Soc. Géol. France, 3ème Sér. 19: 313–354.

Diele, Laurence Martine (2000): Der Pulvermaar-Vulkan: Struktur und Massenbilanzen auf der Basis von Geophysikalischen Messungen und Volumenkalkulation. Dissertation Univ. Würzburg.

Duncan, R.A., N. Petersen & R.B. Hargraves (1972): Mantle plumes, movement of the European plate, and polar wandering. Nature 239: 82–85.

Faust, B.C. (1789): Nachricht von dem auf dem Meißner in Hessen über Steinkohlen und bituminösen Holze liegenden Basalte. Aus dem Augustmonate des 1784er Jahrgangs des Journals von und für Deutschland entlehnt, und mit einer Vorbemerkung, wie auch einigen erläuternden Anmerkungen versehen, von A.G. Werner. Bergmännisches Journal 1: 261 – 295.

Felder, M. & F.-J. Harms (2004): Lithologie und genetische Interpretation der vulkano-sedimentären Ablagerungen aus der Grube Messel anhand der Forschungsbohrung Messel 2001 und weiteren Bohrungen. Cour. Forsch.-Inst. Senckenberg 252: 151 – 203.

Fisher, R.V. & A.C. Waters (1970): Base surge bed forms in maar volcanoes. Amer. J. Sci. 268: 157 – 180.

Frankenhäuser, Herbert, Jens L. Franzen, Uwe Kaulfuss, Martin Koziol, Werner Löhnertz, Herbert Lutz, Dieter F. Mertz, Jens Mingram, Torsten Wappler & Volker Wilde (2009): Das Eckfelder Maar in der Vulkaneifel. Fenster in einem küstenfernen Lebensraum vor 44 Millionen Jahren. Mainzer naturwiss. Archiv 47: 263 – 323.

Frechen, J. (1971/1976): Siebengebirge am Rhein – Laacher Vulkangebiet – Maargebiet der Westeifel (Sammlung geologischer Führer 56, 2. Aufl.). Stuttgart (Borntraeger).

Halbfass, W. (1896): Die noch mit Wasser gefüllten Maare der Eifel. Verh. naturhist. Ver. preuß. Rheinl. Westf. 53: 310 – 355.

Hentschel, Hans (1978): Der Basalt des Meißner. Der Aufschluß. Sonderband 28: 208 – 228.

Heuer, Barbara, Wolfgang H. Geissler & Rainer Kind (2011): Receiver function search for a baby plume in the mantle transition zone beneath the Bohemian Massif. Geophys. J. Int. 187: 577 – 594.

Holmes, Arthur (1965): Principles of Physical Geology (2. Aufl.). London und Edinburgh.

Horna, Frank, Ottomar Krentz, Stefan Buske, Rolf Käppler & Ralph-Uwe Börner (2015): Is the structure of Börnersdorf possibly a maar-diatreme volcano? Zeitschrift der Deutschen Gesellschaft für Geowissenschaften 166: 149-160.

Ippach, Peter, Fritz Mangartz & Holger Schaaff (2002): Krater und Schlackenkegel. Mainz (Römisch-Germanisches Zentralmuseum).

Jung, S., K. Vieten, R.L. Romer, K. Mezger, S. Hoernes & M. Satir (2012): Petrogenesis of Tertiary alkalin magmas in the Siebengebirge, Germany. Journal of Petrology 53: 2381 – 2409.

Kieffer, G. (1971): Aperçu sur la morphologie des régions volcaniques du Massif Central. In: Symposium Jean Jung: Géologie, géomorphologie et structure profonde du Massif Central français, Clermont-Ferrand, 479 – 510.

Kolb, Melanie, Holger Paulick, Maria Kirchenbauer & Carsten Münker (2012): Petrogenesis of mafic to felsic lavas from the Oligocene Siebengebirge Volcanic Field (Germany): Implications for the origin of intracontinental volcanism in Central Europe. Journal of Petrology 53: 2349 – 2379.

Koritnig, Sigmund (1955): Die Blaue Kuppe bei Eschwege mit ihren Kontakterscheinungen. Heidelberger Beitr. Mineral. Petrogr. 4: 504 – 521.

Koritnig, Sigmund (1978): Die „Blaue Kuppe" bei Eschwege. Der Aufschluß, Sonderband 28: 237 – 247.

Laspeyres, Hugo (1901): Das Siebengebirge am Rhein. Verh. naturhist. Ver. preuß. Rheinl. Westf. 57: 119– 591.

Lindner, Harald (2006): Geophysical and geological investigation of maar structures in the Upper Lusatia region (East Saxony). Z. Dt. Ges. Geowiss. 157: 355 – 372

Lloyd, Felicity & Francesco Stoppa (2003): Pelletal lapilli in diatremes – some inspiration from the Old Masters. Geolines 15: 65 – 71.

Lorenz, Volker (1973): On the formation of maars. Bull. Volcanol. 37: 183 – 204.

Lorenz, Volker (1982): Zur Vulkanologie der Tuffschlote der Schwäbischen Alb. Jber. Mitt. oberrhein. geol. Ver. N.F. 64: 167 – 200.

Lorenz, Volker & Jost Haneke (2004): Relationship between diatremes, dykes, sills, laccoliths, intrusive-extrusive domes, lava flows, and tephra deposits with unconsolidated water-saturated sediments in the late Variscan intermontane Saar-Nahe Basin, SW Germany. In: C. Breitkreuz & N. Petford (Hrsg.): Physical Geology of High-Level Magmatic Systems. Geological Society of London, Special Publications 234: 75 – 124.

Lorenz, Volker & Bernd Zimanowski (2000): Vulkanologie der Maare der Westeifel. In: F.O. Neuffer & H. Lutz (Hrsg.): Exkursionsführer. Internationale Maartagung Daun/Vulkaneifel 17. – 27. August 2000. Mainzer naturwiss. Archiv, Beiheft 24: 5 – 51.

Lorenz, Volker & Bernd Zimanowksi (2008): Volcanology of the West Eifel Maars and its relevance to the understanding of kimberlite pipes. 9th International Kimberlite Conference, field trip, 7. – 10. & 16. – 18. August 2008, 11. – 16. August 2008: 1 – 84.

Lutz, Herbert, Volker Lorenz, Thomas Engel, Friedrich Häfner & Jost Hanecke (2013): Paleogene phreatomagmatic volcanism on the western main fault of the northern Upper Rhine Graben (Kisselwörth diatreme and Nierstein-Astheim Volcanic System. Bulletin of Volcanology 75. DOI: 10.1007/s00445-013-0741-2.

Mäussnest, Otto (1974a): Die Eruptionspunkte des schwäbischen Vulkans. Teil 1. Z. dt. geol. Ges. 125: 23 – 54.

Mäussnest, Otto (1974b): Die Eruptionspunkte des schwäbischen Vulkans. Teil 2. Z. dt. geol. Ges. 125: 277 – 352.

Mäussnest, Otto (1978): Karte der vulkanischen Vorkommen der Mittleren Schwäbischen Alb und ihres Vorlandes (Schwäbischer Vulkan) 1 : 100 000. Landesvermessungsamt Baden-Württemberg, Stuttgart.

Mertes, H. (1983): Aufbau und Genese des Westeifeler Vulkanfeldes. Bochumer geologische und geotechnische Arbeiten 9.

Mertes, H. & H.-U. Schmincke (1985): Mafic potassic lavas of the Quarternary West Eifel volcanic field: I. Major and trace elements. Contributions to Mineralogy and Petrology 89: 330 – 345.

Meyer, Romain & Gillian R. Foulger (2007): The European Cenozoic Volcanic Province is not caused by mantle plumes. www.mantleplumes.org: 1 – 17.

Meyer, Wilhelm (1988): Zur Entstehung der Trachyttuffdecke und einer Caldera im Siebengebirge. In: K. Vieten, H.-M. Hamm & W. Grimmeisen: Tertiärer Vulkanismus im Siebengebirge, Fortschr. Miner. 66, Beiheft 2: 27 – 30.

Meyer, Wilhelm (1994/2013): Geologie der Eifel (2 Aufl./4. Aufl.).

Moore, J.G. (1967): Base surge in recent volcanic eruptions. Bulletin of Volcanology 30: 337 – 363.

Mörs, Thomas (1995): Die Sedimentationsgeschichte der Fossillagerstätte Rott und ihre Alterseinstufung anhand neuer Säugetierfunde (Oberoligozän, Rheinland). Cour. Forsch.-Inst. Senckenberg 187: 1 – 129.

Nesbor, H.-D. & T. Wonk (2004): Mächtige trachytische Block- und Aschenstrom-Ablagerungen im Hohen Vogelsberg – Gesteinsabfolge und Bohrlochgeophysik der Bohrung Rehberg. Zeitschrift für Angewandte Geologie 2/2004: 50–51.

Noll, Horst (1967): Maare und maar-ähnliche Explosionskrater in Island: Ein Vergleich mit dem Maar-Vulkanismus der Eifel. Sonderveröffentlichungen des Geologischen Institutes der Universität Köln 11.

Nowell, D.A.G., M.C. Jones, D.M. Pyle (2006): Episodic Quarternary volcanism in France and Germany. J. Quart. Sci. 21: 645–675.

Park, C. & H.-U. Schmincke (1997): Lake formation and catastrophic dam burst during the Late Pleistocene Laacher See eruption (Germany). Naturwissenschaften 84: 521–525.

Pfeiffer, L. & Peter Suhr (2008): Tertiärer Vulkanismus. In: W. Pälchen & H. Walter (Hrsg.): Geologie von Sachsen: Geologischer Bau und Entwicklungsgeschichte. Stuttgart (Schweizerbart).

Prodehl, C., S. Müller & V. Haak (1995): The European Cenozoic rift system. In: Olsen, K.H. (ed) Continental Rifts: Evolution, Structure, Tectonics., 133-212. Amsterdam (Elsevier).

Ramdohr, Paul (1919): Über die Blaue Kuppe bei Eschwege und benachbarte Basaltvorkommen (Inaugural-Dissertation Univ. Göttingen). Jahrb. d. preuß. geol. Landesanst. 1919: 284–355, Taf. IV.

Raspe, Rudolf Erich (1771a): A Letter from Mr. R.E. Raspe, F.R.S. to M. Maty, M.D. Sec. R.S. Containig a Short Account of Some Basalt Hills in Hassia. Philosophical Transactions of the Royal Society 61: 580–583.

Raspe, Rudolf Erich (1771b): Beytrag zur alleräItesten und natürlichen Historie von Hessen; oder Beschreibung des Habichtswaldes und verschiedner andern Niederheßischen alten Vulcane in der Nachbarschaft von Cassel. Cassel (Johann Jacob Cramer).

Raspe, Rudolf Erich (1771c): Nachricht von einigen niederhessischen Basalten, besonders aber einem Säulenbasaltstein Gebürge bei Felsberg und den Spuren eines verlöschten brennenden Berges am Habichtswalde über Weissenstein nahe bei Cassel. Deutsche Schriften v. d. Köigl. Societät d. Wissenschaften zu Göttingen 1: 72–83, Tab. 1.

Raspe, Rudolf Erich (1776): An account of some German volcanos, and their productions. With a new hypothesis of the prismatical basalts; established upon facts. Being an essay of Physical Geography for philosophers and miners. Published as supplemantary to Sir William Hamiltons's observation on the Italian volcanos. London (Lockyer Davis).

Rausch, Juanita, Bernard Grobéty & Pierre Vonlanthen (2015): Eifel maars: Quantitative shape characterization of juvenile ash particles (Eifel Volcanic Field, Germany). Journal of Volcanology and Geothermal Research 291: 86–100.

Reynolds, D.L. (1954): Fluidization as a geological process and its bearings on the problem of intrusive granites. Amer. J. Sci. 252: 577–614.

Riley, T.R. (1996): Extrusive carbonatite from the Quaternary Rockeskyll Complex, West Eifel, Germany. Can. Mineral. 34: 389–402.

Riley, T.R., D.K. Bailey, R.E. Harmer, H. Liebsch, F.E. Lloyd & M.R. Palmer (1999): Isotopic and geochemical investigation of a carbonatite-syenite-phonolite diatreme, West Eifel (Germany). Mineralogical Magazine 63: 615–631.

Ritter, J.R.R., M. Jordan, U.R. Christensen & U. Achauer (2001): A mantle plume beneath the Eifel volcanic fields, Germany. Earth and Planetary Science Letters 186: 7–14.

Ritter, J.R.R. (2002): Der Eifel-Plume. Die tiefe Ursache des Vulkanismus. - In: Geo-Zenrum Vulkaneifel und Landkreis Daun (Hrsg): Geo Infoband Vulkaneifel, 2. Aufl.

Ritzkowski, Siegfried (2005): Das Tertiär der Hessischen Senke in der Stratigraphischen Tabelle von Deutschland 2002. Newsl. Stratigr. 41: 339–346, Taf. XIV.

Rohrmüller, Johann & Georg Loth (2012): Exkursion D: Geologische Highlights Oberfrankens. In: Ludwig Zöller & Andras Peterek (eds.): From Paleozoic to Quaternary: A field trip from the Franconian Alb to Bohemia. Bayreuth.

Rosenbusch, Harry (1872): Petrographische Studien an den Gesteinen des Kaiserstuhls. Neues Jahrbuch für Mineralogie, Geologie und Paläontologie, Referate Abt. A 43: 35–65.

Rösing, Franz (1969): Erläuterungen zur Geologischen Karte von Hessen 1:250000 Blatt 4622 Kassel-West. Wiesbaden (Hess. Landesamt f. Bodenforschung).

Schaber, K. & F. Sirocko (2005): Lithologie und Stratigraphie der spätpleistozänen Trockenmaare der Eifel. Mainzer Geowiss. Mitt. 33: 295–340.

Schmid, R., L. Franz, M. Rahn, C. Gautheron, C. de Capitani (2014): Petrography and geochronology of phonolites of the Hegau volcanic field, SW Germany. 12th Swiss Geoscience Meeting 2014, Fribourg, 21st–22nd November 2014, Abstract volume: 114–115.

Schmincke, H.-U. (o J.) Infotafel am Aufschluss Cochemer Str., zwischen Kirche und Friedhof.

Schmincke, Hans-Ulrich (1970): „Base surge"-Ablagerungen des Laacher-See-Vulkans. Der Aufschluß 21: 359–364.

Schmincke, Hans-Ulrich (1977): Phreatomagmatische Phasen in quartären Vulkanen der Osteifel. Geologisches Jahrbuch A 39: 3–45.

Schmincke, Hans-Ulrich (2007): The Quaternary Volcanic Fields of the East and West Eifel (Germany). In: J.R.R. Ritter & U.R. Christensen (eds.): Mantle plumes: A Multidisciplinary Approach. Berlin (Springer).

Schmincke, Hans-Ulrich (2013): Vulkanismus (4., überarb. Aufl.). Darmstadt (Primus).

Schmincke, Hans-Ulrich (2013): Vulkane der Eifel: Aufbau, Entstehung und heutige Bedeutung (2. Aufl.). Berlin, Heidelberg (Springer Spektrum).

Schröder, Bernt (1974): Malm-Einschlüsse in einem Schlot der Heldburger Gangschar. Neues Jahrbuch für Geologie und Paläontologie, Monatshefte 1974: 54–64.

Scrope, George Poulett (1825): Considerations on volcanos, the probable causes of their phenomena, the laws which determine their march, the disposition of their products, and their connexion with the present state and past history of the globe; leading to the establishment of a new theory of the earth. London (W. Phillips).

Seib, Nadine, Jonas Kley & Georg Büchel (2013): Identification of maars and similar volcanic landforms in the West Eifel Volcanic Field through image processing of DTM data: efficiency of different methods depending on preservation state. International Journal of Earth Sciences 102: 875–901.

Shaw, C.S.J., A.B. Woodland, J. Hopp & N.D. Trenholm (2010): Structure and evolution of the Rockeskyller Kopf volcanic compex, West Eifel Volcanic Field, Germany. Bulletin of Volcanology 72: 971-990.

Shaw, C.S.J. (2012): The role of magma mixing in the petrogenesis of mafic alkaline lavas, Rockeskyllerkopf Volcanic Complex, West Eifel, Germany. Bulletin of Volcanology 74: 359-376.

Sigurdsson, Haraldur (ed.-in-chief) (1999): Encyclopedia of Volcanoes. San Diego (Academic Press).

Sirocko, Frank, Stephan Dietrich, Daniel Veres, Oieter M. Grootes, Katja Schaber-Mohr, Klemens Seelos, Marie-Josée Nadeau,

Bernd Kromer, Leo Rothacker, Marike Röhner, Matthias Krebtschek, Peter Appleby, Ulrich Hambach, Christian Rolf, Masafumi Sudo & Stephanie Grimm (2013): Multi-proxy dating of Holocene maar lakes and Pleistocene dry maar sediments in the Eifel, Germany. Quaternary Science Reviews 62: 56–76.

Steindlberger, Enno (2003): Vulkanische Gesteine aus Hessen und ihre Eigenschaften als Naturwerksteine. Geologische Abhandlungen Hessen 110.

Steininger, Johann (1819): Geognostische Studien am Mittelrheine. Mainz (Florian Kupferberg).

Straka, Herbert (1975): Die spätquartäre Vegetationsgeschichte der Vulkaneifel. Pollenanalytische Untersuchungen an vermoorten Maaren. Beiträge zur Landespflege in Rheinland-Pfalz. Beiheft 3.

Suhr, Peter (2003): The Bohemian Massif as a Catchment Area for the NW European Tertiary Basin. Geolines 15: 147–159.

Suhr, Peter & Kurt Goth (2015): Känozoischer Vulkanismus im Erzgebirge (Sachsen; Exkursion K am 11. April 2015). Jber. Mitt. oberrhein. geol. Ver. N.F. 97: 203–230.

Ulrych, Jaromir, Lukjš Ackerman, Kadosa Balogh, Ernst Hegner, Emil Jelinek, Zoltan Péksay, Antonin Přichystal, Brian G. J. Upton, Jiři Zimak & Radana Foltžnovj (2013): Plio-Pleistocene basanitic and melilitic series of the Bohemian Massif: K-Ar ages, major/trace element and Sr-Nd isotopic data. Chemie der Erde 73: 249–450.

Valentine, G. A. & J. D. L. White (2012): Revised conceptual method for maar diatremes: subsurface processes, energetics, and eruptive products. Geology 40: 1111–1114.

Viereck, L. (1984): Geologische und petrologische Entwicklung des pleistozänen Vulkankomplexes Rieden, Ost-Eifel. Bochumer geologische und geotechnische Arbeiten 17: 1–337.

Vieten, K., H.-M. Hamm & W. Grimmeisen (1988): Tertiärer Vulkanismus des Siebengebirges. Fortschr. Miner. 66, Beiheft 2: 1–42.

Voigt, Joh. Carl Wilhelm (1802): Mineralogische Reise nach den Braunkohlenwerken und Basalten in Hessen, wie auch den Schieferkohlenwerken des Unterharzes. Weimar (Hoffmanns Witwe und Erben).

Wagner, Günther A., Kürsad Gögen, Raymond Jonckhere, Irmtrud Wagner & Clemens Woda (2002): Dating of the Quaternary volcanoes Komorni Hůrka (Kammerbühl) and Železnj Hůrka (Eisenbühl), Czech Republic, by TL, EST, alpha-recoil and fisson track chronometry. Zeitschrift für geologische Wissenschaften 30: 191–200.

Wedepohl, K. H. & A. Baumann (1999): Central European Cenozoic plume volcanism with OIB characteristics and indications of a lower mantle source. Contributions to Mineralogy and Petrology 136: 225–239.

Wedepohl, K. H. (1982): K-Ar-Altersbestimmungen an basaltischen Vulkaniten der nördlichen Hessischen Senke und ihr Beitrag zur Diskussion der Magmengenese. Neues Jahrbuch für Mineralogie Abhandlungen 144: 172–196.

Wedepohl, K. H. (1985): Origin of the Tertiary basaltic volcanism in the northern Hessian Depressian. Contrib. Mineral. Petrol. 89: 122–143.

Weißkirchner, W. (1975): Vulkanismus und Magmenentwicklung im Hegau. Jber. Mitt. oberrhein. geol. Ver. N. F. 57: 117–134.

Werner, A. G. (1788/1789): Bekanntmachung einer von ihm am Scheibenberger Hügel über die Entstehung des Basalts gemachten Entdeckung. In: Intelligenzblatt der allgemeinen Literaturzeitung Nr. 57 (1788): 484 ff. bzw. Bergmännisches Journal, 1. Jg. (1789): 845 ff.

White, J. D. L. & P.-S. Ross (2011): Maar-diatreme volcanoes: a review. Journal of Volcanology and Geothermal Research 201: 1–29.

Wilson, Marjorie & Robert Patterson (2001): Intraplate magmatism related to short-wavelength convective instabilities in the upper mantle: Evidence from the Tertiary-Quaternary volcanic province of western and central Europe. In: Richard E. Ernst & Kenneth L. Buchan (eds.): Mantle plumes: their identification through time. Geological Society of America Special Paper 352: 37–58.

Wilson, Marjorie, & Hilary Downes (2006): Tertiary-Quaternary intraplate magmatism in Europe and ist relationship to mantle dynamics. In: Gee, D.G. & Stephenson, R. (eds.): European lithosphere dynamics. Geological Society of London Memoir 32: 147-166.

Wimmenauer, W. (1974): The alkaline province of central Europe and France. In: H. Sorensen (ed.) The alkaline rocks. London (Wiley).

Wohletz, Kenneth & Grant Heiken (1992): Volcanology and geothermal energy. Berkeley (Univ. of California Press).

Wolfe, Cecily J., Ingi Th. Bjarnason, John C. Vandecar & Sean C. Solomon (1997): Seismic structure of the Iceland mantle plume. Nature 385: 245–247.

Wood, Charles A. (1980): Morphometric analysis of cinder cone degradation. Journal of Volcanology and Geothermal Research 8: 137–160.

Wörner, G., H.-U. Schmincke & W. Schreyer (1982): Crustal xenoliths from the Quaternary Wehr volcano (East Eifel). Neues Jahrbuch für Mineralogie Abhandlungen 144: 29–55.

Wörner, G., I. Viereck, S. Plaumann, R. Pucher, P. v. den Bogaard & H.-U. Schmincke (1988): The quaternary Wehr Volcano: A multiphase evolved eruption center in the east Eifel volcanic field. Neues Jahrbuch für Mineralogie Abhandlungen 159: 73–99.

Ziegler, P. A. & P. Dèzes (2007): Cenozoic uplift of Variscan Massifs in the Alpine foreland: Timing and controlling mechanisms. Global and Planetary Change 58: 237–269.

Zolitschka, Bernd (1995): Sedimentological proof and dating of the Early Holocene volcanic eruption of Ulmener Maar (Vulkaneifel, Germany). Geologische Rundschau 84: 213–219.

Zöller, L. & H. Blanchard (2009): The partial heat–longest plateau technique: testing TL dating of Middle and Upper Quaternary volcanic eruptions in the Eifel Area, Germany. Quaternary Science Journal 58: 86–106.